U0171209

La Très Belle et Très Exquise Histoire des Gâteaux et des Friandises

甜点的历史

[法]玛格洛娜·图桑-撒玛——著

谭钟瑜——译

新 星 出 版 社 NEW STAR PRESS

图书在版编目（CIP）数据

甜点的历史 ／（法）玛格洛娜·图桑－撒玛著；谭钟瑜译．－－北京：新星出版社，2022.9

ISBN 978-7-5133-5014-3

Ⅰ.①甜… Ⅱ.①玛… ②谭… Ⅲ.①甜食－历史－世界 Ⅳ.① TS972.134-091

中国版本图书馆 CIP 数据核字（2022）第 151762 号

甜点的历史

[法] 玛格洛娜·图桑－撒玛 著　谭钟瑜 译

策划编辑： 东　洋　　**责任编辑：** 李夷白
责任校对： 刘　义　　**责任印制：** 李珊珊
装帧设计： ×1000 Shanghai

出版发行： 新星出版社
出 版 人： 马汝军
社　　址： 北京市西城区车公庄大街丙3号楼　100044
网　　址： www.newstarpress.com
电　　话： 010-88310888
传　　真： 010-65270449
法律顾问： 北京市岳成律师事务所

读者服务： 010-88310811　service@newstarpress.com
邮购地址： 北京市西城区车公庄大街丙 3 号楼　100044

印　　刷： 北京美图印务有限公司
开　　本： 889mm × 1092mm　1/32
印　　张： 15.125
字　　数： 276千字
版　　次： 2022年9月第一版　2022年9月第一次印刷
书　　号： ISBN 978-7-5133-5014-3
定　　价： 88.00元

目录

前言：“贪爱甜食”与“甜食”

Avant-propos: DE LA GOURMANDISE & DES GOURMANDISES

法文的gourmandise（贪爱甜食、贪爱美食）一词指的是人对某些食物，特别是对呈现出甜味的食物感受到无可抵挡诱惑的状态。而这些食物本身亦称作gourmandises或douceurs（甜食）。除了因富含糖而具有营养及能量上的好处以外，吃甜食亦能给大多数人带来无比愉悦的感觉。

> 论及暴饮暴食：……此乃失礼之举，不仅有害健康，也损及食之乐趣。我贪婪地吃了多少东西：我常常咬到我的舌头，有时还因匆忙而咬到手指。
>
> 米歇尔·德·蒙田，《随笔》，1590年

在食物史中，我们并不知“贪爱甜食”这个词是何时出现的，也就是说，在人类历史中，这像是一种突变，由对吃

的单纯需求脱颖而出，而完全折服于嗜甜之欲。一旦饱食的需要得到满足，我们首先便屈服于那些比日常粮食更受喜爱的食物，这也是奢侈饮食之首选。贪爱甜食也和人类的存在同样古老，西班牙瓦伦西亚附近的阿黑涅洞窟里距今一万两千年的壁画和印度中部帕夏马迪的石窟壁画都可以佐证。帕夏马迪的壁画还描绘着在悬崖峭壁上采集野蜜的危险举动，我们勇敢的祖先早就有一张嗜甜的嘴！（注意：高度演进的动物也是贪爱甜食的。）

生而嗜甜

我们将食物分为酸、苦、咸、甜四类基本味道。这些味觉感知的强弱因人而异，但自呱呱落地起，乳之甘味仍不可避免地对新生儿最具吸引力。这种爱好是天生的，因为在羊水中、在母亲的胎内即已获得。甜味经由舌面及舌尖的“接收器”传送至能鉴别其味的大脑。愉悦的概念由此和甜味联结在一起。

当文明出现，人会想在庞大的集体盛宴中食用特殊的食物，即稀有且诱人的食物，来凸显社会生活或宗教生活的重大时刻。通常来说，动物甚至是俘虏的血腥献祭，就会构成这份特别菜单中的主要菜肴；祭司则借由向对人有保护及协助之恩的神祇献上祭物来展开庆典。

长期被禁止使用刀刃的女性，生来就负有让植物授粉、萌芽及结实的任务。她们以新近的收成或初次的收获，植物性食物或乳制品，尽可能地准备美味的供品，向相关神祇（向来为女神）祈求再一次施恩。那么，什么是极其美味的味道？不就是最甜美、最诱人的甜味——蜂蜜的味道。

于是，使用谷粉、牲畜的乳汁、树木的果实以及蜂蜜，由作为生活创造者的女性制作的糕点，就这样成为女神的祭品。稍晚，人们在糕点制作中还加入了蛋，此乃重生的重要象征。

紧接着，在一个长期以男性为中心的世界里，快速商业化的糕点制作成为男性的领域，而各种文化里的宗教或社会庆典传统食物和家中点心则让女性去准备。

但从 20 世纪以来，所谓技术的进步逐渐将糕点产业变成两大美食派系之间的小角落，一个在专业的行家以及慷慨大方的母亲之间的角落。在新兴"市场学"的推动下，随手可买的现成精致甜点（糖果、巧克力、饼干、果酱、冰激凌及糕点）自此进入了家庭的日常生活中。

然而，越来越多的男人和女人以阅读烹饪刊物、食谱来打发周日，也越来越受到食谱的鼓动而动手和面。这或许表明了某种重回原点的普遍倾向。21 世纪是否会是个热爱甜食的世纪？我们还不得而知。

美食家……人群中的佼佼者，拥有吃得好、吃到心满意足的天分：我们不会再看到一个能吃得这么多且吃得那么好的人；他还是佳肴的裁判，不大允许你对他反对的滋味产生兴趣。

让·德·拉布吕耶尔，《品格论》

法语中甜点相关词汇的变迁

早在1328年，pâtisserie（糕点）指的是由混合了面粉、水或鲜乳酪的面团（pâte，由希腊文 pastê “和了面粉的酱汁”而来）制作而成的食品，里面包裹着切碎成糊状的肉类、鱼肉或水果，烧烤成馅饼。刚开始时糕点的写法为pastitzerie，然后变成 pasticerie，而制作馅饼的人也因此被称作 pasticier。昔日（到现在也一直如此），糕点师傅专精于各类咸甜馅饼、圆馅饼、奶油水果塔、蛋糕、点心及果酱的制作。直到法国大革命时期，他们的地位都被视为比厨师还高。其专业的工作场所为office（从中世纪的拉丁文officiare——“担任某种职务”而来），是与厨房相邻之地。gâteau（蛋糕）这样的现代写法出现在路易十三在位期间。这位法国国王也是个贪爱美食的国王：在他还很年轻时，休闲活动便是在卢浮宫的厨房内全神贯注地烹制煎蛋、糕点及果酱。在前一个世纪，蛋糕的写法还是gasteau，是从中世纪早期的wastels转变为gastels（复数为li gastiax）而来。其实，此字的始祖是查理曼时代“通俗罗曼语”（混合了拉丁语及法兰克语口语）中的wastellum，指的是所有浓稠的粥状物。也就是说，在这个蛮族的时代中，可没有什么美味好享受，连希腊罗马的精致细腻也消失在记忆中。

直到14世纪，情况也并无改变，没有什么精致之物。那时法国北部的奥依语在gasche这个词的意义上仍是混淆不清的。这个词既是水泥工程中水和石膏的混合物，也是做面团的面粉调和物，此后，它也变为gastels。词汇和其指涉的食物，就是时代的见证。

friandise（甜点）这个词在14世纪中叶才进入法语中，乃由frilans衍生而来，专指宫廷中的美味食物。这个词的词源是动词frire（来自拉丁文的frigere），frire此时尚未有“在滚沸的油中烹煮”的意思，仅仅是“经由烹煮将水分除去”，然后是“烧烤”或“在铁架上烧烤”。接着，friandise在某段时期里有表达“特别喜爱甜食的倾向”之意。不久以后则使用gourmandise来表达此意，这个词也指极美味的菜肴。另一方面，文艺复兴时期以后，friandise的意思仅指一小块糖果。

贪食之罪有二：一是吃了太丰盛的食物，二是贪婪且过分地提及饮食。暴饮暴食乃是魔鬼之乐。

《巴黎的家长》，1393年

在中世纪，人们一说到gloutonnie（嘴馋），就如1393年出版的《巴黎的家长》一书所说，认为这是个缺点。但蒙田在其《随笔》以及拉伯雷在其《巨人传》第四部中使用gouliardise是为了指代过分贪食的嘴。而后，此词渐渐弃而不用，被gourmandise所取代。至于gourmandise这个词像是……从天而降，而且当然是降落在餐桌上！15世纪之初，在许多著作中都可以见到此词。另外值得一提的是，人们在五十年前说的是gourmanderie。语言学家无法发现这个词的词根，gourmand似乎是法国的特殊表达法。这并不令人惊讶，根据吉罗的说法，与gourmand相似的gourmet应该是高卢—罗马语中gormu的后裔，意指（可能如此！）“喉咙”，为葡萄酒商仆从的绰号（约在1100年从此词生出gromme，且在将来产生出英文的groom）。常常混淆在一起的gourmand及gourmet在起初指的是贪婪吃喝之人。最后，自17世纪初起，根据拉布吕耶尔的说法，gourmand（或friand）用于指特别喜爱甜食之人，而gourmet则用来称呼鉴赏美食者。

若还有人称贪爱美食为“善良之人的罪恶”的话，乃是为了机智地驳斥数个世纪以来，以七大罪为基础的教育方式。贪爱美食为七大罪的第四名，这份令人忧郁的罪名清单可能是因为公元5世纪苦行僧（其中有知名的让·卡西安）的顾虑而制定，所依据的则是使徒保罗的书信《加拉太书》第五章“肉体的情欲与圣灵相争”中对无节制饮食的谴责。然而，自17世纪以来，贪爱美食不再意味着“暴饮暴食”，但是……贪爱甜食呢？

八十种主要糕点一览

TOUR DES SIÈCLES EN QUATRE-VINGTS GÂTEAUX & ENTREMETS MARQUANTS

古代	约公元前 1800 年	亚伯拉罕的饼
	约公元前 1250 年	拉美西斯二世时期的椰枣夹心面包
	约公元前 450 年	伯里克利时期的巴居玛
	约公元前 200 年	老加图的普拉谦塔
	约公元 10 年	阿比修斯的什锦牛奶蛋糕 / 帕提那
中世纪	11 世纪及 12 世纪	布丁的始祖塔伊斯，蛋卷及松饼，面饼，环形小饼干，尼约勒
	13 世纪及 14 世纪	塔耶旺苹果塔（酥面团），牛奶鸡蛋烘饼，塔慕兹（三角奶酪饼），达里欧，圣路易的牛奶炖米，萨瓦蛋糕
	15 世纪	香料蛋糕，千层酥
	1462 年	葛耶，普波兰（泡芙面团）
文艺复兴时期	16 世纪	杏仁奶油馅，掼奶油，布里欧（发酵面团），主显节国王蛋糕

波旁王朝时期	1650 年	拉格诺的杏仁小塔
	1653 年	苹果鸡蛋圆馅饼，糕点奶油馅，杏仁蛋白饼，苹果修颂
	1683 年	可颂
	1691 年	马夏洛奶油夹心烤蛋白，马夏洛焦糖布丁
	1725 年	库克洛夫
	1730 年	巴巴／朗姆酒水果蛋糕
	1733 年	拉沙佩勒的“爱之井”奶油塔
	约 1755 年	玛德琳贝壳状蛋糕
	1774 年	梅农的冰糖细条酥、指形饼干和巧克力饼干（最早的巧克力糕点）
	18 世纪末	“修女的屁”（一种鼓起来的油煎馅饼），夏洛特
卡雷姆独领风骚的时代及糕点的大众化（19 世纪）	1800 年	热那亚蛋糕
	1807 年	蒙凯／“失败之作”
	1810 年	皇后炖米
	1814 年	博维利耶的松脆甜点，卡雷姆的冰慕斯
	1815 年	卡雷姆的巴伐露奶油冻甜点，卡雷姆的舒芙蕾，卡雷姆的花式小点心
	1822 年	糖渍水果面包布丁
	1840 年	覆有蛋白霜的牛奶鸡蛋烘饼，圣多诺黑
	1843 年	卡雷姆的松脆甜点

	1845 年	萨瓦兰蛋糕
	1850 年	布尔达卢蛋糕，闪电泡芙
	1851 年	修女泡芙
	1852 年	利雪的油酥饼（油酥面团）
	1855 年	马拉科夫，热那亚比斯吉
	1857 年	摩卡咖啡蛋糕及奶油馅
	约 1860 年	磅蛋糕
	1864 年	美女海伦煮梨
	1867 年	挪威蛋卷，千层派
	1880 年	英式水果蛋糕
	1887 年	瓦许汉
	1888 年	金融家蛋糕
	1890 年	萨朗波泡芙
	1891 年	巴黎—布雷斯特泡芙
	1894 年	梅尔巴蜜桃
	1896 年	叙泽特可丽饼
20 世纪以降	美好年代	漂浮之岛蛋白球，塔坦苹果塔，歌剧院蛋糕，萨巴女王，草莓鲜奶油蛋糕……

世界各国著名糕点	德国	苹果卷及黑森林蛋糕
	奥地利	萨赫蛋糕及林茨蛋糕
	比利时	圣诞节的耶稣面包、葡萄干可丽饼及米塔
	中国	八宝饭……
	英国	圣诞节布丁
	希腊及中东	巴克拉瓦
	西班牙	醉蛋糕
	美国	南瓜派及奶酪蛋糕
	意大利	英式酱汁夹馅蛋糕及提拉米苏……
	俄国	帕斯哈……

法国乡土糕点	上诺曼底的布尔德洛
	萨瓦的圣热尼布里欧
	波尔多的可露丽
	利穆赞的樱桃克拉芙蒂
	科西嘉的栗子可丽饼
	奥弗涅的克拉芙蒂
	布列塔尼的安曼卷
	加斯科涅的帕斯提斯
	朗格多克的甜帕斯提松
	安茹的李子馅饼
	阿尔萨斯的苹果塔
	尼斯的甜菜圆馅饼
法国宗教及社会节庆糕点	圣诞节的柴薪蛋糕
	主显节国王烘饼及国王蛋糕
	可丽饼及炸糕
	五旬节的鸽舍蛋糕
	甜点高塔及结婚蛋糕

是 ENTRETMETS 还是 DESSERT？
还有 GOÛTER 呢?

ENTREMETS OU DESSERT? ET POUR LE GOÛTER?

仅仅从被称作“历史”的时代开始，我们才使用文字和数据来记录人类的习俗和传统。可以肯定地说，从那时起，西方文明已经养成了以各种美食佳肴，干燥或新鲜或烹煮过的各样水果，以及各色甜品来组成一餐的习惯——起码在有条件的人家中。直到公元 1000 年初“砂糖”登场前，蜂蜜是唯一能用来添加甘味的食品。

等到 12 世纪末，在法国或在英格兰，一餐的最后一道菜才被称为 desserte，当时的人使用 desservir（撤去餐具）这个词来表示清理餐桌上的空盘或剩菜。dessert 这个词则在 1632 年被收入《科特葛拉夫字典》。当时会用糖煮水果、新鲜水果、干果及糖渍水果组成一道什锦拼盘（fruit 一词源于意大利文的 frutta，意为“点心”）。或是端上一道 froumentée，即以姜或番红花增添香味的牛奶鸡蛋麦粉粥，并搭配上野味。14 世纪时，小糕点才开始被端上桌。

在中世纪，一顿高级的餐食只有在呈上 issue 或 yssue（来自德文的 Nachtisch，字面意指“餐后”；或西班牙文的 postre，意指“结束”）的数分钟后，才算是真正的结束。这道散场菜照惯例会分送香料味道浓烈且美味的肉桂滋补酒，并搭配一些小型的烘烤糕点食用。之后，大家起身离座，洗手擦手，朗诵餐后经。最后在同声说完阿门后，仆役会端上仍旧充满香料味的 boute-hors 酒，以及精心陈列在糖果盒中、有助消化并能使口气清新的“房间蜜饯”。我们会在后面再谈到这种糖果的祖先。就本义而言，依其根源，餐后点心从一开始就不是件小事。

在文艺复兴时期，由于砂糖的普及，以及新世界的食物，如可可、咖啡、香草与好几种水果的传入，餐后点心也大大地丰富了起来。农业，特别是果树的种植有了长足进步。水果也自此变得更加多产且美味多汁。

后来，当来自意大利的凯瑟琳·德·美第奇嫁给未来的法国国王亨利二世时，其优秀的糕点师及制糖师为已经极其丰盛的中世纪甜点带来不少新菜色。

伊比利亚半岛的专长——砂糖加工，开始激发出一些真正的杰作。这种以化开的西黄蓍胶去混合极细糖霜的糖锭制作法，产生了一种能够切割的膏状物，可用于砂糖细工。

果酱变得大为流行。事实上，四旬斋期间已不再禁用奶油，凝乳状的新鲜奶酪和以灯芯草篮沥干的软干酪，都大量用于甜点烹调，或搭配着鲜奶油或香料直接食用。

夏尔九世在 1563 年 1 月 20 日颁布了一道意图约束富裕者豪华饮食的法令，要求餐后点心：“不得超过六道水果、馅饼、糕点或奶酪……”然而，这条敕令虽在 16 世纪末修改了六次，还是形同具文。

相反，自 19 世纪以来，家长们会为了惩戒个性太强的儿童而剥夺其餐后甜点，却不知这对孩子的成长和精神都极为不利。饭后点心不只是美味而已，对健康也是必要的，因为它能提供能量、富含多种维生素、高钙且滋补。雨果当年就十分赞同此一观点。

今日，所谓的 entremets 乃是在一餐结束时端上来的一道当作饭后点心的甜食，但就如《小罗贝尔字典》所述，entremets“并不包括糕点”。也就是说不包括干面团制品，通常是指以鸡蛋、牛奶、谷物或水果等调制而成的稠腻食物，有热的、凉的或冰的。

若再加上那甘甜又可口滋润的味道，只要一提到 entremets，总会让人联想到温情和美食。这样的感情就像是对母亲或祖母所抱持的情感那样，因为在任何一道 entremets（即使仅是加工的）的背后，都隐藏着经过转化的、属于家庭传统的朴实做法。而童年在我们每一个人心中，永远存在。

但是，可别把 entremets 当作属于儿童的食物。在高级料理中，只有专家才能制作它。直到 19 世纪，这些专家仍被尊称为 entremettier。

昔日点心之华美

依字面来看，entremets 指的是“在（两道）菜肴之间”。而在中世纪到美好年代（1899—1914 年）的盛大筵席里，entremets 应安排在第三道菜和第四道菜之间还是在最后，本身就是个问题。但首先，这个词并不指代筵席里的最后一道精致料理，它在历史的进程中曾有极为不同的含义。

且听中世纪盛宴专家布吕诺·洛修① 为我们描述的初期 entremets：

“词源上，entremets 指的是一段筵席流程里的间歇时间。在 14 世纪初，这段间歇时间是为了向君主，也可能是为了向席上地位最高的宾客，端上一道额外的菜肴。如此场合中的 entremets 内容极为多样，也往往是那些能够让厨师以复杂精致的烹饪手法展现才华的佳肴，诸如肉冻或果冻等。进入 15 世纪，这种小休止变得更加重要，勃艮第的宫廷在此番新定义里扮演了推动者的角色。一方面，entremets 不再限于一道菜，而是可在同一场筵席中反复好几回合。另一方面，entremets 不再只是烹饪和建筑，简直就是戏剧了。勃艮第宴

① Bruno Laurioux, “Banquet, entremets et cuisine à la cour de Bourgogne” , introduction in *Splendeurs de la Cour de Bourgogne*, R. Laffont.（作者注，后文未另行说明的均为作者注）

会中提供的菜肴，便将这种特色如实反映了出来……”

这些在内容上同样多变的戏剧型 entremets 被称为“布景式 entremets”。用来装饰舞台、机械或哑剧背景的绘画布景，通常都含有政治寓意。而在大型宴会中，每一桌通常都享有若干特别的 entremets，其豪华与否和数量多寡，自然与受邀宾客的身份息息相关。

这就像“雉鸡宴”[①] 时代的马蒂厄·德埃斯库希在其《编年史》中所描述的。在 1454 年 2 月 17 日的里耳，“大胆夏尔”那桌，宾客观赏的第二道 entremets 是“一个全身赤裸的小童站在岩石上，不停地‘尿’出玫瑰水来”。而在最长的第二轮席上，“二十八个活生生的人在馅饼中演奏着不同的乐器”。

文艺复兴时期，在凯瑟琳·德·美第奇的影响下，宴席以舞会取代了布景式 entremets 与其戏剧化的表演。布朗托姆在其《轻佻仕女传》中有许多精彩的描述。今日，在盛大的晚宴中，在端出餐后点心及香槟之前，我们仍坚持舞上一段。

17 世纪（直到法国大革命的年代），呈上 entremets 时于席间唱歌是种流行，就连国王的宴席也是如此。这些叫作 vaudeville（讽刺民歌）的歌曲有时显得颇为轻浮，而格拉蒙伯爵则是个中高手。

---

① 1454 年 2 月 17 日在里耳举办的宴会，席间以“善人”菲利浦为首的勃艮第领主发愿参加十字军，以夺回君士坦丁堡。（译注）

当时一场高级筵席的菜肴高达八道，于是entremets便取代了今日我们所称呼的dessert，成为最后三道菜之中的一道。entremets总是放在水果前，每个人可随己意取用。

夏尔五世在位时，塔耶旺的知名食谱《食物供应者》已经为“日常”饮食提供了多种或甜或咸的点心食谱，人们可以在fromentée（一种粥）、taillis（面包水果干布丁）、填入馅料的鸡、七鳃鳗肉冻或重新披上羽毛的天鹅之间做选择。

戈特沙尔克博士的名著《食物暨美食史》中，记载着一份从1668年的文件《健康术》里发现的菜单，颇值得信赖。

> （……）第六道菜：炸糕、千层蛋糕、圆馅饼、各种颜色的果冻、杏仁牛奶冻、芹菜、刺菜蓟。
>
> 第七道菜：各色水果——生鲜的、煮过的、裹了糖的，各式糊状食物、馅饼、新鲜杏仁、糖渍核桃。
>
> 第八道菜：糖煮水果、果酱、小杏仁饼、陶罐装的糖煮食品、冰镇糕点、糖煮茴香、糖衣杏仁。

干式糖煮茴香

取一些青翠柔软的茴香圆茎或嫩枝，置于水中煮开。煮熟后放入冷水中，然后沥干。接着（用少许水）煮糖，将茴香放入，用大火煮开，直至 105 摄氏度至 110 摄氏度[①]。将糖浆撤离炉火，取出茴香，置于麦秆上使其干燥。

《法国的果酱制作者》，1660 年

金羊毛骑士团的盛宴点心

若有点心（entremets），应在第三道时呈上，膳食总管要决定是否为其增添盛宴彩饰。第四道菜结束后，则为每人分别呈上肉桂滋补酒及蛋卷。司膳携来肉桂滋补酒，首席面包总管把蛋卷端到公爵的席上——若无公爵的允准，便不能呈上蛋卷。接着才为厅中全体宾客摆上蛋卷。……

用餐完毕后，四位高级官员及使节在同一时间率先自席中起身，他们的桌面会被收拾干净。而后，司务清理主桌，骑士全体起身离席并向他们的首领致意、行屈膝礼，公爵府中的指导神父或礼拜堂的主任神父则负责朗读这一天的餐后经。紧接着，膳食总管命人携来蜜饯，呈给公爵的蜜饯会放在加盖糖果盒里，其他糖果盒则否，应该有若干糖果盒。

奥利维耶·德·拉马尔什之《回忆录》，
于《勃艮第宫廷之辉煌》

但在 17 世纪，虔诚的老饕在四旬斋期间不会吃蛋，就算在 entremets 中也不会加蛋。这就是为何 1651 年的知名食谱

①法文原文为 à la plume。（译注）

《法国厨师》为守斋者提供了一长串的建议，其中有鲤鱼泥、扁豆泥，也有糖烤苹果（苹果加上奶油及肉桂放入炉中烘烤）和糖浆李子（使用来自图尔的李子或一般李子）。

而为了不让身体在禁欲苦修中日渐衰弱下去，另外一些entremets提供给“四旬斋以外的斋戒日”：焗烤蘑菇或布巾“松露”、杏仁肉冻浓汤或炖“龟”，甚至是杏仁奶油圆馅饼、菜蓟炸糕、数种奶油蔬菜。假如以鲜奶油烹调的菜式被允许，含新鲜鸡蛋的菜式也同样是被允许的。

1457年12月22日福瓦大主教宴会的菜单

第一道菜：糖鸡、仔兔肉配杏仁糊、冷沙司、酸酒、野味汤

第二道菜：填馅山羊肩肉、海鲜配欧芹柠檬杏仁酱、重新披上羽毛的小孔雀、糖鹌鹑

第三道菜：鸡蛋面糊炸糕、裹上蛋汁的伦巴底风炸面包片、洋梨、炸柳橙、果冻、小野兔馅饼

水果拼盘：鲜奶油及草莓、以灯芯草篮沥干的软干酪及杏仁

直到第一次世界大战期间，蔬菜entremets会随着烤肉在甜点之前被端上来，糕点、水果或最可能出现的奶酪，尤其

常被当作一顿正式大餐的结尾。因此，美好年代末年是咸式 entremets 的尾声，甜式 entremets 从此与 dessert 混为一谈。

乳制品自古罗马的 patina 以来便是 entremets 的主要构成，且至今依然。就像在第 89 页阿比修斯所教导的，法国人仍旧称呼这种用牛奶、打散的鸡蛋加上蜂蜜做成的甘味酱汁为英式酱汁。

不但如此，从这种酱汁的调制出发，还产生了冰激凌，意大利籍的咖啡厅老板普罗科佩就使其在巴黎大为风行。但我们之后会见到以最原始最巧妙的形式，用储雪、水果果肉或软干酪为基底做成的冰激凌。据推测，这种冰激凌可回溯至三四千年前，而且来自中国。

若提到掼奶油或香缇奶油，则不能不提到它享有盛名的出身。据说，掼奶油是普罗科佩在位于香缇的孔代家族城堡中所发明的（见第 423 页）。[①]

说到这里就该想到，中世纪的饮食学家并不建议在春季和夏季的餐后食用凝乳或软干酪，正如让－路易·弗朗德兰及奥迪勒·雷东在普拉提那的《论正当之欢娱》法文版（1475 年）中写道："在春季或夏季，应在上第一道菜时食用凝乳，然后再开始食用肉类。使其如同在其他季节中一样，

---

①一说掼奶油是由路易十四的厨师瓦泰尔于 17 世纪发明的，而普罗科佩在 18 世纪将其制作为冰激凌。（译注）

完全不会产生其他坏处……”

自1830年起，entremets开始兴盛起来，就和其他的糕点（pâtisserie）一样。

如今，我们最熟悉的知名entremets应该是被卡雷姆悉心保存下来的blanc-manger（杏仁牛奶冻）。一如名称所示，杏仁牛奶冻的颜色一直是白色。这道自中世纪起就深受欢迎的点心，起初是一道无论用餐到哪一阶段都可以呈上的混合式菜肴。14世纪的《食物供应者》说，这是一道甜咸兼具，以冻胶状白肉甚至是鱼肉，用杏仁粉调稠的美味浓汤。

俄罗斯风的杏仁牛奶冻

300克　糖粉

290克　去皮的杏仁

10克　去皮的苦杏仁

30克　吉利丁

1升　鲜奶油

糖和吉利丁溶于两杯量的热水中。杏仁捣碎后慢慢掺入一半量的鲜奶油中，过筛以取得酱汁。混合前述两者，过筛，搅拌均匀。把剩下的鲜奶油打发至密实，再与已做好的酱汁互相掺和。填入模子里，冷藏。在铺有折叠布巾的冰凉圆盘上，将杏仁牛奶冻脱模。

朱尔·古费[①]食谱的第480道配方，1867年

①朱尔·古费（1807—1877年），卡雷姆的爱徒。

17 世纪中期都还有人烹制这道佳肴，但在法国大革命前已几乎消失（参考《法国厨师》），梅农在其《布尔乔亚女厨师》中亦未提及。之后，因为不想再被当作只是使用杏仁粉及吉利丁做成的咸味肉汤，blanc-manger 在拿破仑帝国末期成为典型的餐后点心并蔚为风潮。安托南・卡雷姆在其食谱中详细记载了配方，他建议使用马拉斯加酸樱桃酒、朗姆酒、枸橼、香草或咖啡等来增添杏仁酱汁的香气。

GOÛTER、COLLATION 以及英式下午茶

约 16 世纪中期，法文出现了 goûter（下午的点心、小吃）一词，意思是介于白天与晚间餐饮之间的轻食。但上流阶层的人为了将布尔乔亚用语与通俗用语区别开来，比较喜欢使用 collation 这个词，也就是希腊文中的 hespérisma（下午近傍晚时额外附加的一餐）。随后，接下来的世代一如恢复儿时旧习般地接受了 goûter，这个词也在 1740 年进入法兰西学院。

然而，即使在今日，无论是谁，只要他随心所欲在一天中任何时刻享用轻食，就有一种幼稚的意味。不过在摄政时期（1715—1723 年），来自凡尔赛或其他地方的上流人士让下午的轻食变得更加高雅了。这顿轻食通常在下午五点左右享用，人人都得喝来自亚洲的琥珀色液体——茶，同时佐以各色糕点，称为“茶会”。后伊丽莎白时代的英国风尚启发了这种茶会传统，其中的礼节和茶饮一样，主要都属于女性文化。

从这个时代开始，英格兰人团结起来，大力支持伦敦商会的贸易公司，这些冒险家商人的活动尤其围绕着大宗砂糖与茶叶买卖。另一方面，虽然其国家“美食学”有极浓厚的本位主义，英勇的英国妇女仍然在家中夺取了“美味自制糕点”的欧洲冠军：香料油酥饼、英式水果蛋糕、小圆面包、马芬蛋糕、饼干，还有奶酥派、柑橘果酱与橘子果冻，以及其他许多好东西（若把不算是糕点的小黄瓜三明治排除在外的话）……

同样地，从文艺复兴时期开始，全英格兰都会在下午时分聚在家中或东道主家里：夏季时在花园庇荫处，冬季时则在火炉前。这个放松及享用美食的时刻叫作 banqueting stufe，起初只在士绅阶级中流行。但没几年后，这样的宴会快速地平民化。而自从对茶叶课以重税的克伦威尔死后，下午五点的下午茶就成了女王陛下臣民的必要仪式。前述平民化趋势只比这股潮流稍微早了几年。

1615 年，在茶叶引进欧洲五年之后，格瓦斯 · 马卡姆出版了《英格兰的家庭主妇》一书。据他声称，此乃一位贵妇委托给他的手稿。我们则在此书中首次发现好些自此成为经典的糕点食谱，显示出这种周而复始的技艺的确自远古时期起就是女性文化的一部分。一如蛋糕是童话故事里极具象征性的元素，还记得夏尔 · 佩罗的《驴皮公主》吗？

驴皮公主的蛋糕

驴皮公主取了 / 事先特意筛过的面粉 / 以让面团更加细致 / 她也拿了盐、奶油及新鲜的鸡蛋 / 为要做个烘饼 / 她在小房间里闭门不出／首先她洗净了／手、手臂及脸庞／穿上她洗好的银白色胸衣／为了能高贵地／马上展开工作／她的工作好像急促了些／不经意地，从她的手上滑落了／一只极昂贵的指环在面团里／不过对那些知道故事结局的人来说／他们相信她是故意放进指环的／而坦白地说，我也会这么想／并且确信当王子靠在门边／从门孔窥视她时／被公主瞥见了／关于这一点，女人是十分机敏的／她的眼睛灵动无比／让人瞧她个片刻都不能／她知道有人在瞧着她／我还确定，这个我可以发誓／她一点也没怀疑她的年轻爱人／未收到指环／从未有人揉出如此可口的烘饼／王子觉得实在美味／因为饥肠辘辘／他也吞下了指环……

佩罗，《韵文故事集》，1694 年

所以，请等着看下午四点的点心和下午五点的茶点进入老饕的光荣榜吧。我们更是不能不提及它。

甜点制作者的历史

HISTOIRE DES PRATICIENS

ANCÊTRES DES PÂTISSIERS & CONFISEURS

根据柏拉图的说法，是卡帕多西亚人泰阿里翁在公元前457年发明了以面粉和蜂蜜制成的糕点。这只是希腊人习以为常的象征性传说之一，就像中世纪教会所教导的天地创造日一样并不可靠。我们稍后会说到关于古代蛋糕的第一则文字记录，虽然那也已经属于某种传统。

是的，自公元前2500年起，陵墓绘画及各种文献都证实了埃及面包师的技术，他们就像亚述人一样能制作家常面包或精致美味的面包。而这要归功于对面包制作入迷的希腊人，他们在市场上贩卖至少二十四种不同的糕点，其中还有许多地方特产。除了来自提亚纳的克里西普在《制作面包的艺术》中列举的三十种面包食谱以外，我们还知道其他五十余种配方。

刚刚说过，男性把这种变得商业化且因此成为财源的活动据为己有，磨粉及和面的繁重任务便留给了女性仆役。

普通希腊人的生活很简单，他们极少在家里烹制餐点，因为缺乏工具、场所及人员。在伯里克利的时代，小康阶级的公民会将金钱花费在家以外的地方：他们的德拉克马（古希腊银币）花在 artokopeîon（面包制作者）或 artopoleîon（面包经销商）那里；他们的精力则花在公共广场上高谈阔论。除非真的很穷，一般希腊人都有个会做菜或者说几乎什么都做的奴隶，也就是opsopoïos（制作食物的人）或mageiros（和面工），他们起初专门制作家常面包，而后负责每日饮食。

但是，自古以来，家常点心与家庭美食的制作，一如大型邀宴中的蛋糕或甜点，或是宗教仪式中的各种供品，都是交由女性来负责，亦即démiurgia（字面义为“女性工匠”）。

之后在公元初期，按照古罗马人的习惯，糕点制作者和面包制作者分离了开来，家中的男性奴隶也开始自诩为糕点制作者。从此以后，糕点师成了男人的职业。今日，在屈指可数的拥有好地段名店的女厨师中，也并没有糕点师。女糕点师们独守着烹饪秘方，只为亲朋好友一饱口福。

在罗马，糕点师和面包师通常来自希腊，助手则是高卢人（高卢人发明了啤酒酵母的用法，能让面团充分发酵）。这些外来劳工得到了地方性团体（有着严苛规矩与仪典的团体）的权利：经由蛋糕底下的个人标记，可以辨认出每一间糕点铺的主人，是真正印度式的种姓制度。在桑斯（位于勃艮第地区）曾考古挖掘出一个石模，模内就有用浮雕手法刻成的标记。

但即使食谱被大量保留了下来，关于糕点师与他们的工作，相关描述与文献仍相对罕见。在纳博讷的碑铭博物馆（位于法国南部）中有许多马赛克镶嵌画及墓碑铭文，其中最特别的是一尊庞贝城的小雕像，呈现出一位端着托盘的流动糕点小贩。不过，此雕像也因其记录下来的淫画而广为人知。

然而，由此联想到街头小贩、糕点与甜品零售摊的重要性却极有意思。他们尤其喜欢聚集在学校及浴场门口，甚至跑到神庙附近贩卖祭品或在马戏表演中做生意。

恰如其名 pistor dulciarius 所显示的，古罗马的糕点师制作所有的甜点，我们说的 confiserie（糖果、甜食）因此也包括在他们的制作范围内。在一开始，confire（用糖渍，拉丁文为 condire）是种为了保存食物、使其味道更佳的烹调手法，是种需精心照料且费时的烧煮方法。[①]

Mille tibi dulces operum manus ista figuras extruit.

Huic uni parca laborat apis.[②]

（这手为你做出了千样甜点。只有它，像只辛勤的蜜蜂在工作着。）

马提亚尔，第十四集短诗，第 122 首

---

① conditor 是用糖渍手法制作甜点、准备高等美食的工匠。普林尼称其为作家，甚至是历史学家。因为，在某程度上来说，他们必须将事物“糖渍”起来以保存其记忆，并做出高级而美味的成果。特在此提及。

②原文为拉丁文。（译注）

起来！糕点师已将早餐兜售给孩子了，高冠鸟（公鸡）宣告着白日之降临，在任何一处都可听见其声。

马提亚尔，第十四集短诗，第223首

直到中世纪，以蜂蜜、干果或种子为基本材料的糖渍品都没有太多改变。中世纪时，糖渍品因为许多来自阿拉伯的特产而变得更加丰富，虽然阿拉伯的糖渍配方其实并无不同。之后，蔗糖普及开来并取代了蜂蜜。但这是另一段历史了，我们会在后面提到制糖专家的到来。

蜂蜜跟蜂蜡一样是蜜蜂的恩赐。但数千年以来，蜂蜜依然是唯一的甜味剂。中世纪的香料蛋糕制作者（源远流长的香料蛋糕向来以蜂蜜为基本素材）和宗教仪式大蜡烛（以蜂蜡制成）制造商，总被视为隶属于同一行业，相当于来自一个同业公会。

中世纪是个喜爱制定规章的时代。在路易九世治下，巴黎市长艾蒂安·布瓦洛制定了一本所有职业的官方专业词汇目录《技术及职业之书》。

在所有能想象得到的职业中，甚至在我们今日无法想象的其他职业里，talmelier和oblayer、obloyer、oublaieur或是oublieu，尽管存在已久，却都是从1270年起接受调查登记的。但在那时，并没有只字片语提及任何一种糕点师。当时并不存在所谓的糕点师。

巴黎的小酒馆老板通常会供应一些咸馅饼，以及掺了蜂蜜或是塞入了水果的甜馅饼。圣路易（路易九世）甚至颁发了执照给他们，准许他们每日工作——除了星期日。此类特权并未授予面包师，只有在那三十个用排钟宣告的年度重大节日，他们才可以停工休息。

起初，人们用 talmelier 这个词来称呼面包师，因为他们得依照法律规定的比例使用筛子筛选面粉，且比例还会依据丰收或歉收而有所变化。至于 obloyer，他们是唯一得到制作圣餐必需品（圣餐面饼）许可的工匠。又因为是在教会的监督下进行制作，更为其身份增添了重要性。

圣餐面饼如我们所知，是种无发酵薄饼，教会和信徒将之视为圣物。身为弥撒奉献的参与者，圣餐面饼是祭品的一部分，此行业的中世纪名称 obloyer 亦来自于此。明文禁止雇用“任何”女性来制作“在教堂中举行仪式用的薄饼”，古代由女性负责制作圣饼的传统，早已完全丢失了。

国王拥有自家礼拜堂、主持神父，以及所有为了使王宫（真正的城中之城）顺利运转的人员，制作圣饼的工匠自然也在编制之中。从“高个子”菲利浦国王（1317 年）的宫中规章里，便可见到司膳官让·德韦尔农负责制作日常的面包、馅饼及圣餐面饼。

很快地，制作圣餐面饼的工匠运用其才能，做出了与他们熟悉的圣餐面饼相似的糕点。在重大节日、赎罪日、仪式、大赦年或朝圣活动中，他们生产出大量的“赎罪松饼”。修士非常注意这些工匠的品德：“圣饼制作师、伙计及学徒……不可玩色子……须有良好的身世及好名声……须使用货色地道的优质鸡蛋……不可在犹太人的旅店内做买卖！”

最终，经过一番协调，工匠只需向教会主管机关缴纳少许税金，就能够制作并贩卖这些极为轻盈、卷成筒状的小松饼了，就像我们在古老画作中见到的一样。直到第一次世界大战，蛋卷都极受儿童的喜爱。整个19世纪期间，蛋卷多半被装在一种奇怪的圆筒状盒子里到处叫卖，那种盒子同时也是乐透摇彩机的替代品，可以在许多当时的版画中见到。蛋卷摊贩会用一种相当知名的曲调来招徕顾客，这种调子亦被收入了知名汇编《巴黎的叫卖声》。

然而，这首歌也有淫秽版本，并因此被某位已经听腻的巴黎警察总监叫停！1772年，叫卖蛋卷被禁止，违者会被判处拘役及大笔罚金。禁令中还加入了对这种大众化甜食的恶意批判，形容其“缺点多多，不宜摄入人体”。但这道禁令很快就遭人……遗忘。

刚刚我们已经讲到，让·德韦尔农在宫廷中负责制作面包、馅饼及圣餐面饼。也就是说，馅饼和其制作者——糕点师就此登上了历史舞台。

面团、馅饼及糕点师

根据戈德弗鲁瓦古法文字典记载，在克雷蒂安·德特鲁瓦（约 1135—1183 年）的一首诗里，剁得极碎的肉类、野味或鱼肉被称为 pasté，相比我们将此一职业称为 pasticier，至少还早了两世纪。

考虑到保存生肉的困难以及食物供应的不可靠，肉饼自中世纪起即大受欢迎，因为可以把极少的小肉块妥善利用，搭配新鲜的香料草叶、干香料、面包心、鸡蛋等一起剁碎成糊，放入模子，再摆进灰烬中烹煮，或是摆进炉灶中——在炉灶已经普及的特殊人家中。

然而，与公认的说法不同，直到约 12 世纪，将肉馅包入面皮中的做法尚未出现。

就像一本 1380 年由意大利阿西西的神父N所撰写的抄本（这位神父以拉丁文记载了三十多份喜爱法式烹调法的伦巴底布尔乔亚家庭的食谱[①]）所显示的：用挑选过的碎肉做成或大或小的香肠，裹上面粉，肉馅的湿气将使面粉变成或薄或厚

① Thèse E.H.E.S.S. à éditer par Maguelonne Toussaint-Samat.

的面皮；把它放进味道浓厚的高汤或猪油中烹煮，或是夹在两片瓦中于灰烬里烘烤，然后就会得到某种或大或小类似肉馅卷的、可供一人或多人食用的食物。这才是最早的馅饼。

但是，在所有已有的做法中，大众对中世纪的盛宴最感兴趣，总是认为我们在前面所提的entremets包括了极为巨大的馅饼，面皮中还藏有真人演出余兴节目，能放出来飞鸟或表演音乐的人……

然而，为了烹制这样的馅饼，可能需要若干对当时而言（即使对现代人来说也是如此！）无比巨大的炉灶，而且也从未有当时的记载详述这些有面皮的馅饼。原因不必多说，这种馅饼属于“布景式entremets”，是用纸板、帆布与石膏制作并涂上颜色的。

因此，筵席中“活生生的entremets”是假的，是真正馅饼的仿制品。编年史家马蒂厄·德埃斯库希也未多加提及。他记录的只是1454年2月17日在里耳，由勃艮第公爵及其子夏洛来公爵所举办，发愿前往土耳其的雉鸡宴中的一段插曲。要等到1929年2月14日在美国芝加哥，才能见到另一个仿制的蛋糕，内藏全副武装的演员，上演了令人不快的情人节大屠杀。

……若要做好面团 / 要在面团中加上蛋 / 用上等的

小麦粉/做面皮，使之稍稍粗糙/若想要像聪明人做事/就不要加香料及奶酪/将面团以适当的温度烘烤/炉膛中要铺满火灰/当面团烤得刚好时/没有什么比这更好。

加赛斯·德拉布涅，《悦乐之书》

当然，《食物供应者》和《巴黎的家长》在14世纪末提供了许多可供食用的馅饼食谱，但并未强调面皮的制作方法。我们应该感激“善人”约翰（二世）、夏尔五世、夏尔六世这几位国王的神父加赛斯·德拉布涅，在他以诗写成的馅饼食谱中，面皮绝非假造，这都记载在一本迷人的著作——《悦乐之书》中。

完美糕点师的权利及责任

在这个时代里，糕点师无论受雇与否，都要制作各种肉类、鱼类、奶酪及水果馅饼，其实与烤肉铺老板及厨师极为相似。

就像从前的希腊人或罗马人，由于不方便下厨，中世纪城市居民的饮食大部分都购自那些由烤肉铺、糕点铺、熟食铺或街头小贩准备好的熟食与菜肴。这些不同行业之间竞争激烈，需要法令规章来规范每一种行业的权限及专业。

源自圣餐面饼师行会的糕点师行会总算在1440年夏尔七世在位期间，从巴黎市长安布鲁瓦兹·多洛里的手中获得首个行会章程（但在另一方面，香料蛋糕的制作者迟至一百年后才组成独立的同业公会，并有自己的徽章、箴言及旗帜）。而当蔗糖逐渐普及时，香料商及药剂师则各自紧紧扣住了制糖及糖渍水果的专营权。

面包师拖了很久以后，终于放弃了制作并贩卖蛋糕、炸糕及烘饼的权利。糕点师则将之据为己有。之后，糕点师福星高照，在某段时间内将随着蛋糕贩卖葡萄酒的许可同样据为己有，直到小酒馆老板发出抗议为止。

从路易九世时期开始，无数的诉讼案件描绘了食品业者之间相当恶劣的关系。但在路易十一座下，因为对付封建制度的斗争需要行会的支持，糕点师便从中得利，趁势要求收回被夏尔六世取消的特权，例如允许馅饼里使用肉类。然而，这又使猪肉食品商大为不快。接着便出现了一些最滑稽、最荒谬且没完没了的诉讼案。

最后，在1497年6月6日，巴黎市长与商会会长取得共识，公布了一道法令，其中一一列举出合乎糕点制作及交易规定的详细权利。这项法令对数种身份都极为有利，特别是关于蚕豆（藏在主显节国王烘饼中的那种）的规定。

如此一来，历史学者便能锁定日期来谈论这种糕点和习俗，就像我们在之后的章节中要做的。

大家或许知道，同样是在小酒馆老板的压力下，糕点师不能让人在店内吃蛋糕，因为这有损于“同业”。于是大家就在街上，围在带着满篮糕点、大声招揽过往行人的学徒身边吃起蛋糕来。不过，品德有问题的人是不可以在街上兜售糕点的。

巴黎的糕点叫卖声

糕点店伙计：我这边的小杏仁糕 / 给戈蒂埃、纪尧姆和米绍 / 每早，我都要喊着 / 面饼、蛋糕、热馅饼

布里欧叫卖者：老主顾，快来买布里欧 / 一块钱四个 / 我真的赚得不多 / 我在这可要说个不停

松饼叫卖者：好吃的小塔和漂亮的松饼 / 漂亮的松饼！ / 要配上绿酱 / 烫嘴的！ / 美美的硬糕热腾腾的 / 烤得焦黄，拿去拿去！

和面包师一样，糕点师每个晚上都应在门前烧掉未卖完的商品，才不会让不新鲜的东西在隔天掺假卖出。此外，一项极严格的检查亦规定，一经查证便会立刻销毁当天不符合规范的商品。这项1440年的判决即为见证：禁止“用脱脂牛奶或发酸、发霉的牛奶，制作牛奶鸡蛋烘饼和塔饼”。

如果什么都不做，无人能成为糕点师。当学徒需要五年的时间，并要通过考试——但师傅之子是例外，因为他“出生于一个他乐见的环境中”。

经过技术教育的学徒还要当上三年伙计，同时在三年届满时向管事会展示其“杰作”以取得师傅身份。应考者通常会在其中一位管事师傅的监督下，在其家中做出六道馅饼，并且带上花束，向每一主考者做礼节上的拜访。所有费用则须自理。

管事会（行会在当时称作行会管事会[1]，因为要获得师傅头衔须在会中宣誓）有四名成员，每两年选举一次。每位师傅不可招收两名以上的学徒，学徒年纪通常是十五岁左右。当时禁止招收已婚学徒，但学徒可在学习期间结婚并与配偶住在一起，未婚的人则住在师傅家中。

> 糕点师傅须承诺竭尽其能地展现并教导其行业诸事，以及所有他能在其中参与及斡旋者，并提供食物及住宿之处，且待之犹如己出。
>
> 经公证人过目，而后在夏特雷堡国王之诉讼代理人办公室及修会办公室登记的学徒契约汇编，17—18世纪

①词源为 jurer，意为宣誓。（译注）

当学徒必须付费：事先付 4 里弗尔[①]（约 20 欧元），再向国王上缴 5 苏[②] 税金，同时向行会交 5 苏，师傅也得向行会上缴相同金额。

糕点师的徽章

糕点师的行会管事会拥有自己的徽章：在纵条纹上摆了一把黑色炉铲，两旁有馅饼的银质徽章。1522 年，巴黎市长纪尧姆 · 达莱格尔决定颁布法令，禁止馅饼以含税价格贩卖，坚持价格得更便宜，上等肉也不能包入馅饼中。亦因如此，馅饼的味道变差、变坏了。

法规规定师傅对待学徒须如“家庭中的好父亲”，但亦授权体罚，就像是对自己的儿子一般，法规亦禁止师傅之妻责打学徒。巴黎的糕点师行会在圣礼拜堂的地下室进行聚会，并以大天使米迦勒为主保圣者。大天使之秤象征了对材料用量的精确要求（然而，精确的用量仅能从经验中习得。直到 18 世纪，食谱上都没有任何关于用量的指示）。互助会仍然受到圣米迦勒的保佑，但 1997 年后，就连最后一个互助会也消失了。

① livre，法国古代货币单位。（译注）

② sol，法国古代硬币。（译注）

启蒙时代，蛋糕的时代

启蒙时代见证了伟大糕点师的诞生。这不仅是理性的时代，也是热爱美食的时代。

事实上在全欧洲，技术、配方及产品都已有惊人的发展。炉灶有了大幅进步，推动了烹调方法的改善和更复杂方法的发明。别忘了在蔗糖之后，巧克力也进入了我们的生活中。虽然糕点师并非立刻就接纳了它，但当它被接受之后……诞生的只有奇迹！

路易十六的首相杜尔哥用 corporation（同业公会）取代了 métier（行业）和 confrérie（行会），糕点师行会从此叫作“糕点师—蛋卷师傅—从业者同业公会”。但直到法国大革命，同业公会的内规变得越来越严格，工匠几乎无法成为师傅。然后在 1794 年 6 月 20 日以后，再也没有糕点师同业公会，也再没有任何的同业公会了……

在 18 世纪中叶之前，糕点师的店面跟烤肉铺或小酒馆还很相像。店内有个大炉子、若干张当着顾客的面制作馅饼及蛋糕的桌子。但在摄政时期，店内的装潢有了改变，就像凡尔赛宫里的装潢一样！店面变得舒适，装潢和陈列架也极为讲究。

这种对美的关心迅速激起了对“好”的渴望，自此以后，这种关心不仅在蛋糕的外形上占据了重要地位，对店铺的门面，甚至女性售货员的外貌，也是如此。

1718 年，萨尔茨堡主教的糕点官哈格出版了一部附有 318 幅插图的著作，陈述糕点装饰及制作的各项先进技巧。我们可在图书馆或古书店中找到一些此时代的版画。

同样地，“波兰国王斯坦尼斯瓦夫御膳长暨烧酒酿制者”约瑟夫·吉利耶献给甜点的珍贵著作《法国制糖者》，其中的 13 幅版画也见证了洛林宫廷的精致考究。cannamelle 意指甘蔗的糖，也指那些用裹上糖的水果或糖渍水果，以及周围用糖和面粉混合成的彩色花朵及树枝等装饰来呈现的菜肴。

在巴黎，一位“大君王”糕点店的知名制糖—糕点师，每逢新年都会推出以极精巧复杂的手法制成的甜点塔。他在 1780 年展出了以海战为题的甜点装饰，全城的人都来观赏，客流络绎不绝。

当然，接着来临的法国大革命改变了许多事物，但糕点师不需要为玛丽 - 安托瓦内特王后的失言负责。据传，当妇女没有面包而向着凡尔赛宫逼近时，她曾说“她们可以吃布里欧（奶油圆球面包）”。

Faire une “brioche”（做了个布里欧）的另外一个意思便是“做了桩蠢事”……

卡雷姆及其后继者

在法国君主政体崩溃后，支撑法国社会结构五百多年的行会旧制度也随之消失了。1791 年 4 月 1 日的法令以商业及工作自由为名，强迫从业者缴纳营业税，并得配合种种保安规定。在许多大师傅眼里，这简直就是场恶作剧。

之后，同年 6 月 14 日，同样以自由之名出台了另一条法令，禁止商人、匠人、工人“聚集”（原文如此），禁止选举出能够审议并建立规则的主席、秘书或理事。

总算，在第三共和时期，为了削减大革命以来的个人主义，故而准许组成共同利益团体。第一批工会于 1872 年至 1884 年间筹备组织，互助会也兴盛了起来。

然而，19 世纪混乱的社会氛围有助于伟大糕点师的诞生和发迹。他们是现代职业的真正先驱，知道如何利用工业进步。面对物质上的困乏，他们撷取新技术的精华，并用技巧及无限的耐心加以弥补。我们依然惊讶于这些人制作糕点和糖果（糕点的“同伴”）的创造力，这些糕点和糖果是真正的工艺。在这个“发明”了美食家的世纪，他们的作品成为真正的美妙之物。

开创全新糕点世纪的是马里 - 安托南 · 卡雷姆，又名小安托南 · 卡雷姆。卡雷姆的命运就像传奇故事中的英雄。这个生于穷困工人家庭，排行十五或二十，在十岁时遭到遗弃的宛如拇指仙童的孩子，成了甜点业的偶像。他那美如天成的名字是造物主的神来之笔。这位“美食家”（其死亡证明这样称呼他）既是令人惊异的、传奇般的厨师，也是位糕点师。他还是素描画家、建筑师、发明家、作家……而且还是特工！我们将在其世纪来临时详述他的故事（见第218页）。

糕点师和厨师的直筒高帽

直到19世纪的前二十五年，这些专家的帽饰仅是一顶简单的无边棉质软帽，就像面粉厂厂主戴的一样，因为他们都使用面粉。我们可在古代的版画中见到。然而，1823年某一天，在乔治四世宫廷厨房中工作的卡雷姆接待了一位来自宫中的小女孩。她以好奇的眼光看着宫中大人物们重视的美味果冻及糖锭的制作。这个迷人的小女孩戴着一顶帽子，帽子和夏洛特王后的有点像。法国糕点大师称赞这可爱的孩子，喊道：“如果能将这让我们看起来像病人的软帽换成像这样轻盈的皱褶高筒帽，便能兼顾品位和清洁了！”大师的助手如朱尔·古费、马贡迪及小布莱通通拍手叫好。于是，每个人都去做了这样的帽子，直筒高帽也自此被所有的餐饮业者采用。只有希布斯特一直不愿戴上直筒高帽，过世时仍戴着无边软帽。

帽子的大小首先是依照戴帽之人的等级而定①，为了让帽子保持挺直，帽子做成打褶的圆筒并上了浆。但英格兰的糕点师是例外，他们比较喜欢烘饼状、中间塌陷的无边圆帽。如今，我们以无纺布取代了浆过且不易保养的细致布料。

在卡雷姆的伟大后继者中，马上便会提及朱尔·古费，我们也将在后面介绍他。古费直接受教于卡雷姆。他虽然名列大师，却因属于另一世代而有所不同。在古费的众多著作中，这里要特别提到《糕点之书》，因为他是第一位在食谱中指出用量的糕点师。古费也是第一批瓦斯炉灶的热心支持者！他说："很遗憾这项新发明仍然不够普及，大家对这个烹调好帮手的认识也还不够。"

19 世纪编年史中还有其他许多有名的糕点师，今日所见的大部分知名糕点都应归功于他们，虽然不知为何某些烹饪法及点心已经遭到了遗忘。也许还是流行度的问题？

现代糕点师皆是高手，因为他们享有极完美的食材。他们的橱窗除了展示精心设计的拿手糕点，还同时排列着经典甜点、泡芙、朗姆酒水果蛋糕、小水果塔及其他让好几代人大饱口福的美味点心。我们仍应想到第二次世界大战期间粮

①因此大厨也被称为"大软帽"，面包师则选择了正好套住头部的小圆帽，制糖师的选择与面包师相同，不过是蓝色的。

食配给的光景。在那时，大家被种种克难糕点所吸引，那些东西没有使用奶油、面粉、糖、鲜奶油，却用了一些稀有而未受管制的原料。这类非常奇怪也不好看的代用品，只有通过糕点师的才华才能变成美食。

在战后，大家又可以随心所欲地享用以最佳原料做成的蛋糕了。

最后，应以仰慕之心提及习艺手工业公会会员及法兰西顶尖工匠用糖或巧克力制成的杰作：在这么一个仿拟的幸福工作中，为了重造大自然中的美丽事物：花朵、枝叶、果实、雀鸟、彩蝶……糕点师触及了绘画、建筑、雕塑，甚至是玻璃工艺领域。

他们的大作是如此美妙，让人不敢咬上亵渎的一口。然而，请相信我，那是何等的美味啊！

在21世纪，如何成为糕点师？

从今以后：程序简化，能力工巧精细

·未来的学徒一方面必须找到一位能传授技艺的师傅，另一方面，须于所在省份向教育暨学徒中心注册。

·在两年期间，研读和实际操作应交互进行，十五天（或一星期）在学校研习，接着十五天（或一星期）跟在师傅身旁实习。

·两年之后，通过专业技术合格证考试的学徒可成为工匠，但要继续学习技能，以便晋升不同的专业等级。

·最少应该具备八年至十年的工作经历，才能成为一位好的糕点工匠。

·在得到专业技术合格证后的数年内，糕点工匠若愿意更进一步，可参加师傅资格的考试。再过一阵子，若极具天赋，可设法获得最高职衔：法兰西顶尖工匠。此职衔赋予工匠在工作服上佩戴三色衣领的权利。

·只有在自己拥有专业技术合格证以后，才可雇用工匠或是去赞助学徒。虽然有些糕点职业教育中心的学生不需要跟从授业师傅学习，但大师们皆肯定实习和经验是无可取代的。最后应该要知道的是，第一批从事糕点业的女性是在德国和瑞士，如今，这两地的女性业者仍然比法国多。

制作甜点的原料

LES INGRÉDIENTS DE TOUTE BONNE RECETTE

如果能把维持石器时代人类体力的基本食物烹调归类为烹饪的话，我们便被领入了以下思考：“烹饪激起了工具的使用，接着则激发了改善饮食之必备用具的使用”，而工具的使用是文明创始中一项不容忽视的要素。同时，选择能够提供食物的环境有利于游牧民族的定居。

直到那时还在游牧的猎人，第一次在禾本植物盛产的土地上长久地安顿下来。例如在土耳其的陶鲁斯－扎格罗斯，然后在埃及和努比亚。这些野生谷物让人类乐意直接开挖其陋居中的石头，用石磨和石臼把从附近原野采集而来的种子碾碎，特别是能适应当时气候条件的原始大麦。

接着，在巴勒斯坦的犹大山附近发现了野生小麦，最有名的遗址耶利哥见证了在泥泞土地上最早期的随意播种，如有必要，不用花太多力气就能灌溉这样的土地。这些极古老的收成生产出了大麦，以及两种货真价实的原始小麦：单粒小麦与二粒小麦。

这件事让人明白所谓的“旧世界”，也就是从欧洲至亚洲的西方世界之过往。然而，对于被称为“新世界”（因为很晚才被旧世界的人发现）的地球另外一半居民来说，提供他们营养的谷物却是在其他地方无法找到的玉米。

考古学家所能发现的第一顿简陋玉米餐痕迹可以回溯至约七千年前，在墨西哥南部的特瓦坎河谷洞穴中，一个被啃过、如小指第一指节大小的玉米穗。

三千五百年前，这种古老的玉米经过了两千年的不断变化，经过了从南美到北美的扩展，成为我们熟悉的、“绝佳且丰饶”的谷类[①]。就像古代文物挖掘对考古学家证明的一样，自世界各处的农业走上正轨后，对“大地之母”的崇拜也随之开始，她被安置在多产女性的符号下，守护着采集与收割。

从中，我们能清楚看到远古采收者与女性之间明显的象征意义关联：大地的“胸脯”比之母亲的胸脯，或植物的生长周期比之女性的生育周期——早期农业中，夏天收割的大麦和小麦，得在九个月前的秋天就播种。而正如前文提及，把它们做成食物的准备工作，同样交由家中母亲或某位女性来掌管。

关于酵母

历史学家的研究像是侦探的调查。他需要探索某个非常古老的时期却无日期参照。但是，有些人却认为以正史的眼

① Maguelonne Toussaint-Samat, *Histoire naturelle et morale de la nourriture.*

光来看，这些研究目标不但微不足道且平淡无奇，对于那些标志着国家民族命运的事件来说，这些研究目标更是既无关联，又无影响。在正式文献里，此类研究找不到定锚之处。

面包的面团就是如此，更别提蛋糕的面团了。虽然面包被公认为大部分人类的主食，虽然美食的幸福感延续了某种能让人类精神休息的满足感，但大部分讲师与教授完全不以为意。不过，我们得承认自被纳粹杀害的年鉴学派历史学家马克·布洛赫以降，一些在法国及其他地方成立的研究团体认为，食物的历史（今后配得上称为正史了）滋养了所有的人类编年史，无论是叙述事件，还是分析趋势。

以此开端，可以说，要去发现各种食物的历程仍然相当困难。一个重要的演进步骤会在微小事件的幽微之处显露，或隐藏在高潮迭起之中。种种假设也要经过推断、证实及检验，直到证据能让人信服或足够将之否决。我们有可能误入歧途，而往另一方向重新出发。

在此，我们从玛兹开始探索。这种由若干谷物面粉揉制而成、易于烘烤的烘饼状面团[1]，后来变成了或厚或薄的圆形大面包。对于西方文明，我们当然知道在新石器时代的地中

①例如在印度，素来食用叫作夏帕提斯的未发酵烘饼。以全麦或白面粉及水制作，并在手掌上压平。人们会在饼上涂上融化的澄清奶油，以便贴在类似大瓮的烤炉内壁上，且会事先用柴火加热烤炉至足够的温度。

海盆地东部某处发生过什么事，但我们不知道同样的事在其他地方是何时发生的。（世界各处的各个时期并非完全同步，往往有上千年的差距！）

就这样，某一天，在某处，某位家庭主妇用一点水揉好了给家人吃的玛兹面团却将之弃而不顾，也没进行烤制。理由为何我们完全不知：遗忘、忽略、外在的问题……

大家都知道，在近东这个地方后来它会发生怎样的变化：暴晒在如此高温下（太阳运转了整整一天）的烘饼整个变大、膨胀了起来，当那位家庭主妇来收拾的时候，饼就像怀孕妇女的肚子般鼓胀。尽管伴随着毋庸置疑的惊讶，她还是料理了这个玛兹。烘饼显然没有生出小烘饼来，却在烘烤后保有适当的蓬松度，散发出崭新而开胃的香气。这样，同等分量的面粉便能喂饱更多的人，消化起来也更容易。

是了，凡事总有个开始，“那件事”就这样开始了。而后，同样的工序被重试了一次，并得到一样的良好结果。这个秘密因此传播了开来……总算。为什么说是“秘密”？因为这是一个女性的故事！并且，这道食谱实在太好用了。

但当时的人们还不知道，至今也仍被许多人忽略——此中真正的秘密：到底是哪种魔法增加了被遗忘的面团体积，并让它在料理后变得更加美味、更容易消化？让我们来揭露这个秘密，它就在空气中。

酵母的象征意义

在福音书中，酵母的象征意义显露在以下两方面：一方面，酵母是制作面包的活性要素——灵命转变的象征。另一方面，我们要再次提起今日圣餐面饼这种未经发酵的面包所具有的含意——酵母的缺席表达了纯洁及牺牲的概念。

皮埃尔·格里森，《象征字典》，1974年

尤其是在干燥且炎热的环境里，当周围的空气通过一团被遗忘且无遮盖的面团上方，还带来了尘埃，尘埃会停留在面团上。而这就是关键！

在由不同渣滓形成的尘埃中，有许多肉眼难以察觉的微生物。这些初级的单细胞生物（精确来讲就是极微小的真菌）因为在空中随风飘荡时、在不适合生长的地方时缺乏营养，因此会形成极顽强的孢子，就像蘑菇或松露那样。这些孢子可以等上好几年，当环境变得有利于萌芽时，真菌便会受到诱使而复苏、进行繁殖。又有什么会比一个营养的面团更适合作为温床呢？这些极微小的真菌也就是酵母，天生注定要在利于发酵的环境中引出此番现象。但是，它是如何发生的？

如果偶然或一阵风将酵母留在含有天然糖类的食物上，像是烘饼面团，熬煮过的谷类，肉类、植物的汤汁或牛奶，

酵母就会开始吸取氧气并呼出二氧化碳，就像你我一样。只是，酵母一边吸取氧气，一边会把其寄宿物中的碳水化合物[①]（糖类）分解出来。

此现象就是发酵，也被称为酒精发酵，因为它来自葡萄酒、啤酒或苹果酒的酿造制作过程中，也来自所有面包糕点的发酵面团里。在后者的情况中，面团的发起是因为酵母散发出来的二氧化碳。如此发起来的面团则成为面肥，带有“能量”，只要把其中一部分掺在另一份新鲜的面团中，就能把“能量”传递过去；置身于新的滋养环境中的酵母会不断繁殖。我们便可如此这般将发酵一直进行下去。

制作面团的数千年历史

咀嚼谷粒

最早期的人类啃咬着小小的谷穗，然后剥开并取出完整的种子，将之用石头打碎或磨碎。起初是生吃，后来用火烤过。火烤是一大进步，特别是对小麦和大麦而言，因为可以清除无法消化的糠，使谷子更容易碾碎，质量也变得更好。

自然，当时的人是用手来食用这种原始的“粗面粉”。

①碳水化合物的化学式为 $C_m(H_2O)_n$。全麦面粉中的碳水化合物含量达 71%。白面粉为 76.1%。（译注）

用水制作面糊或熬汁

随着技术的改善，“粗面粉”越来越细，越来越精纯，直到终于成为纯面粉。这种进步——在面粉中加入水，做成稀薄或浓稠的面糊，可以生吃或煮食，也可饮用[①]或食用——值得注意，可将其视为首次的烹调行为[②]。

揉面之后：玛兹或薄饼

把厚面团揉成饼状的“玛兹”，放在扁平的石头或陶板上用火烘烤，或放在模具中，置于灰烬或预热过的炉中烘烤。

发酵之后：面包面团或蛋糕面团

只能使用一种可以制作面包的谷物。[③]比如：斯佩尔特小麦[④]、小麦、大麦、燕麦、黑麦、荞麦、玉米。

在揉好的生面团中加入另一团已经事先发酵好的生面团，成为面肥。

面团会在二氧化碳的力量下膨胀起来，彻底发酵。

面团是否放入模具里都可以，也可以放在石板或赤土陶瓦上。

---

①cervoise（古高卢人喝的啤酒）与后来的啤酒，都是经过烹煮及发酵的谷类熬汁。

②阿兹特克的玉米女神奇考梅特尔也被尊崇为第一位知道如何烹饪和制作糕点的女性。

③可以做面包的面粉中含有碳水化合物。碳水化合物会释放能让面团发起来的气体，有助于发酵。（译注）

④斯佩尔特小麦是一种极古老的粗糙谷物，其面粉难以制作面包。在法老墓中可找到此种谷物。现今仍是穷人的粮食。（译注）

在火堆余烬的钟形罩底下烘烤面团，或放在预热过的炉子中。也可将面团分成块，在蜂蜜中或滚烫的油脂中煎炸。烹调时，在面团中掺进一些配料可以让滋味变得更好。

如此一来，面团成了基本食物，并被视为一切膳食的基础。这也是许多宗教仪式或社会庆典使用面包或糕点的原因。

但是，我们也可以使用化学发粉让某些面团发起来，而不需要发酵。不过，仅仅使用那些可以做面包的谷类，将无法做出恰当且发起状况良好的糕点。只有那些含有足够淀粉（碳水化合物含量能够满足酵母）的谷物面粉才可以。因此，可用来制作面包的谷物中：小麦非常适合，大麦效果较差，燕麦一点都不合适，玉米则完全不行，只能做些扁平的薄饼。面包和蛋糕皆是小麦、大麦或燕麦文明所特有的。

在布洛赫的门生，历史学家雅克·卢梭领导的研究《魁北克森林中的茶叶及面包》[①] 中，提到了“巴尼克”这种在18世纪至19世纪，美洲印第安人从苏格兰皮货商那里学来的面包。他们也很欣赏一种叫作“泰克雷普”的厚实薄饼——其实就是玛兹烘饼。泰克雷普多半放在锅中以柴火烹

① Jacques Rousseau, “Thé et pain dans la forêt québéquoise” , *Pour une histoire de l'alimentation. Cahier des Annales*, n° 28, École pratique des hautes études et Librairie Colin.

煮；或放入当地人所谓的haute friture，也就是放入海狸油或猪油中炸，再撒上枫糖，以便做成“节庆专属的甜点”。“小麦面粉彻头彻尾地变成了印第安猎人的食物，甚至成了他们在交易站购买、用毛皮进行交换的主食……这种面包……混合了面粉、烘焙糕点用粉、盐及我们希望的浓稠度的水而制成。”

当时的“烘焙糕点用粉”是盐和喜盐植物（此类植物会吸收土壤中的天然盐分）之灰烬以及“泡碱”的混合物。印第安人已经在五万年前蒸发掉的湖泊遗址中，采集泡碱这种矿物碳酸钠——例如在怀俄明州。

这种可做出漂亮蓬松蛋糕的乡野配方在19世纪成为英语中的baking powder（泡打粉）。法国人则在1870年战后称此化学发粉为阿尔萨斯粉。

法兰西科学院在1701年举办了一场竞赛，以找出能够让氯化钠（在地表上极多）转化成碱灰（苏打）的最佳方法。碱灰又名碳酸钠。当时已可隐约预见此物在工业上的种种用途，尤其是在医药方面。

化学家吕布兰获得了胜利并创立了一间小工厂。可惜的是，小工厂在1793年时因为法国大革命而关闭。1808年时，有人试图再次生产这样产品，但拿破仑对此不感兴趣，所以到1846年为止一直乏人问津。

事实上，德国的欧特克医师在那时已经调配出以小苏打（碳酸氢钠）和酒石酸混合做成的化学发粉。酒石酸源于葡萄酒残留在桶中的含盐沉淀物，如今仍用于糕点制作中。

与此同时，两位纽约的面包师兼糕点师，约翰·德怀特及奥斯汀·丘奇也试图将发粉的配方商业化，希望能让前往西部的旅客或移民，一路上制作面包更为方便。

史书并未说明这两人如何在法国人吕布兰满是灰尘的专利证书中探寻，但他们所做的试验是决定性的：在蛋糕面团中将精制碳酸钠与牛奶混合，将得到与传统酵母同样的效果。这两位合作者成立了一家公司，开采怀俄明州著名的泡碱矿床，每年从中提取三十六万吨的“碱灰”。这些“碱灰”可以做出多少座的蛋糕山！

另外，酸奶中的乳酸菌酶也可以让蛋糕面团发起来。法国所有幼儿园的小朋友都做过酸奶蛋糕。其他的酶，如醋里的醋酸酶，同样也被用在让蛋糕面团发起来的传统配方中。

除了酵母还是酵母

被称为啤酒酵母的新鲜酵母长得很像乳液，是从酿造中沸腾的麦芽汁、大麦汁、黑麦汁或玉米汁表面采集而来的。酿酒业会在酵母冷却后调节其状态。最纯的酵母用于糕点制作，使用时一定要避免接触到极热的水，不然会杀死酵母，理想温度为 36 摄氏度至 37 摄氏度。啤酒酵母则是高卢人发明的，他们是古高卢啤酒 cervoise ——无啤酒花啤酒的酿造者。

被称为面包酵母的干酵母或粒状酵母与啤酒酵母出于同源且不会变质，它的沉睡特性只有在接触到微温及加糖的液体时才会醒过来。

发粉是一种在大量碳酸气体的推动之下增加面团体积，使其在烹调时制造出期望效果的粉末。19 世纪末才开始真正使用发粉。发粉是从小苏打的化学作用中得到的产物。

众神的甜美馈赠：蜂蜜，然后是糖

蜂蜜成就了蛋糕。本来只是日常食物的面包，添上这个偶然的附加物后没有变成别的东西，只成为具体化的幸福。蜂蜜是一种为了标志出一件独特之事而指定的特殊食物。我们一方面因其美味而满足；另一方面，蜂蜜曾是，现在也仍然是真正的大自然奇迹……就像是维吉尔所说的“这众神的甜美馈赠”。

学者当然会借由化学式来解释花蜜（天然的植物糖）如何经由采蜜的蜜蜂转化为蜂蜜。蜜蜂在蜂箱的蜂巢中吐出花蜜之前，会先在嗉囊中消化。这种作用就像是蜜蜂所有的活动一样，近乎奇迹——可用科学解释的奇迹。

蜂蜜中含有蜜蜂采集各类花卉而来的芳香物质。从远古开始，我们便赋予蜂蜜治疗的甚至是魔法的效力，就算不神奇，无论如何也具有象征意义。蜂蜜很快便介入了人和众神的关系之间。

蜂蜜被选为向希腊土地神祇，如得墨忒耳、潘、狄俄尼索斯或阿波罗等众神赎罪牲祭的供品，但也同样献给地狱之神，因为蜂蜜也象征着光明。蜂蜜还混入了祭品糕点的面粉中，以使其更加美味……蜂蜜甚至被添加在亚利桑那州霍皮印第安人或玛雅人的玉米薄饼里。

相反地，希伯来人以及亚述人并不会为他们的神祇献上蜂蜜（亦不供献蛋糕）。这或许是个禁忌，因为就某方面而言，蜂蜜算是种排泄物。但这并不妨碍其他人的献祭。在运用时，蜂蜜不只用于糕点或甜品，也被当作调味品而与多种调味料混合使用于肉类或鱼类佳肴中，时至今日仍是如此。但这就是另一段故事了。

正如我们早先提到的，所有希腊罗马糕点中都添加了蜂蜜，宙斯最清楚这些糕点为数众多：或是掺进面团及其他可能的材料中，或是淋在做好的糕点上。蜜饼正是如此。这种古罗马人的含蜜芝麻面包在切段及油炸前要先浸在液态的蜂蜜中。

拜占庭人酷爱 grouta，一种把加入大量蜂蜜的小麦糊重新放在灰烬中烹煮的食物。这道甜点日后将成为中世纪勃艮第知名的歌德利蛋糕——以小米和蜂蜜制成的名点。

10 世纪的唐朝人把面粉和蜂蜜和在一起做成了蜜饼。我们会在后面说到这种饼，它或许是香料蛋糕的老祖先。

我们会重新见到以上等的硬质粗粒小麦粉加在等量的蜂蜜中，再用热水搅和做成的拜占庭麦糊，配上干果及融化的奶油，成为突尼斯的 hassidat b’el acel，冷却后切段食用。而马格里布人就像所有的阿拉伯人一样，广泛地使用蜂蜜，他们的糕点数千年来都是黏糊糊的，却也极为美味，令人吃得津津有味。

梵文的《罗摩衍那》史诗如此描述一场公元前 13 世纪的宴会："若干桌面上摆满了甜食、糖浆饮料及可嚼食的甘蔗。"

甘蔗这种高约四米的禾本植物内有髓质可供抽取，经榨汁与干燥可获得蔗糖。甘蔗可能源于孟加拉国。

以上假设将得到中国人（总算有一次不是他们发明的了）的印证："唐太宗派遣工人在印度，特别是在摩揭陀（孟加拉国）学习制糖的方法"，苏敬的《博物志》如是说。[①]

约在公元前 500 年，大流士的波斯远征军就已在印度河

①此处作者可能记忆有误。唐太宗遣使者学习制糖的记载可见于《新唐书》《唐会要》等史籍。流传较广的《博物志》为晋朝张华所作，而苏敬为隋末唐初药学家，其生卒年早于唐太宗时代，代表著作为《新修本草》（唐本草）。（译注）

河谷见到“这种不需要用到蜜蜂就可得着蜜汁的芦苇”。他们小心翼翼地守护着这个秘密，并首创进出口贸易。沙漠商队把糖分送到了整个中东及地中海世界。最后，亚述人将甘蔗的种植推广到黑海、撒哈拉及波斯湾，使得《圣经》中也提到了从远方来的“菖蒲”（即甘蔗）。

夸饰

《萨蒂利孔》的拉丁文作者佩特罗尼乌斯戏称诗为 mellita verborum globula（言辞之蜜糕）。globula 是鼓起来的蜂蜜小蛋糕，为小泡芙的一种。

一直到中世纪，糖的价格都极为昂贵，超乎想象的贵，甚至比黄金更贵。因为糖是异国产物，列于香料之林，更因其极端稀有与昂贵而被当作治疗各种疾病、比药还好还有效的物品。相反地，直到 10 世纪，都没有任何糖用于食物的记录，即使是在大富豪家中亦然。

公元 966 年，刚刚从潟湖沙地冒出头的威尼斯为这种传奇食品建造了货栈，并用商船运送它，就像水上的“骆驼商队”。威尼斯急着仿效阿拉伯人，而后者早已在克里特岛上建起 Qandi 炼制厂，Qandi 即阿拉伯语中的“糖”。

公元 1000 年，整个中东都散发着焦糖（caramel，从中世纪拉丁文 cannamella 而来，意即甘蔗，有时也指一种近似阿拉伯甜咸球 kurat al milh 的东西）的味道。这美妙的气味吸引了最精致优雅的西方封建势力，其渴望致富的首领以十字军为幌子，蜂拥前往黎凡特沿海地区（地中海东岸），就像涌向糖浆罐的苍蝇。

十字军东征以后，欧洲仰赖商船队与深思熟虑的资本家来贩卖与加工糖。1506 年，由于克里斯托弗·哥伦布的一位同伴在西属圣多明各悉心照料甘蔗植株，不久便轮到新世界来供应甘蔗了。很快地，西方便得到了更多曾经病患吃不起、富人送不起的糖。前述市价高峰不复，糖价下跌不止。

老实说，或许是从公元 1000 年起，药剂师兼香料商早已分到市场中最好的一块蛋糕。他们或许说服了那些不自知的病人。用粉末、糖浆、蜂蜜等调制而成的软糖式药剂（昂贵的甜味药品）让位给一些令人感到舒服的高雅食品。他们也提供消化药品，即几种用种子或香料块做成的糖果，或是裹上糖的干果。我们会在关于果酱及蜜饯的篇章中再次提及这些著名的房间蜜饯。

蜜饯到果酱不过是一步之遥。因为跃上了君王、高级神职人员及富豪的餐桌，糖在糕点制作方面毫不认输，在烹饪方面也与有点过时了的蜂蜜进行着竞争。

那时的烹饪之门朝向西班牙敞开着。从 8 世纪起，西班牙南部就被阿拉伯人占领，北部也受到阿拉伯人一定的影响。从比利牛斯山到直布罗陀海峡，美味精致的阿拉伯—安达卢西亚菜肴极受好评，既是咸甜味混杂菜式的冠军，也是老饕的最爱。

对阿拉伯人来说，用糖是最政治正确的，简直可以说是全民的责任。不过基督徒也不愿被当作贫苦的人，比如，瓦伦西亚的基督徒。正如南锡大学的研究者吉拉尔所深入研究的[①]，15 世纪初的阿拉贡宫廷无节制地使用糖“这种沿海灌溉平原地区的物产。就算糖不是种日常用品，仍被视为烹饪时的调味用香料。糖也取代了蜂蜜，成为当地名产蜜饯及糕点的成分”。

1413 年，若相信这段节录自瓦伦西亚公证人的记载：“城市以极为丰盛的糕点款待国王与其随员”。虽然宫廷的主要香料供应商，圣塔菲的尼古劳拥有当地最大的种植场，王室的会计官员常来此点收种植场出产的大糖块，但这位基督徒的产品还是只够当地老饕享用。法国贵族及阿维尼翁教廷只能享受中东异教徒生产的糖。况且以量来说，差距简直就是天壤之别了。

另一则跟糖的历史有关的事情也同样引起吉拉尔注意：

① *Manger et boire au Moyen Âge*, Actes du colloque de Nice, 1982, Centre d'études médiévales de Nice/Les Belles Lettres, 1984.

还是在西班牙，大约在1570年时，为了阿拉贡国王孙女的婚礼，有一位药剂师约翰·吉拉贝“发挥其才能，制作了至少416公斤的糖煮水果、小蜜饯及果酱。其大作更使用了50个杏仁糕，都是阿拉伯及东方的遗产”。

理由为何？糖一直被归类为药用香料，当时在整个欧洲，只有药剂师兼香料商能获得制糖的授权，而非糕点师。从远古时代起，人们一向认为甜味菜肴有益健康，因为它让消化变得更容易。为了这个原因，才在用餐结束时呈上yssue，也就是dessert（餐后甜点）。而这样的习惯一直持续至今。甘蔗的学名Saccharum officinarum（意为“糖厂”）也延用至今。

糖水“盛宴”

18世纪认为糖水是极美味的饮料，当时有所谓的糖水“盛宴”。糖水杯被引进沙龙并和利口酒一起大为流行。

路易·菲吉耶

《工业的奇迹：制糖工业》，1873—1876年

吉拉尔还告诉了我们一个有趣的细节：“通常在分派甜食的同时，会附上叫作pans de gaçull o llavamans的香皂，以便清洁因为品尝甜食而弄得黏糊糊的手指头。”

最后，可别忘了西班牙贵妇塔娣内宅邸中令人垂涎的美

食。为了帮国王欢庆圣诞节，制糖师贝尔托莫·布朗奇早在五十五年前就制作了一道美食：糖渍鲔鱼舌，并存放在六个漂亮的陶罐中。

只剩下意大利没有出现糖的制造和使用。虽然意大利总是大声喊着自己也有份，但却一直缺乏证据。可能是制作糕点的名家都随着美第奇家族的两位王后——凯瑟琳和玛丽来到了法国，丰富了法国厨艺作品集的甜点及糖之应用篇章也说不定。但有些传说真的会气死人！

其实自15世纪初期起，法国的厨师和糕点师便开始凌驾于其欧洲同行之上。阿拉贡红衣主教的私人史官唐·安东尼奥·贝阿提斯就是见证人。他曾随着这位西班牙的高级神职人员游遍欧洲。贝阿提斯对于激发他灵感的法国菜及其制作者赞誉有加："……在法国可喝到上好的汤，吃到馅饼及各式各样的蛋糕"，他这么做出结论。

突尼斯名点 mekrout tounes

极古老的食谱

我在1磅非常细的小麦粗粒粉中，加入5—6匙融化的羔羊脂肪或融化的奶油或植物油。我得到了一个甚干的面团可以擀面。我把面团做成若干约15厘米宽的粗麦粉条。另一方面，我准备了加入去核“戴格拉”椰枣及以少许肉桂粉增添香味的面团。我用椰枣面团装饰粗麦粉条，将其折成两半，再轻轻擀过一次。接着，我把这些粗麦粉条切成长约6厘米的长方形，放入植物油，或是以植物油和融化的羔羊脂油混合成的油中炸。炸好后我把油沥干，把它浸泡在液状蜂蜜中，然后再取出来沥干。mekrout 可热食或冷却后食用，且能长期保存。

乌米 · 泰亚巴，《突尼斯菜》，1937 年

然而，若我们相信威尼斯所实现的糖的奇迹，那就还应该提到与米兰历任公爵维斯康蒂·斯弗尔扎有关的蛋白霜。一如皮亚琴察当地人奥尔滕索·兰迪（《论意大利最值得注意且奇异的事物》的作者，他这本书出版于1550年，并收藏在斯弗尔扎城堡中）指出的，斯弗尔扎家族是一群大饕家。

不过，蛋白霜其实是阿布鲁佐地区一个家族的“大发现”。此家族的母亲梅丽贝阿发现了混合啤酒花①、西瓜籽及细砂糖的方法，她女儿则发明了“结合糖”——将煮过的糖加入打发的蛋白混合而成。

这种制作意大利式蛋白霜的方法，虽然尚未规定其名，但当然是一件“最值得注意的事”。② 无论如何，这是第一次在文献中提到和糖一起打发的发泡蛋白。

---

①这里是指极苦的野啤酒花，因其有助消化和利尿功能而被使用。

② *Bolletini Storico della Svizzera Italiana*, 1893, p.188.

在其他法国文献中，1653 年的《法国糕点师》（当时的畅销书）就有“发泡蛋白饼干”。饼中的开心果改良自那个“乡下女人”的西瓜籽。很难相信人们断言蛋白霜的食谱源于 18 世纪中叶是认真的。他们将此道食谱归于瑞士糕点师贾斯帕利尼，他在萨克森－科堡公国的美林根创业，亦是蛋白霜名为 meringue 的由来。在卡雷姆发明挤花袋以前，我们用汤匙把蛋白霜横置于烤盘上。据说玛丽－安托瓦内特很喜欢在凡尔赛的小特里亚农宫中做这道甜点。

发泡蛋白饼干

取四分之一斤最白、最精致纯净的糖或玫瑰花香糖，将之煮成浓稠的糖浆，然后加入两份打发成慕斯状的蛋白，将这两样东西搅打在一起，再将之展延在纸上，做成小饼干的形状，放入烤炉中以小火烘烤。

拉瓦雷纳，《法国糕点师》，1653 年

蛋白霜的不同名称和应用，法国的、瑞士的或意大利的，考虑到了糖的不同煮法（或不必煮）。

在 15 世纪前半叶的法国，根据菲利浦及玛丽·海曼的分析，糖的消耗量已经是 1300 年的两倍以上。印刷出来的食谱（《食物供应者》即将问世）包含了比手抄本更多的馅饼和甜味菜肴烹调方法。海曼夫妇发掘出了那时候尚未发表的五十几道配方[1]。这些并非印刷术效应，而是丰裕的结果。

我们也可见到自16世纪末起，果酱书开始流行了起来。就像在英格兰家庭主妇的家政书籍中一样，有一大半文章都在讲自制甜点。与此同时，药剂师的垄断式微，因为在家中制作甜食要便宜许多。最著名的文章是诺查丹玛斯的作品——我们在后面会再提到。

而后，这些制作果酱的书成了配膳室中的参考书，而非厨房用的参考书。因为就像我们已经知道的，糖是在配膳室中制造的，而非在厨房。

1651年时，园艺家尼古拉·德博内丰的《法国园丁》一书即为乡村地主夫人而写，着眼于其领土产物的管理。请记住，confire（用糖渍）在当时亦可用conserver（保持）来表达。

在传统上，和《法国糕点师》成对的《法国的果酱制作者》是附在拉瓦雷纳极负盛名的《法国厨师》（初版1651年）一书里的。不过，据说这源于市场营销策略，因为拉瓦雷纳可能根本没有参与写作此书。1692年，书店内出现了马夏洛的名著《果酱、利口酒及水果之新知》，书中第一次出现插图，两份餐桌图的边框画了各种水果，餐桌上则摆着大大

---

① P. [illegible] M. Hyman, “L’honnête volupté” in *Livres en Bouches, catalogue de l’[illegible]siton de la bibliothèque de l’Arsenal*, 2001-2002.

小小的糕点。

撰写《王室与布尔乔亚的厨师》的马夏洛绘制了一幅意式冰糕（冰激凌夹心杏仁糕）的插图，图中还有一个果汁冰糕调制器。

在1692年到1730年间，甜食的制作变得多样化，冰激凌的制作尤其占了多数。1768年，就在艾米致力于将冰激凌的制作方法写成一整本《做好冰激凌的艺术》时，冰激凌的地位也达到了巅峰。

且让我们瞄一眼知名的《布尔乔亚女厨师》（首版1746年）作者梅农于1750年构思的“点心桌”，那时他才刚刚完成《制作甜食的膳食总管》：

“……瞧瞧点缀着这花坛的每个糖制图案，用不同颜色砂糖装饰的萨克森陶人、树木、干果、花盆、绿廊、花环，还有这些色彩缤纷的毛虫状方格。这需要何等的才智！何等的品位！多可爱的对称！”

糕点和糖果是两种只看就能让人发胖的食品。梅农时代的厨艺书刊插图与黄金年代仍有些差距，不过，他制作了若干版画，其中之一是用糖锭做成的《基尔凯女巫的宫殿》。

不久之后（1751年），这种装饰狂热（19世纪末被卡雷姆重新恢复）在吉利耶一本名为《法国制糖者》（虽然只有一些内行人才知道此书，这点颇为奇怪）的书中被证实了。而所谓的制糖者，我们都知道就是负责照料和处理焦糖（即煮过的糖）的人。书中的美丽版画重现了旧式的拔丝及糖锭做法。从17世纪末开始，糖不再只是一种香料，而是制作糕点的主要原料了。

另外，咖啡和巧克力的饮用风潮也让糖的总消耗量在整个18世纪增加了三倍。就社会风气而言，甜食的消费逐渐普及。糖促成了欧洲经济前所未见的飞跃发展，带来了长达两个世纪之久的荣景！从安的列斯群岛和巴西至旧大陆的大西洋沿岸港口，在各国创立的西印度公司的推波助澜下，密集的海运发展了起来。炼糖厂如雨后春笋般纷纷设立。就像早已察觉风向的勇敢中产阶级一样，贵族在开垦、运输、工厂及糖的商业贸易上都持有股份。简而言之，每个人都获得了甜头并感到满意。

糖塔

就和在比利时南部一样，在法国北部，若不在节庆餐后来点著名的糖塔，就不算过节了。糖塔可回溯至17世纪后半，当时运抵敦刻尔克港的废糖蜜（安的列斯群岛的粗糖）就是在此地区的十二座炼糖厂中精炼的，其中最古老的一座炼糖厂在里耳，于1680年开始运转。

传统上，糖塔是用在当时已经可以取得的粗红糖（劣质砂糖）做成，大杜西在其书中[①] 指出，这种粗红糖是北方省份的特产。

虽然对家庭主妇来说糖塔非常好做，但面包师傅卖的量可没少过。首先要使用布里欧面团，将这种发酵的奶油面团尽可能地摊平在直径约 25 厘米的模子中，任其发酵膨胀，再覆以大量的粗红糖。然后，若是有钱人家，会加上一碗混合了 3 颗打好的鸡蛋的浓厚鲜奶油。不然就是覆以混合了 1 颗鸡蛋及鲜奶油的白砂糖。放入预热过的烤箱中烘烤 8—15 分钟。

当地人会为访客奉上一大早就在炉边温热、当地称之为咖啡的菊苣茶[②] 来搭配糖塔，并另外奉上一小块方糖，让人含在口中配茶喝。

参考阿尔班·米歇尔出版社《法国美食遗产》系列

然而，糖浆在新世界种植场的密集生产很快地提出了一个大问题：劳动力。就利润而言，劳动力越便宜越好。由于当地人不是逃亡就是遭到屠杀，无法协助这项大事业，只得求助于古人选择的、从未销声匿迹的解决方法：奴隶制度。为了重组美洲人力资源而在非洲所进行的掠夺，让西方人大占便宜并对此深感庆幸。18 世纪初，一位优秀的多明我会传教士拉巴神父待在法属安的列斯群岛期间，教导被运

① Le Grand d'Aussy, *Histoire de la vie privée des François*, 1782, t. Ⅱ, p. 280, Laurent Beaupré, librairie à Paris.

② chicorée à café，根可代替咖啡的菊苣。

送到这些地方的新基督徒群众，并发明了从甘蔗糖浆中蒸馏出的新酒类——朗姆酒（rhum，来自当地的克里奥尔语rumbullion，意思是“滚沸的糖浆”）。糖应该大大感谢拉巴神父的新发明。给拉巴神父以启迪的，应该是当时早已遭人遗忘的马可·波罗，他在游记中写道：“他们（印度人）酿出极好的糖酒，而这酒会让人很快喝醉。”

享乐岛上的旅行

……在平静的海面上航行了很久之后，我们从远处瞥见一座有着糖煮水果山、冰糖与焦糖岩石，以及蜿蜒在乡间的糖浆小河的糖岛。极为嘴馋的岛上居民舔着每一条道路，在河水中洗完澡后吸吮着他们的手指。还有一座甘草森林，旅客只要稍微张嘴，风就会把大树上的松饼吹下来，带到他们的口中……

弗朗索瓦·萨利尼亚克·德·莫特－费奈隆

《为勃艮第公爵阁下之教育所作之寓言集》，1701年

若无这位圣人和每一位将数百万黑人卸下安置在种植场的黑奴贩子，我们可能会永远放弃新世界、制糖工业、朗姆酒及其所有相关利益。只是，在安逸之中，无人听见一位充满怜悯的作家发出来的微弱声音。这位作家就是贝尔纳

丹·德圣皮埃尔，其名著《保罗和维尔吉妮》让读者洒下不少眼泪，但当他说“我不知道咖啡和糖是否为欧洲幸福之必需，但我很清楚这两种植物让世界的两个部分都变得极为不幸”的时候，甚至连一声叹息都得不到。

亨利四世在位时，蔗糖原本可以变得不是那么不可或缺，当时的顾问奥利维耶·德塞尔指出，甜菜同样含有丰富的糖分。但直到1745年柏林化学家安德烈亚斯·马格拉夫从甜菜的根茎中取出糖的结晶为止，这些意见并没有得到任何回响。不过，有一件事必须指出，普鲁士对于安的列斯群岛和奴隶贩卖没有任何兴趣。

不过，当马格拉夫的门生弗朗索瓦－埃米勒·阿沙尔于1786年在西里西亚成立了一座炼糖厂时，普鲁士的君主也受到了吸引。意识到安的列斯群岛产糖工业不可靠的英格兰，对阿沙尔开出了丰厚优渥的酬劳，但他拒绝接受，不理不睬的态度一如先前法国主动凑上来时一样。他可没忘记祖先，法国的胡格诺派新教徒曾因路易十四的迫害而逃亡国外。

砂糖，被糕点魔术师施以魔法的粉末

·奶油酱汁的做法是将糖浆倒入蛋黄中搅拌，再加上油膏状的奶油。滚烫的糖浆能消灭蛋黄中的细菌，且使酱汁滑腻。

·若在搅打蛋白时加入砂糖以及数滴能使之凝固的柠檬汁，

打发的蛋白会更紧实。此点在制作舒芙蕾、慕斯及蛋白霜时非常重要。

·在打发的蛋白中加入1汤匙砂糖有助于其与蛋糕面糊的混合。

·为了让塔皮面团有酥脆的口感，糖的量应是面粉的一半。

·为了避免塔皮底部在烘烤时变软，应在放置水果前混入等量的细面包粉及细砂糖。

·要让蛋糕脱模变得更容易，可在装填面糊前，于已涂上奶油的模具内撒上砂糖。此建议亦适用于任何一种的甜舒芙蕾。

·若先蘸过加糖的柠檬汁，苹果塔中的削皮苹果会较慢变黑。

·在糖煮水果快煮好时才加糖，会让滋味变得更好。

·冰冻水果以前，应在保鲜袋中加入砂糖（每1千克的水果配上100克的糖）及柠檬汁（每1千克的水果需1颗柠檬），然后摇晃袋子。水果的香气及颜色可以保存得较好，也较耐久。

M. P. 贝尔纳丹与 A. 佩里耶－罗贝尔，

《糖之大全》，1999年

最终，拿破仑在大陆封锁时期，下令种植32000公顷的甜菜并拨了一大笔款子给科学院，使得本杰明·德莱塞尔在1812年成为第一个以工业方法成功制作甜菜糖的人。今日，甜菜糖占世界糖产量的40%，蔗糖则为60%。

但是，糕点甜点师以产品质量为由，将特权赋予了蔗糖，他们认为蔗糖更甜，因为它更细、更白、更纯粹。他们也认为蔗糖比较高贵。在日常用语中，“pure sucre”（纯糖）意味着完美。

奶油不只是奶油

倘若糖和蜂蜜成就了蛋糕，那么“油质物体”，特别是奶油，则让蛋糕变得更为美好。事实上，在揉制的面粉和水中加入奶油时，油脂粒子会钻进面筋（谷蛋白）的丝状体之间，加强面团的弹性和柔润。蛋糕易融于口的程度全视油脂的选择，滋味亦是如此。

在现代，制作不同的糕点有不同的油脂可供选择。对于任何一种甜或不甜的面团来说，奶油、植物油或椰子油的味道皆属上乘，而且是天然的。干椰肉则留给批量生产的饼干制造业使用。

猪油、小牛或牛，甚至家禽的动物性脂肪也是自然产品，但味道明显，因此更适合制作咸味糕点。工业产品人造奶油来自脱臭加工处理的动物或植物油脂，优点是价格便宜且有某些营养价值。不过优秀的糕点师无法想象不是“新鲜纯奶油”的产品。也有一些未含奶油的糕点，例如萨瓦蛋糕。

奶油不仅在糕点的味道上发挥作用，不同的使用方法也会让面团的“结构”有所不同。就如我们在任何一本食谱中见到的油酥饼、英式水果蛋糕或磅蛋糕、基本酥面团、千层酥、苹果卷或“帕斯提斯”，每种糕点中的奶油分子皆以特殊的方法与面粉分子和糖分子结合在一起。这是糕点制作的另一个美丽奇迹！即使化学或物理能够解释此番炼金术，对门外汉来说仍是奇迹。

在这里要透露一个生手不知道的小秘密：软化的油膏状奶油与用在某些特殊烹调法里的融化奶油，两者特性不尽相同，例如金融家蛋糕的制作方法。遵守明确的规则（掌握不同的制作方法）糕点制作才会成功。一般来说，糕点制作并非即兴创作，而是种讲求精确的科学。这点我们将会一再提及。

关于奶油

法国拥有最多样化的奶油“产区”。奶油这种产品自成一类，却又拥有种种细微的差异。事实上，只有奶油能将清淡、精致及滑腻赋予面团与蛋糕，而无脂肪那样令人不悦的气味。

不过，糕点师是用“干”奶油来 tourer（用奶油和面）的。若我们知道，依照法规，奶油必须含有 82% 的脂类及 16% 的水分时，必然会感到十分惊讶。如何选择不同地区的奶油，哪种奶油适合哪一类糕点的制作，常让外行人深感困惑。

“干”奶油适合做干面团、松脆面团、基本酥面团、油酥面团或千层派皮面团。原因在于，“干”奶油较易维持住，不会让揉好的面团软化，又能同时保持柔软，但它无法伸缩、延展而不破裂。

具有更柔软口感的奶油，多半用来制作奶油酱汁及入口即化的面团，例如布里欧、热那亚蛋糕、磅蛋糕、玛德琳及泡芙面团，它们能发挥出极佳的滑腻感。

尽管制作奶油的过程中有一定标准，但季节、气候、每一地区的农牧状况等，都会使奶油成品呈现不同的特色。

在普瓦图－夏朗德、布列塔尼以及东部地区，奶油比较硬，且一整年都比其他地区更“干”，也比较白。

在诺曼底及山区，奶油较软，较“油”，也比较黄。

为了让所准备的各类面团皆能尽善尽美，糕点师会慎重使用不同的奶油以发挥其优点。但是，无论如何，新鲜的上等奶油仍是他们成功的基本要素。

依据目前藏于柏林佩加蒙博物馆的苏美尔泥板上所刻，舒尔吉王[①] 在位第四十年时的楔形文字账目，我们可以确认，四千年前在美索不达米亚已经出现了乳制品。不过，即使没有任何正式证据，奶油和奶酪在更早之前就被制造出来的说法，依旧甚嚣尘上。

我们还拥有一些不甚清楚的文献。一般的意见是认为，

①乌尔第三王朝的第二任君主，统治时间约在公元前 2000 年初。（译注）

乳和奶酪是从山羊和绵羊身上获得的。因为在这样的气候中，羊群的分布范围比用作驾车牲口的牛更广。若那时已有奶油，应该和现在的阿拉伯奶油没什么两样：出自母绵羊，白色，极浓腻，味道像罗克福奶酪。而山羊奶除了用来制作奶酪，并不用于制作奶油。

如果说古代文献提到大量奶酪是因为在那种没有任何适当、卫生的条件及看护手段的时代，只有这种方法可以保存羊奶；那么白奶酪，即沥干的凝乳，更可能是被单独制造出来的。然而，在楔形文字的账目以外，并未有其他文献提及奶油。只有加斯东·马斯佩罗翻译的著名柏林纸莎草纸（约公元前 1500 年），在叙述一个埃及海盗的一生时写到，在西奈半岛的东北方，接近以拉他的地方，贝都因人制作“各式各样的奶油及奶酪”——但未提及用法。

和希腊人一样，古罗马人不怎么重视奶油，他们称之为 buturos 或 buturum，字面之义为“母牛的奶酪”[①]。不过他们的糕点制作却大量使用真正的奶酪，不论是新鲜奶酪或是白奶酪。和维吉尔一样，无人表示出对牛奶的喜好（牛一直是驾车的牲口），对来自山羊或绵羊的奶酪也是如此，就像所有环地中海地区一样。

①通常带有腐臭味。阿比修斯在两道食谱中用到咸奶油，但未用在糕饼上。

奶油在缺乏牧场的地区一向较不受喜爱，即使是欧洲地区也一样。在揉制面团时，传统上仅单纯使用植物油、猪油，或不久以前仍然在使用的、煮开的奶的“奶皮”。

虽然我们约略了解为数众多的希腊蛋糕的每一种做法，虽然我们只读过一次古罗马人阿比修斯的著作（《奢华之书》）就能举出书中提到，在进炉烘烤前，要先将面粉和油制成的面团包覆在令人垂涎的蜜火腿上，但是，古代的糕点食谱在油脂比例和应用方法上却几乎什么都没说。

即使中世纪的菜谱汇编内有许多圆馅饼、奶油塔、馅饼，馅饼面皮的制作却属于面包师及糕点师的技艺。这些不在厨房而在其他地方工作的人做事向来全凭个人经验。每个师傅都保有自己的秘方，且不愿意与他人交流。

不管怎样，馅饼面皮不过是相当简单的面团，是猪油酥面团中的一种。植物油（橄榄油、核桃油或大麻籽油）的价格极为昂贵。而因为诺曼人（当他们还是斯堪的纳维亚人时就已经在使用了）才普及开来的奶油，在正餐之外则是吃生的，当时的人认为这样可以杀菌。

16 世纪中期出版的《顶好食谱》这本畅销书已十分具有现代感，此后还将以二十多种不同名称再版无数次。在其超越时代的电报风格文体中，不知名的作者提供了一道白奶酪饼干食谱（名称是让人非常好奇的“小牛之绳”），其中对材料及做法总算有了解释，却仍然没有任何的用量说明。

小牛之绳

将面粉、蛋黄、奶油、糖、玫瑰水及盐和成面团。再加上少许白奶酪，将面团揉至紧实，加入一片奶油，将面团揉成约两指的厚度，放入烤箱烘烤。烘烤后取出，切成半指长的菱形，将融化的奶油淋在其上，再撒上糖。

《顶好食谱》，1542 年

到了 1604 年，已具有一定组织的糕点师大有进步，出版社亦然。但法国不安定的环境却使编纂者无心编书，他们自满于再版和重新包装上个世纪的畅销著作。

不过，一颗新星照亮了欧洲的厨艺天空。这是一颗比利时之星——毕竟，还有法语地区的食谱。

书的标题宣称，这位蒙图瓦人朗瑟洛·德卡斯多曾在一个美好的城市——列日担任过三位君主的厨师，这是本书的价值之一。再者，他非常了解自己擅长的专业。即将退休之际，这位刚晋升的布尔乔亚推出了一本杰出的著作。

朗瑟洛大师的《厨艺入门》（当时在列日 Onze Mille Vierges 教堂附近的 Poilon d’or 贩卖）甚至称得上是“无比杰出”，因为此书展现了一座绝佳的糕点制作宝库。《厨艺入门》以法文书写，十分国际化。书中除了让人充分感受到佛兰德斯地区的生活艺术，还提到当时的奇特事物，更让我们饱飨来自意大利、阿拉伯—安达卢西亚、奥地利—匈牙利、爱尔兰、葡萄牙等地的盛宴。我们不仅能学到如何制作朗瑟洛大师的“苹果卷”面团：制作时需若干鸡蛋，些许奶油，揉上 15 分钟……还能学到如何依据面团的用途来选择油脂并决定使用的分量，例如：猪油用在猪肉小馅饼，奶油用于发酵的布里欧，其上覆以葡萄干与蔗糖……请记住，我们的大厨来自奶油之乡。

但在这一切中，上帝扮演了什么角色？是的，应该好好想想。我们都快要忘记封斋期及必要的斋戒日了。从 14 世纪起，人们每逢忏悔日就会陷入加倍的罪恶感中，因而牺牲了蛋糕。老饕对于必须放弃这些用奶油、奶酪或猪油做成的美食更是心有不甘。但塞翁失马焉知非福，这也激发了人们的想象力与创造力。多亏了各色干果及新鲜水果、果酱、牛奶及植物油，亦多亏了宗教上的宽免，人找到了能满足口腹之欲的东西，并在获准食用的日子里弥补回来。封斋期不再严峻了。

在现代，封斋期事实上已几乎不存在，但可悲的是，我们却重新发明了一种叫作“养生法”的新兴宗教——以脂肪之神及胆固醇之神的名义，其信徒任凭“代糖”及现成“抹酱”（不必烹煮，例如混在乳清中的大豆卵磷脂[①]）差遣。我们无法称呼用这些玩意做成的东西叫作蛋糕。

Ab ovo

在古罗马，生日蛋糕并非在庆祝生日的大餐后品尝，而是献给保护神的。老加图（前234—前149年）提供了最传统的libum（蛋糕）做法，非常简单：“小心地和好一磅面粉、两磅捣碎的鲜奶酪及一颗蛋。覆上陶土盖子，放入热炉中烘烤。”

阿比修斯则为私人食用提供了一道dulcia（甜点），做法是：“将胡椒、松子、蜂蜜、芸香及淡黄色的葡萄酒捣在一起，加上奶及面团，与若干个蛋一起烹调。食用时淋上蜂蜜并撒上辛香料。”

这种以淡黄色葡萄酒制成的拉丁“蛋糕”若是剔除其中的胡椒和芸香（一种用来杀虫，气味难闻的药草）就会非常好吃。虽然这道食谱里未明说蛋和其他材料的分量，但要知道的是，一般古罗马人在糕点及菜肴制作上，对蛋的用量很节制。

①一种以加了磷的脂类为基础的黏合剂，也可从蛋黄中取得，故名。

古代人认为蛋的营养价值比不上生产蛋的家禽。除了古罗马的巨富人家，一般人通常不会浪费这样的财富，而且他们只使用鸡蛋，并把其他较珍贵的家禽的蛋留下来孵化。在以前，家禽饲养场中只有鹅或鸭。人们也不会食用抱窝的蛋。

其实，母鸡和公鸡一直到大约公元前5世纪才出现在希腊。从马来西亚到地中海，红棕色家雉所经历的路程事实上极为遥远。它们在长途旅程中渐渐被改良：被捕捉，被饲养在印度河流域，传到波斯，在弗里吉亚深受富裕的美食家国王米达斯喜爱。当时，鸡在雅典[①] 与罗马仍相当罕见。鸡舍设于神庙附近，因为这些鸡形目的鸟类将在神庙中成为圣鸟，供占卜官所用。占卜官会依其啄食方式来判定吉凶。

同时，鸡蛋加入了人类的饮食。首先是那些珍贵的供品蛋糕，就像我们先前品尝过的 libum。

当鸡蛋的数量变得充裕，并在公元25年进入厨房之时，阿比修斯（或其甜点师）撰写了几份用鸡蛋做甜点的珍贵食谱，像是刚刚提过的只要去掉辛香料仍可永垂不朽的 dulcia，还有名字源自希腊—拉丁文的 turopatina 牛奶蛋糊（turo 为凝乳，patina 为混合）。值得注意的是，阿比修斯在此详细叙述了材料的用量。

---

①在伯里克利（前495—前429年）之后，使用鸡蛋的食谱甚为稀少。文法学者兼美食家波吕克斯曾讲解特吕翁布丁的做法（见第115页），提及鸡蛋的使用。

阿比修斯的 turopatina 牛奶蛋糊

取一些牛奶，还有一个盘子，将蜂蜜混合在牛奶中增添甜味，每 1 sextarium[①] 加 5 颗鸡蛋，或每 1 hemina[②] 加 3 颗鸡蛋。将蛋和奶打至均匀，用布过滤到一只库迈[③] 盘子中，以小火烹煮。煮好后撒上辛香料食用。

公元 837 年所举办的亚琛主教会议禁止在封斋期中使用蛋，但因为蛋已成为全欧洲日常饮食的一部分，尤其是在修道院中，教会很快就睁一只眼闭一只眼了。只要不含奶油与猪油，每个人都可以品尝用蛋做的点心。

不过，因为一场阿维尼翁教宗克莱芒六世加冕的特别宴会，1344 年的封斋期后却要再等上两个月才能吃到蛋。这场盛宴集结了无数宾客，历史学家却思忖着教宗的司务长是在哪里如何收集来制作 50000 个塔及馅饼需要的 3250 打鸡蛋。或许正是为了取得这么多的鸡蛋，才延长了在穷苦老百姓看来极严苛的封斋期?

然而，这些蛋够新鲜吗？中世纪可不拿质量开玩笑，罚款依然是唯一有效的预防方法。说到这里，我们想起了在荷

①古时液体容量单位，约 0.55 升。
②古时液体容量单位，约 0.27 升。
③古罗马地名。(译注)

兰国立博物馆中，布隆梅特一幅令人赞叹的画作《卖鸡蛋的商妇》。虽然画中这位老实妇人所生活的年代晚了许多，约为1632年，就我们的观察，也还是只有一个无须敲破就能检验鸡蛋新鲜与否的方法：把鸡蛋拿到烛光前检验。

毋庸置疑，教宗吃的鸡蛋比较有保障。1377年整年的6000颗鸡蛋，都由第戎的两间家禽商供应给勃艮第公爵的屠夫奥班·库赞。“奥班”（aubin）在古法文中的意思就是“蛋白”。

蛋的象征

蛋普遍被视为创造的象征，因为其中的胚胎可发展为生命。对古埃及人来说，“蛋”这个字是阴性的。蛋也是大自然季节更迭及重生的象征。蛋和生命的循环有极密切的关联，许多传统亦赋予其神奇的功能。这在许多故事中都可以读到……

我们也发现蛋与祭祀有关。献祭时或原封不动呈上，或做成圣糕。这些供品属于春天的土地及重新苏醒的大地，是庆祝祭典的一部分，甚至出现在各种围绕着“诞生”的私人庆典上。复活节彩蛋即一例。

对于炼金术士来说，蛋曾是每一种蜕变的中心、方式及主题。

皮埃尔·格里森，《象征字典》，1974年其他的数目也令人疑惑。1794 年 5 月 17 日在巴黎糕点师迪布瓦的地窖中查扣了 3000 颗鸡蛋。法国大革命的缺粮导致了此项原料的消失，但鸡蛋是美味蛋糕不可或缺之物，美味的蛋糕更是这位前宫廷供货商的荣誉所在。那时需要粮票才能获得以单颗计数的鸡蛋，就像奶油（当时最受欢迎的是旺沃奶油）、植物油、盐，甚至是肉类一样。鸡蛋的地位向来重要。当然还要准备足够的金钱才能买到这些东西。遭伙计告发的糕点师迪布瓦尝到了住在地窖的滋味——在巴黎裁判所附属监狱的地牢中，他会碰到许多老顾客。

制作糕点的鸡蛋

蛋黄的黏合特性使其被用来制作面团及酱汁。若长时间用力搅拌蛋黄和糖，可将气泡包在其中，就像打发的蛋白一样。打发起来的蛋黄会变得较白。蛋糕在烘焙时体积会增加，例如海绵蛋糕，因为热不仅使空气膨胀，也使湿润面团中的水蒸气膨胀。水蒸气在极微小的水滴推力下，会膨胀到蛋糕中所有材料皆凝固为止。于是，蛋糕鼓了起来，而且变得非常轻盈。

蛋白最常打发成泡沫。打发使其体积大增，因为其中含有气泡。同样是打发，先加入一小撮盐或数滴柠檬汁有助于冷凝，可将其加入各式酱汁中（视食谱而定）以增添轻盈感。但因为蛋白是生的，最后仍会塌陷下来。

若要用来烘焙，打发的蛋白有助于面团膨胀，就像在制作舒芙蕾时一样，但舒芙蕾同样会塌陷，因为包含在其中的湿润气泡会因冷却而失去其体积。不过在塌陷时，打发起来的蛋白却因加入了牛奶而得以保持柔软。这是舒芙蕾一出炉就得马上享用的原因。

巧克力，神的美食

我们即将说到1832年才发明出来、供大家一起分享的巧克力大蛋糕。那是在奥地利的维也纳，此一天才发现则归功于梅特涅亲王的糕点师弗朗茨·萨赫。在后文中会提到萨赫的事迹。

维也纳是糕点的天堂，这城市似乎也注定成为蛋糕之王的降临地。巧克力蛋糕成了美食的巅峰，甚至几乎成为美食巅峰的同义词。

之所以需要在糕点的历史中耐心等待如此长的时间，是因为西方文明接受巧克力的时间甚晚，也因为我们花了四个世纪的时间来加工制造，然后才创造出那些非个人独享的大蛋糕。

可可是制作众人皆知的巧克力的原料，其学名出现甚晚，于1737年由伟大的瑞士博物学家卡尔·冯·林奈命名。这一希腊—拉丁语名称就应属于这种植物—— theobroma，意思是“神的食物”。

某个名为巴修的人在1685年3月20日的医药论文中主

张，可可是诸神的食物，而非 ambroisie（希腊神话中，奥林匹斯山上众神的食物）。他反映了当时欧洲人认知可可的状况：1519 年 11 月的某一天，在阿兹特克帝国的首都墨西哥城，指挥西班牙部队的征服者科泰斯受到了蒙特祖玛皇帝及其臣民的热烈欢迎。

这些人以为重新见到了他们爱戴的神明，之前消失在东方海洋上的羽蛇神克查尔科亚特尔。祂是自然、空气、水、音乐、诗歌之神，也是天堂的园丁。而克查尔科亚特尔管辖的 cacahuatl 树的果实中有极肥硕的种子，将之焙炒、碾碎且在滚水中调和后，会成为一种神奇的饮料：众神饮用的 tchocoatl。

这种神圣且有催情功效的饮料只授予尘世中的贵族与士兵，并使用蜂蜜、香草还有麝香及辣椒来增添香气；若上战场时需要热量，则加入玉米粉。

被剥夺了葡萄酒，西班牙人习惯了不放麝香及辣椒的 tchocoatl。征服墨西哥且杀害两代皇帝的科泰斯于 1527 年回到家乡时，餐桌上总少不了一壶盛得满满的巧克力。

在获得传教士及初期移居者的赞赏以前，可可在欧洲并未真正流传开来。直到 1585 年，当第一批大量的可可豆从韦拉克鲁斯运来时，尽管价格高昂，却销售得非常之快。

两位来自西班牙的公主相继成为法国王后——路易十三的妻子安妮和路易十四的妻子玛丽亚·特蕾莎，让凡尔赛的宫廷认识了可可。但根据编年史家维涅尔·德马维尔的说法，路易十三的首相之弟，里昂枢机主教阿方斯·德黎塞留才是“第一个在自家使用此药物的法国人”。

枢机主教使用“某些西班牙修士带到法国的秘方巧克力，可解气郁”。

巧克力不再被视为香料，此风尚已过，却仍旧被当作药品，正如塞维涅侯爵夫人在其著名的书简中所证明的。巧克力要等到1774年被梅农写入《布尔乔亚女厨师》，才首次成为糕点用料，制作出美味的巧克力饼干。值得注意的是，1659年人们就已经懂得制作固体巧克力了，所以若没有买到粉状巧克力，在这道食谱中得将巧克力碾碎来使用。

巧克力饼干

取6颗新鲜的鸡蛋。将其中4颗敲破，其蛋黄和蛋白分置于两个瓦钵中。将1.5盎司[①] 碾得极碎的巧克力及6盎司的细砂糖加入蛋黄中，一起搅打15分钟以上，接着加进打发的蛋白。均匀混合后慢慢加入6盎司面粉，并持续搅拌。用汤匙将饼干面糊轻轻放在用奶油涂过的烘焙纸上，撒上一些细砂糖作为糖面，以小火烘烤即可。

梅农，《布尔乔亚女厨师》，1774年

①一盎司约等于30.09克。

注意：文中并没有提到另外2颗蛋的用途，或许是只使用其蛋白？其量用于蒙凯蛋糕模中正好可做成一个供众人分享的蛋糕。

事实上，从英格兰开始，巧克力风潮在整个18世纪遍及全欧，但德国仍长期将之视为药品。法国宫廷中的贵族身上总带有装着麝香味巧克力糖锭的糖果盒。人们称这种糖果为muscadine（麝香糖），风雅人士则称其为muscadin。

1778年，喜欢在家中修修补补的食品杂货商多黑先生向巴黎医药学院展示了他发明用来制作巧克力的水力机器，专利证上写着“无须使用人手，就能研磨可可糊，并能与不同的材料混合”。

然而，1780年，一位名叫杜图的优秀药剂师在圣但尼街56号开业，雇了六个工人，坚持以手工制作当时的贵族饮料巧克力，一天限量25—30磅。每磅售价为6—8法郎。杜图主张唯有一流药剂师之手才能确保配方的正确无误。选工人也很困难，他要清洁、细心且体力好的人，工人们得用手来捣碎每日产品所需的可可豆。

身为“一流巧克力制造者”，杜图先生爱惜自己的产品到不惜宣称：不论是谁，若不使用银锅烹调、不用银匙搅拌，就不配买他的巧克力。

杜图先生只想将铺子及制作秘方传给像自己一样的一流药剂师。幸运中选的安德烈·洛埃斯特，以青出于蓝的悉心经营让铺子的美名传承下来，尽管其间英国的大陆封锁政策一度让法国失去了这项来自殖民地的产物。

在法兰西第一帝国末期，可可的丰收再现，成为男女老少所有人的巧克力联欢大会。高达三十万磅的可可消耗量，让手工制造明显产能不足。此时，工业时代揭开序幕无疑是个幸运的巧合。

1828 年左右，拥有欧洲第一家巧克力工厂的荷兰人卡斯珀鲁斯·范豪顿取得了用机器去除可可脂的专利。如此一来，巧克力便能制成粉末，糕点师使用起来也更简单、更经济，像在饮用时一样。

这项发明极大地推动了巧克力制作的进步。在麝香糖之后的一百年，1818 年于巴黎出版的《王室制糖者或糖果制造术》不能在提及巧克力糖时仍然只说，“健康巧克力开心果”“巧克力油炸点心”及巧克力糖衣球，就和“可怜的玛丽－安托瓦内特王后极为欣赏的糖锭一模一样”。

最后，应该要知道牛奶巧克力得归功于来自沃韦的瑞士人达尼埃尔·彼得，那是他在 1875 年的伟大发明。

从可可豆到巧克力粉

可可树源于中美洲，树高中等，如今栽植于全球潮湿的热带地区。可可树的果实（cabosse，西班牙文为cabezza）长得像拉长的婴儿头颅，悬挂在树干或粗壮的树枝上。果实内白色且味酸的果肉含有许多被称作可可豆的种子。果实变成棕色时即为成熟，可供采摘。

收成以后，让种子发酵一星期，使香味散发出来，就像玛雅人及阿兹特克人以前做的那样。然后使其干燥，以去掉果核的苦涩。

接着，焙炒去掉表膜及胚芽的可可豆，轧碎，不断磨细，直到成为可可脂含量50%以上的流质糊状物。可可脂极为珍贵，内含巧克力特有之香味物质的绝大部分，并让巧克力变得柔软滑润。而从可可豆中去除一定比例的可可脂，即可获得可可粉。

直接食用、制作糕点、制作糖果的巧克力基本上都富含可可脂，但会在制作时依据产品特性而混合不同的材料（糖、牛奶、香料等）。之所以说“基本上”是因为，欧洲的法规允许未含天然油脂的便宜小玩意使用能降低成本的各种油质乳剂，但亦可想见产品质量之低下。忧心忡忡的法国甜点师与糕点师则坚守可可脂的价值，毕竟那是它们存在的理由。

巧克力的质量不仅仰赖可可豆的质量，还有赖于制作过程中每一阶段的悉心关注。一流的巧克力师傅就连最小的环节都会进行管控。

从栽植到流通，可可的每一个产地皆被视为单一原料产区，其特性视产品用途而定。

制作蛋糕及甜点时，糕点师会选择可可含量极高但糖分比例极低的巧克力。若要做配饰、糖衣、糖面、翻糖及夹心糖，则偏好叫作couverture（考维曲）的特殊巧克力。这种巧克力含有高比例的可可脂，糖分却比食用巧克力来得少，如此才能降低熔点。

常用来做蛋糕或甜点夹心的ganache（甘纳许）是把切碎的巧克力融化之后、混以同比例的滚烫鲜奶油（称为奶皮）搅拌而成。视情况不同还会加一些奶油、香料或不同的酒类。

令人赞不绝口的gianduja（吉安杜佳）则是意大利人的发明：将皮埃蒙特野生榛果磨成极细的粉末后，与可可糊混合而成。

自蒙特祖玛皇帝以来，巧克力与其同胞香草一向维持着温柔纯朴的爱情。但目前的低价产品却促成了已有数百年历史、高贵美味的巧克力与庸俗的合成香草之间的不伦关系，合成香草还虚伪地被称作香兰素。唉!

增添甜点香味的香草及咖啡

虽然开明的现代主义现正引领着糖果制造师制作辛香料

口味的巧克力松露（胡椒口味、咖喱口味或匈牙利红椒口味等），但我们马上就会说到，香草并非辛香料的一种，而是带有醉人甜味的植物性香料。

香草是种开白花的兰科植物，学名 Vanilla planifolia，生长在中美洲的森林中，就在可可树的旁边——正如羽蛇神克查尔科亚特尔所预言的。

然而，旧世界在将灵魂卖给巧克力几乎三百年以后才喜欢上香草。事实上，香草在 19 世纪中叶以前几乎遭人遗忘。19 世纪中期，香草才开始出现在一些点心食谱里。极著名的《乡村及都市的女厨师》初版书中就没有把香草包含进去。但大仲马在写于 1869 年、同样知名的《厨艺字典》中说："香草的气味极为纤细且十分甜美，可用来增添酱汁、利口酒和巧克力的香味。"

像极了纤长四季豆的香草果实同样需要发酵，就跟可可的果实一样。干燥以后的香草果实会成为深棕色的荚果，上头包覆着由极细的香兰素（天然香兰素）结晶所构成的糖霜。

世界上最好的香草是波旁香草，源于一枝在 1830 年左右运到留尼汪岛的香草插条。马达加斯加目前牢牢掌握全球香草产量的四分之三，亦即每年 1000 吨。在医学上，香草还是知名的催情剂（高剂量时）。这下我们该如何看待香草冰激凌呢？

至于咖啡，有许许多多不同的传说都述说着它如何被人类发现的故事，我们无法将之归于任何特定的神话来源。欧洲人一直到 17 世纪末才认识咖啡，当时是土耳其人把咖啡从中东带了过来。

一开始，咖啡是种把干炒过的咖啡树果实（种子）用水煎来喝的提神饮料。但从路易十六的时代起，咖啡迷人的香气被用于增添酱汁的香味，就如 1774 年的《布尔乔亚女厨师》中一篇食谱所记录的。在当时，人们煮的是“希腊式”咖啡，煮过了会再煮（五次！）。这里应该说明一下，咖啡提取物及速溶咖啡要到第一次世界大战之后才会出现。

虽然如此，自摄政时期（18 世纪初）起，人们就已经开始制造诸如咖啡块、糖衣球、可做“快餐”咖啡的咖啡油及咖啡利口酒等产品。著名的糖果师傅拉瓦西耶甚至制造出“一种粉末状烟草，有着牛奶咖啡的颜色和味道，对付头痛疗效甚佳”！

而在知名的《食品报》中，一则迷人的酒馆广告指出：“摩卡咖啡每磅价格 50 苏，可在自家享受品尝之乐；马提尼克岛的摩卡咖啡每磅 30 苏，质量极佳。以上产品在店内皆可试饮。”

摩卡这个形容词一直通用。但按理来说，摩卡仅指咖啡的品种之一，一种来自阿拉比亚、传统上以其出口地也门海港之名来称呼的咖啡。真正的摩卡咖啡极为浓郁——就算不是麝香的香味，香味也非常强烈，是一种制作糕点、糖果及冰激凌的优质香料。

今日，人们仍在滥用“摩卡”一词，一如往昔的“马提尼克岛的摩卡咖啡”。但是被称为“摩卡咖啡蛋糕”的热那亚奶油及咖啡酱汁夹心海绵蛋糕，其美味绝对配得上这样的称呼。

至于肉桂，则是香料及辛香料中的长老。极喜爱肉桂的埃及人及希伯来人仅将之用于化妆品。肉桂是 Cinnamomum verum 这种月桂树的树皮，或是真正的肉桂树“锡兰肉桂”的树皮。锡兰肉桂本野生于东南亚各岛屿上，18 世纪末起则遍植于各热带地区。

在古代价格高得离谱的肉桂从中世纪起渐渐变得较为平易近人。在中世纪的法国，精致的肉类或鱼类菜肴中，67%都掺有肉桂；但文艺复兴时期以后，肉桂只用在点心及饮料中。意大利、西班牙、魁北克则和阿拉伯及东方各国一样，时常在菜肴里加入肉桂。

在法国，肉桂的香气往往与“妈妈的点心”之回忆联结在一起。为了方便，我们最常使用的是粉末状的肉桂，但近两百年来从肉桂碎片蒸馏出来的香精亦用于食品及化妆品制造中。杀菌力极强的肉桂对健康同样颇有益处。

对于成人来说，若能在点心及蛋糕中尝到些许酒香该多好！这种用法并不古老，优质白酒自17世纪起用于美味的“巴库斯酱汁”中，朗姆酒则用于制作浸泡斯坦尼斯瓦夫国王珍爱的巴巴蛋糕的糖浆。我们将在后面看到，18世纪之初诞生的朗姆酒等待了一个多世纪才遇上识货的糕点师。

当然，我们很早就识得一些水果酒了，如樱桃酒或橙香酒，就如我们知道使用各类水果或核果浸渍在烈酒中的方法来制作自家的水果酒。1660年出版的《法国的果酱制作者》里就有制作方法，但要等到19世纪，水果酒才进入专业或家常的甜点制作中。

巴库斯酱汁

在锅中倒入3 demi-septiers[①]的白酒[②]，加上两个青柠檬皮的碎屑、一小撮芫荽、一小块肉桂及3盎司糖，用小火在15分钟内煮开。在另一个锅子中用6个蛋黄调入半咖啡匙的面粉，将刚刚煮开的白酒一点一点地加入其中，当酱汁的温度降至半冷时过筛，隔水加热酱汁，酱汁变稠时取出，保持新鲜，直至使用。

梅农，《布尔乔亚女厨师》，1774年

①法国旧时酒水容量单位，1 demi-septier约为0.14升。（译注）

②可试试威尼斯的麝香葡萄酒，或是banyuls blanc，或是sauternes。

历代知名甜点

LES GOURMANDISES À TRAVERS LES ÂGES

圣经时代、古埃及、古希腊及古罗马

亚伯拉罕的饼

这是很久很久以前……在公元前2000年的青铜时代，发生在巴勒斯坦靠近希伯仑的幔利的事情："那时正热，亚伯拉罕坐在帐棚门口。举目观看，见有三个人在对面站着。他一见，就从帐棚门口跑去迎接他们，俯伏在地。"

接着，亚伯拉罕拿了水让他们洗脚，且拿了一点饼来让他们补充体力……他急忙进帐棚跟妻子撒拉说："你速速拿三细亚细面调和作饼。"

以上是糕点最初的书面记载。当然，《圣经》的这一段文字（《创世记》第18章第2节及第6节）成于较晚的时候，约公元前1000年。但是，不管是不是信徒，众人皆承认《圣经》是人类历史及文化遗产的一部分。

看到"书中之书"从一起头就提及糕点，十分有趣。这证明了这些饼和菜肴（在此是为了献给至高之神的使者）在我们的文明中极为重要。既是灵命上的菜肴，也是物质上的菜肴，拥有正面的双重象征。还有，这些菜肴是借着女性，即养育者之手所准备的。

关于亚伯拉罕的饼，我们所知仅止于此。顺服丈夫的撒拉用了三细亚的细面粉，也就是40升[①]的细面粉！如此用量足够做出极多的糕点。可是，这位族长的野营地能有什么样的炉灶大到可以烘焙这么多的糕点？四千年前有炉灶吗？或是像贝都因人现在仍在做的，在沙漠中将薄饼放入炙热的沙中烘烤？

《圣经》的注释及穷究《旧约》每一字句的律法学者甚至无法提出这些疑问。用希伯来文写成的原典说得清清楚楚是ouga（糕点），而不是简易的薄饼——就像我们在与此年代相关的众多遗址挖掘现场中见到的，那种在灰烬中或在石头上烘烤的薄饼。

我们只知道撒拉“调和”了大量的面团，但不知道她加了什么其他材料进去。蛋吗？不是。这些游牧者与其同一时代（中王国时期）的埃及人相反，他们没有任何家禽饲养场，鹅或鸭也无法在沙漠中存活。至于鸡嘛，还在被创造的途

①根据不同文献或不同教派规定，“一细亚”所对应的现代容积量有所不同，另一种流传较广的说法认为一细亚约7.3升，三细亚约22升。（译注）

中——如果可以这么说的话。

撒拉用了亚伯拉罕找来的奶和奶油（或者是奶酪和鲜奶油，视译本而定）来准备招待访客的菜肴。那么，晚餐有可能会是用牛犊做成的吗？

这么断言是很大胆的：尽管亚伯拉罕表现得慷慨大方，还拿了这些珍贵稀有的食材来改善细面粉做成的糕点。但为了和日常的饼有所区别，使特制之饼能配得上“糕点”（这个词是特意选择的）这样的称呼，面粉中应该事先加进了某样东西，以赋予糕点之节庆及美食的特色。某种甜的东西，我们马上就能想到。

那个时代已经有蜂蜜了，游牧者放牧的绿洲、森林及原野皆出产野生蜂蜜。也有中东民族视为上天恩赐的水果——富含天然糖分的椰枣，希伯来人将它当作“充满上帝恩惠的义人”的象征。磨成粉的椰枣在希伯来人所居住的地区中被用来制作烘饼，或任其自然熟透成为蜜饯后，置于有孔的容器中挤出糖浆，献给上帝。

这就是为何，我们在经过审慎地思考后认为，亚伯拉罕的饼是以面粉发酵的面团做成，再以椰枣糖浆浸泡过的，为了表示野营地那一天的造访之特殊性及重要性。

在拉美西斯时代，香浓的夹心小面包就是 fitire agwa？

古埃及人是懂得吃的。证据是他们为最受喜爱的大厨立了一尊雕像，这位特殊人物既是最伟大的人，也是最矮小的人。他因其才能而伟大，因其身材而矮小——甚至是个小矮人：因为他只有 75 厘米高！我们在开罗博物馆随时可欣赏他的等身高人像。

关于克努姆霍特普，我们一无所知，除了他所赢得的荣誉——这还要多亏了他那座位于塞加拉，在乌纳斯及特提两位法老（第五王朝及第六王朝）主人的陵墓之间的壮观坟墓。无论如何，在当时他是唯一一位让人立像纪念的厨师。那时糕点师和厨师之间并无分别，所以我们的“小人物”一定不会不屑亲手制作糕点面团。也好在有坟墓中的绘画、铭文及家具，我们可以清楚地知道当时的饮食习惯及烹饪细节。

同样地，在第二王朝（约公元前 2500 年）的马斯塔巴（古埃及贵族的坟墓），英国考古学家埃默里发现了一整套以陶器盛装的祭祀菜肴，从这些已“木乃伊化”的丰盛餐点中，可以辨认出蜂蜜小圆饼及无花果蜜饯。

甜食中总包含着香料，但通常不是古埃及人大量使用于化妆品制作、医药及葬仪的辛香料。在当时，肉桂及番红花是被当作除臭剂来使用的。

古埃及人通常在一天中的第一餐品尝蛋糕，那些蛋糕要么装饰着具有法力的茴香，要么装饰着味道极为清新、比具催情功效的小茴香还甘甜的芫蒿。罂粟籽则可用来点缀糕点。要是没有专供身份高贵之人食用的蜂蜜，可以使用极甘甜的角豆树果实的汁液——其象形文字（拼音为 nodjem）也表示甜的意思。深受众人喜爱的牛奶也会用角豆树果实来增添甜味。无花果及椰枣，特别是用于啤酒酿造的底比斯地区的椰枣，在糕点及甜食中随处可见。有钱人甚为重视奶油及鲜奶油（象形文字的拼音为 smy），因为牧牛在当地极为重要，这与古希腊罗马文明恰恰相反。但相对地，没有任何迹象显示糕点会使用家禽和牛犊的油脂或当地产的植物油（棕榈油或橄榄油）。

在一个对平民约束性极强，贸易多靠以物易物的社会中，糕点所费不赀："25 个蛋糕值 5 德本（五个 91 克的铜环，或一个工人一个月的薪水），20 个小面包值 2 德本，一头牛值 140 德本"，一条法令如此写道。美食是有钱人的专利。不过，假使富裕人家的厨师是为其主人制作甜食，那么是谁在制作商人们在尼罗河畔贩卖的小糕点？我们无从得知。

椰枣夹心小面包

将 500 克面粉及 200 克奶油和好，加入已在热水中稀释的

1 汤匙面包酵母。接着掺进 1 汤匙茴香籽。将面团擀开分成两半，厚约一指。另外将 250 克去核椰枣压成泥，混以 2 汤匙奶油。将椰枣泥摊在其中一半的面团上，再覆以另一半的面团。将面团擀成平坦的香肠形状，切成小块，捏成小面包的模样。将面团放在涂了奶油及撒上面粉的烤盘中，任其发酵，然后置于中火的烤箱中烤熟。趁微温时食用。

一座名为伊波西者（新王国）的底比斯坟墓绘画里，描绘了上岸的水手从斜背的肩袋中取出一把种子来购买小面包或蛋糕的景象。种子代表了以实物来支付的薪水，但用种子当作购买糕点的货币着实令人惊讶，简陋程度不在话下，其大小亦绝非如画中所示。

古埃及词汇中有十五个词指的是各式各样的面包或蛋糕，主要由以下三种谷物做成：iot，极穷苦的人吃的大麦；boti，不好做成面包的二粒小麦或斯佩尔特小麦；sout，有钱人吃的小麦。

男人负责捣碎石臼中的种子，女人再接着使之过筛成为面粉，并把面粉掺入酵母及各色材料揉成面团，倒在已预热过的陶土容器中，最后再把容器倒扣在炙热的炉灶上。

这些被当作个别炉灶的圆锥台形面包模或蛋糕模会以木板封口，并层层堆起，让每个模子中的面团分别烘烤至熟透，如同在挪威锅[1]中烹饪一般。

一些古希腊的旅游者，如希罗多德，觉得这些在堆叠起来的罐子里做成的蓬松大蛋糕（希腊文为 puramidos）令人想起胡夫墓或吉萨的其他大型陵墓。这也是金字塔（pyramide）一词的由来。真正的面包烤炉要到公元前 14 世纪的图坦卡蒙时代才正式登场。

古埃及人将膨胀起来的糕点以半圆形记号的表意文字来呈现，此亦指埃及象形文字中的字母 T 和发音 T。埃及人书写了不少东西，但从来没写过食谱。我们只知道这个半圆形的象形文字 tchens，通常意指所有的面包或蛋糕。

某几种这类非常简单的糕点可能还在现代农民的简朴烹饪传统中流传着。因此，开罗街头小男孩放在托盘上偷偷贩卖的简单美味的椰枣夹心小面包 fitire agwa，比任何糕点更能令人想到埃及的糕点传统。

古希腊人，糕点的奥林匹克冠军

当之无愧，希腊人发明了真正的烤炉——由砖石砌成，可在内部预热，开口向前。这种真正的烤炉很快就从专业面

---

①放热菜锅的保暖箱。（译注）

包店进入了厨房。

工欲善其事，必先利其器。对面包入迷的古希腊人成了糕点制作的冠军。糕点的古希腊文为 pemma，其字面之义即“在烤炉中烹饪”。古希腊人的糕点算起来不下八十种，其中还有许多是地方特产！

我们还知道五十多种食谱，因为，不像古埃及人，古希腊人虽然满足于粗茶淡饭，他们对书写食物的热爱可不输于高谈阔论。虽然《制作面包的艺术》的作者，来自提亚纳的克里西普另外提到了三十种面包食谱，却无任何说明。

事实上，这份糕点清单被包含在一份面包店的合约中，显示了糕点制作仍然依靠专业面包师。要等到公元 3 世纪时，面包及糕点制作才得以各自做主，在雅典、罗马或在拜占庭皆然。

某些美食可回溯至古典时代。例如，“迪皮洛斯”（字面之义为烧烤两次），一种放在铁架上烧烤，并在饭后再烧烤一次的烘饼，趁热浸于葡萄酒中食用。“艾斯卡利特斯”是一种松饼，夹在两片铁质器具中放入火中烧烤。同样十分古老且使用同一种方法烧烤的“奥巴利亚斯”，得名于奥波尔，因为在广场上售价仅 1 奥波尔（古希腊货币，合六分之一德拉克马），有些人认为从中见到了法国蛋卷的祖先。在家里，总是由女性来制作蛋糕及点心。

“普拉孔”泛指使用燕麦粉混合白奶酪及蜂蜜制成的大饼。要记得古希腊人就和地中海东岸的人与古罗马人一样，不怎么欣赏（牛的）奶油，而代之以新鲜的凝乳，永恒的费塔奶酪！或是橄榄油，猪或小羊的脂油。蜂蜜、土产无花果或浓缩葡萄原汁可为面团增添甜味，埃及人或巴勒斯坦人的椰枣则毫无疑问是昂贵的异国食品。

同样地，产自外国的辛香料价格也非常昂贵。雅典人在夸耀卖弄方面与罗马人相反，他们使用当地的香料：茴香、大茴香、小茴香、小豆蔻、牛至、芝麻……另外，就像我们先前提到的，虽然鸡蛋这种美食自公元前 5 世纪的伯里克利时代起就已为人所知，但在很长的一段时间里，人们使用鸡蛋十分节省。

阿忒纳乌斯在《欢宴的智者》中引述了诗人艾非波斯喜剧中一段对盛宴的描述：“用点心时，端上的是一个用辛香料、芝麻及蜂蜜做成的蛋糕、一个发酵饼、一个奶汁烘蛋，简直是一场鸡蛋大屠杀……”

与古埃及人相反，磨粉的工作交给了女性，正确来说是女奴——对她们来说没有什么是不辛苦的。在一个保存于卢浮宫的公元前 11 世纪维奥蒂亚地区的陶壶上，可以看到她们在揉面板前跪着，和着用来制作面包或蛋糕的面团，面包店老板则在一旁监督，并吹着笛子来指挥工作！

当时“上流社会”的雅典人并不怎么喜欢油腻的糕点。像“阿托克雷阿斯”这种油脂满溢，包着以蜂蜜调味的碎肉的炸糕，在剧场或在宗教庆典中是专属于老百姓的美味。一大群流动商贩会在层层阶梯座位中跑上跑下，或溜进公众集会中，大声吆喝着贩卖这类便宜的食物。

举行上述的节日庆典时，有时会以享用能够引起联想（并非色情）、形状特殊的糕点来表达虔诚的心意：例如“以阿佛洛狄忒之胸部为模型”的“克丽巴内斯”，或是叙拉古地区的三角形“慕洛伊”。慕洛伊忠实地复制了女性的下腹形状，以上等面粉及蜂蜜做成，上面覆以芝麻，每个家庭都会在庆祝尊崇得墨忒耳及其女珀耳塞福涅的节日时享用。毕竟再怎么惊人也比不过庆祝酒神节时分发的粗大阴茎状糕点，而就连后者也吓不倒正派人士。

比较得体的糕点则有新月形的“阿涅泰斯”及“迪亚寇浓”，两者都是献给月之女神阿尔忒弥斯的。而对阿尔戈斯人来说，撒满芝麻的结婚蛋糕（大量的芝麻意味着多子多孙）是未婚妻送给未来丈夫的。分享蛋糕则代表着婚姻长长久久。

另外，还有好玩的“恩佩塔斯”，这种馅饼得名于其鞋子状的外形，empetas 的字面意也就是“一只便鞋”，馅料则是白奶酪。奶酪被古希腊人塞在各式各样的塔中，其中的“优居洛乌斯”若依照词义来看，既是塔也是蛋糕。与现在的英式水果蛋糕极为相似的“巴居玛”则使用了面粉、蜂蜜、无花果干及碎核桃做成。素来以鲜奶酪为基本素材的知名糕点——“特吕翁”布丁，其做法因知名的文法学者兼美食家波吕克斯而得以流传下来……虽然仍然没有说明材料的用量。thryon（特吕翁）的意思是“无花果叶”，亦指所有用这种方法做成的食品。

波吕克斯的特吕翁布丁

将面粉、猪油、白奶酪、脑及鸡蛋和好，将之裹在无花果叶中（就像英格兰人做布丁时所用的布巾）。接着，将包好的东西放入禽鸟或山羊肉高汤中烹煮。煮好后让其冷却。将包裹的叶子除去，将糕点放入滚烫的蜜中油炸。

在罗马，大家都喜欢蛋糕

与古希腊女人不同，古罗马女人避免亲手和面。在职业团体的头衔中，仅有pistorès（面包师）及pistorès dulciarii或placentarii（糕点师），pistorix（女面包师）从来不存在。

在罗马，就连被称为confarreatio的结婚蛋糕（与古希腊人的相同）也与未来的家庭主妇资质无关。蛋糕若没办法由家中负责制作糕点的奴隶来烘焙（无法拥有一个比自己更可怜的奴隶来使唤简直比穷人还糟），例如在公元前 30 年奥古斯都时代，也可以向罗马 329 位糕点师订购这种 liba（圣糕）。

这种由斯佩尔特小麦做成的蛋糕是塔克文王朝的纪念品，要当着大祭司及 flamen dialis（主持祭司暨管理焚烧祭品之火的专员）的面，隆重地呈献给卡庇托山上的朱庇特神庙。在提比略皇帝（在位时间为公元 14—37 年）之后，人们不再焚烧这种蛋糕，结婚仪式也变得与宗教无关。

当时的蛋糕有许多种。古罗马人可说是“自然而然地”引进了所有的希腊蛋糕，因为几乎所有的磨坊业、面包店、糕点店、甜食制造业都掌握在希腊工匠的手中，高卢的小伙计则是他们的助手。不可忘记，法国人的老祖宗们早就知道啤酒酵母的好处。这种泡沫状的东西产生于发酵啤酒的表面。

啤酒酵母比面肥更佳（见第 62 页），做出来的面包更轻更蓬松，几乎可比拟真正的蛋糕。毕竟，想想看，当时的糕点可是用最上等的面粉做的呢！

古罗马点心中的辛香料

我们对于古罗马人的菜肴中充斥着辛香料的传说应抱持怀疑的态度。不过，自公元前 6 世纪引进欧洲的胡椒是个例外，古罗马人比其他古代民族更喜爱这种辛香料。就像我们在前面所见的，胡椒是唯一用于蛋糕及点心的辛香料。此外，说真的，除非是像卢库路斯、特里马奇翁或阿比修斯那样的大富豪，不然用量也极少。胡椒非常值钱，且用于某些不便声张的罗马式炫耀礼仪中。胡椒也可当作财宝。蛮族之王亚拉里克攻陷罗马城时，他劫掠了3000磅，价值约1.76亿欧元的胡椒。

《圣经》和古埃及莎草纸中提到的肉桂是中世纪菜肴不可或缺的调味品，且一直是点心使用的辛香料。但古罗马人并非真的很喜欢肉桂，直到帝国末期，约公元3世纪或4世纪才有所改变。这种极尊贵、高价的材料，也被视为奇迹般的防腐剂。

大流士在公元前5世纪从印度带来的姜仅在希腊及后来的罗马受到重视。虽然普林尼曾研究过姜，但就连阿比修斯自己都未曾提上一笔。姜直到中世纪皆无人闻问。

其他的“提味料”则由本土植物制成的香料所组成，像是我们现代人觉得散发着臭味的芸香。不过这些香料通常不会用在甜点上。古罗马人并没有如此疯狂！

面粉（拉丁文为farina）这个词恰巧是从罗马共和国时期开始使用的。多亏回转式石磨在此时的出现，磨坊业有了长足进步，可把磨碎的斯佩尔特小麦再精制化。这种“面粉”起初专用于制作供品蛋糕，祈祷用的ad orandum。而在当时简称为ador的这个词，因此成为法文动词adorer（崇拜）的词源。

奇怪的是，希伯来人称为“面粉花”的上等小麦面粉，在罗马却是用来自梵语的 similia 来称呼，并由此演变成意大利文的 semola，法文的 semole 和更后来的 semoule（粗面粉）。在法文的词义中，farine 和最上等的 semoule 是两种不同的材料。前者是软质小麦的产物，后者是硬质小麦的产物。不过，法文在翻译古罗马食谱时通常将 similia 译为 semoule（粗面粉），即使在逻辑上应该使用 farine（面粉）才对。

古罗马人的淀粉

在阿比修斯或老加图的食谱中常常提到用来使酱汁及点心变得浓稠，或用来制作普拉谦塔极薄面皮的 amulum，也就是小麦淀粉。老加图解释其制作方式：将小麦的种子浸泡在不断更换的雨水中九天。在最后一次的水中把种子打碎，过滤，即可回收淀粉。

现在来谈谈摩洛哥的“帕斯提亚”或加斯科涅的“帕斯提斯”的祖先，让人人欢乐（placenda est）、后冠以“普拉谦塔”（placenta）之名的糕点。虽然今日法文中的 placenta 有着完全不同的意义，指的是胎盘，但别忘了拉丁文长久以来就是医学的语言。普拉谦塔是种很普通的古罗马糕点，用一层拉长的面皮（tracta，意即拉长）加一层酱汁层层堆叠而成。有数种不同的做法。老加图写了一份非常有名的食谱。

老加图的“普拉谦塔”

将70克上等硬质小麦粉浸湿，任其膨胀。再揉进130克软质小麦粉。将之做成若干盘子大小的薄饼，要尽可能地薄，并静置一些时候。此时，将70克软质小麦以水濡湿，做成柔软的面团。将面团静置一旁，准备配料。将500克的鲜羊酪与100克的蜂蜜做成滑顺的酱汁。取一只烤盘，陶制的较佳，抹上油，撒上事先过火以减轻涩味的月桂叶碎片。将覆盖用的柔软面团的一半垫底，使之稍微超出盘缘。将薄饼皮置于其上，再将一层酱汁覆于其上，如此反复交替：一层面皮，一层酱汁，一层面皮，一层酱汁，直至材料用罄。然后将另一半柔软面团置于其上，将边缘接合。在炉中用小火烤1小时。用盖子覆盖以防突如其来的大火。食用时淋上蜂蜜。

根据老加图的《农业志》写成

在清除赫库兰尼姆城遗迹的火山灰时，在一个名叫塞克提乌斯·帕图尔修斯·菲利克斯的糕点师兼面包师的铺子中，发现了25个按大小排列的普拉谦塔青铜烤盘，直径从13厘米至50厘米都有，最常见的是25厘米的盘子。

这些盘子叫作帕提那。阿比修斯的《厨艺之书》以此为喻，称呼那些依照普拉谦塔的制作方式做成的菜肴为“帕提那”，但其配方对我们来说实在是不可思议，从以水果制作的甜味帕提那，到用身边随手可得的任何一种炖菜做成的帕提那：母猪的阴户、脑、鱼肉和鸡肉、燕雀、淡黄色葡萄酒……“以及您所拥有的一切好东西”，然后用打散的蛋使之黏稠，以松子、胡椒及拉维纪草增添香气，并把这些材料通通用长柄汤勺舀在一层层的面皮上。

我们可不是在开玩笑，但这种面食确实预告了土耳其—突尼斯的“布里克”千层饼、希腊的“费洛”和奥地利的苹果卷的诞生。从阿比修斯著名的帕提那或日常的帕提那中，我们可以看到首批中世纪甜点的影子。

另外，为使作品成功，阿比修斯慎重地建议使用芦苇刺穿普拉谦塔或帕提那的顶部，以使蒸气散出。原文附有说明插图，可惜早已亡佚。

古罗马的美食家

让我们再次好好回想本书提到的主要作家。

阿比修斯：马库斯 · 加维乌斯 · 阿比修斯是提比略皇帝的亲信。他非常富有，自称是最讲究、最夸张的美食家。他可能创办过一所厨艺学校以培养全罗马最优秀的厨师。他自称是《厨艺之书》的作者。此食谱集中若干极受欢迎的食谱以公元4世纪的抄本“再版”形式而流传至今，被视为古罗马的美食圣经。

瑙克拉提斯的阿忒纳乌斯：希腊裔埃及人，这从其希腊名 Athénaios 不难发现。他是一位大地主的图书馆管理员，且与其雇主一样有学问。约在公元210年写成《欢宴的智者》一书，书中借着希腊流行的餐后哲学论战（可比较柏拉图及普鲁塔克不同的《会饮》）大加发挥。这场虚构宴会中的宾客虽然是有名且中肯的美食家，却基本上都是想象出来的人物。本书也是一本收集已佚失文章的文集，是古代食物史的伟大参考书。

老加图：约于公元前180年写成《农业志》。他是著名的农学家，也是当时最佳的食品技术师，其各式各样的食谱常被当作范例。这本总结了饮食知识的书为我们再现了恺撒年代的粗野豪放及朴素。

佩特罗尼乌斯：与前者不同，其小说《萨蒂利孔》属于奥古斯都及提比略的奢华时代。在这本半韵文半散文的书中，有个描写特里马奇翁著名盛宴的段落，几近夸张地记录了一种豪奢且庸俗的社会风气。人们常将这段描绘极少数人情况的景象当作是陈腔滥调，以为普通罗马居民也一贯如此。

古罗马上等宴席的第二道菜，即当时人所说的secunda mensa中包括了点心，不仅是蛋糕，也有糊状甜点，谷物粥或是牛奶、白奶酪、蜂蜜、鸡蛋、水果、水果糖浆等口味的淀粉糊，且全都毫不吝啬地撒上胡椒！

至于各式各样在街上贩卖且极受欢迎的炸糕，因为严格说来并不算是糕点或甜点，所以未能受到糕点师的关注，被定义为在一般家庭厨房中制作的食物。

在庞贝城的壁画中可以见到精致的青铜点心模子，多半以形式化的扇贝状呈现，中间有人像面具并附有把手，绝对可以送入豪宅的大型烤炉中烘烤。当时因怕引起火灾，家中烤炉并不设在厨房，而是设在某个开放空间中——或邻近家族浴场，或在中庭的深处，或是设于露台上（就像庞贝或南法的韦松拉罗迈讷考古遗址所显示的）。

若财力许可，便可拥有一个和面包店一样的炉灶，或是使用手提火炉。当时也拥有一种用砖石砌成、加高的万能火炉，像19世纪用方砖砌成的炉灶一样，其小隔间内有火炭或极热的火灰，其上可放置手提火炉，或由陶土或金属制的吊钟形 testum（据佩特罗尼乌斯文中所述，特里马奇翁家中的是银质的），并依照菜肴所需热度，在其上覆盖火炭或火灰。

还有另外一种能放入炉灶或火炭中的器具：有盖子的深盘 operculum，长得和摩洛哥的塔吉锅一模一样。最穷的人至少拥有凹形瓦片，可放在任何一种火炭上。

租房子的人可把点心拿到附近的面包师那里请他们代为烘焙，当面包师完成工作后，多半不会拒绝提供这项服务。我们的老祖母也相当熟悉这种方法。

古罗马人的点心名单似乎没完没了。从先前提到的蜜粥、鸡蛋浓糊以及不可少的白奶酪，到淋上水果糖浆的煎面包、简单地加了干果或新鲜水果的牛奶蛋糊、果酱及水果糊，到夹有杏仁糊或核桃糊的椰枣。

直到今日，每逢12月末的宗教节庆农神节都会供应上述最后几道甜点，并在甜点上放置一枚许愿用的小钱币，就像庞贝城富丽堂皇的静物壁画中呈现的一样。

如同那些知名的希腊厨子，古罗马富翁的archimagirus（大厨）以高明的菜肴装饰来让主人感到满意。当时人酷爱将菜肴改扮成另一种样子，让人难以辨别。在甜点的呈现上自然有过之而无不及。

这种风潮在佩特罗尼乌斯的《萨蒂利孔》中当然不缺。他描述特里马奇翁在一场极尽铺陈之能事的宴会中，在端上第二道菜时，命人呈上以葡萄干及核桃夹心蛋糕做成的鸫，接着是插满了假刺，看起来像是刺猬的糖渍榅桲。

从17世纪开始，轮到法国的糕点师，尤其是伟大的卡雷姆，凭借精湛的技艺将甜点提升至艺术品的高度，并为大型宴会增色。相关内容会在后文中提及。

中世纪，上流社会及下层社会的人

甜点从 yssue 开始

罗马帝国崩溃分裂后，对蛮族入侵、饥荒、疾病等的极度恐慌无法为美食提供一个合宜的大环境。对大部分西方世界而言，随处可见的粥早已消失，对糕点的制作也只剩下回忆。如同其他的文化元素，这种生活技能在某处等待着，一旦时机到来，就会第一时间东山再起。

当然，在一个处于休克状态的欧洲，穷人渴望着至少能在牙缝中塞些克难面包的碎屑。克莱蒙费朗的圣希多尼乌斯·阿波黎纳里斯[①] 记下了这种克难面包的成分：葡萄籽、杏仁花、磨成粉的蕨根，混以一小撮的斯佩尔特小麦粉。不过，

①克莱蒙主教，亦是诗人及书简作家（431—487 年）。

就像昔日来自高卢—罗马的支配者所说的，乡下地方还有一些“孤岛”。

在一片汪洋般的荒地中，开垦地有如相隔甚远的小岛，借着大地主之手而繁荣起来。他们或是昔日的幸存者，或是后到的法兰克人，开垦地连接着宏伟的别墅。（冬季或夏季）富豪及其奉承者会聚集在豪华的饭厅中，围着圆桌及摆满粗劣食物的餐台，度过他们认为一日中最美好的时刻。

虽然高卢—罗马人以食量大而自负（可想象高卢人及罗马人混血后的结果），但蛮族人、法兰克人或布尔贡人[①] 等定居者也毫不掩饰其对用餐的乐趣。来自图尔的格雷戈里[②] 曾提过贪爱美食的国王希尔佩里克[③] “以自己的肚腹为神”。不过，当时最有名的老饕非韦南斯·福蒂纳莫属，他是弗雷德贡德王后[④] 的好友[⑤]，也是诗人兼普瓦捷的主教。福蒂纳白吃白喝的行径众所皆知，虽然被封为圣人，但他所受的磨难只不过是腹痛和消化不良而已，却也为其文学作品增添了不少热情且喧闹的饮食插曲。

---

①北方的日耳曼部落，于 5 世纪来到，为勃艮第人的祖先。

②一译“都尔的额我略”（538—594 年），生于克莱蒙，图尔主教，罗马—高卢史学家，基督教圣人。（译注）

③希尔佩里克一世（539—584 年），法兰克王国墨洛温王朝国王。（译注）

④希尔佩里克的第三任妻子。（译注）

⑤从以下的描述可见：他分享着王后的面包……以及友谊。（约 530—600 年）

上流社会发明了soupe（浓汤）这个词和这道菜肴本身，他们从古罗马人的牛奶蛋糊得到启发，以类似布丁的丰盛点心来结束这耗时数小时的一餐：打散的蛋和上面粉，加上一些橄榄及椰枣（进口的，价格昂贵）……这种成为gâteau（蛋糕）一词起源（见第4页）的精致面团，得放入锅中用大量的橄榄油或猪油烹煮，趁滚烫上桌，并以汤匙食用。此道糕点食谱是来自图尔的格雷戈里流传给我们的，虽然非常奇怪地记载于其著作《论殉道者的荣光》中。

福蒂纳特别偏爱一种“糊状点心，可以自己拿点水果来装饰，比如从花园或森林采来的李子、苹果、栗子等。”但我们要考虑到在修道院以外的果园皆已返回野生状态了，结出来的果实酸涩、坚硬且相当小，所以一定要煮过比较好。

而这些，就是欧洲在进入中世纪后期之前，在那长达数个世纪的黄昏中能够保留下来的所有甜食了。能在嘴里至少塞一块于自家炉灶火灰中制成的小麦面包的人，已经是有福气的人，因为此时此刻，就连面包师、糕点师或甜点师也被历史刮起的大风一扫而散，再也没有存在的理由了。而我们曾说过，蛋糕是滋养欢乐的食物。

吟游诗人瓦特里盖·德库万讲述了一则关于巴黎三夫人的知名故事。故事发生在1321年的主显节，三位寻欢作乐的长舌妇在一家客栈中叫了一顿上好的晚餐，有蒜香肥鹅以及“每人一个热腾腾的蛋糕”[1]，并配上大量的酒。然后，要享用结束晚餐的甜点时——即当时人所说的 yssue 或 ischue，她们一如在盛大宴会中所做的，点了松饼、蛋卷及其他几种甜点，但却未依照当时的饮食告诫以红葡萄酒或香料味浓郁的红色肉桂滋补酒作为“餐后酒”，反而以歌海娜紫葡萄酒作结。她们喝了极多这种甜葡萄烧酒，喝了又喝，以致头晕目眩。最后，烂醉如泥的她们惨遭活埋，几乎死在圣婴公墓中，费了好一番力气才脱身而出。故事的结尾是幸运的且与饮食毫无关系，但这个故事却提供了极有价值的中世纪经典甜点数据。

> 于是，她们对他说：“给我们端上三瓶歌海娜葡萄酒好提提神……他端上了松饼及蛋卷、奶酪及去皮的杏仁、梨子、辛香料及核桃。”
>
> 《巴黎三夫人》，第 148 页

要注意文中的蛋糕，gastel，应称为“塔伊斯”，是一种布丁。在英格兰人的约克夏布丁中可见其遗风。

三位夫人这场盛大且几近悲剧的宴会是在一家小酒馆中进行的。然而，依照法律规定，老板应该到专职的蛋卷师傅

---

① “Contes des trios dames de Paris” , éd. Menard, in *Fabliaux français du Moyen Âge*, Champion, 1979.

那里购得松饼及蛋卷，蛋卷师傅是唯一获得授权来经营这些“小吃”生意的人（见第 36 页）。

关于巴黎街道的小故事和歌曲

16 世纪时在巴黎还看得见蛋卷街或蛋卷师傅街。依照同业公会的惯例，街上几乎群聚了所有的蛋卷制作者。通俗诗人在其《巴黎街道的小故事》中颂扬了这条今日已消逝无踪的街道：

很久以前是苹果街 / 然后不久前，你会发现这里成了 / 蛋卷师傅街。

在很久以前就有叫卖用的歌曲了，但小贩有时也会因为不满当权者而高声叫喊。这里有一首 18 世纪 50 年代的副歌，作者佚名，就因其无礼而受到顾客及美食者的注意。形似俄罗斯卷烟的蛋卷在当时被称为“普莱季”：

女士们，快来看看普莱季！ / 大家都爱普莱季。/ 我为全城及宫廷供货。/ 有一天，国王亲自将我带到 / 蓬帕杜夫人那里 / 她命人把我叫到跟前，/ 对我说：“你的普莱季好极了。” / 我漫不经心地答道：“哟，夫人，您也知道！”

关于 mestier

oublie（平的松饼），以及 baston、rolas 或说 nieule（源自普罗旺斯、卷起来的松饼）[1]，一般统称为 mestier。这个词出现于 11 世纪，刚开始时是 mystier，后来成为 métier（服务、职业、专业知识……）。我们或许可以推测，此名称来自由专业者所握有的制作秘方。

事实上，这个词来自拉丁文的 ministerium（官职，特别是宗教或司法的职务），而我们把 ministerium 和 mysterium（弥撒和召唤神灵的神圣仪式）搞混了。大家都知道，身为希腊人的小圣饼 obalias（奥巴利亚斯）的“后代”，oublie 是圣体饼的变形。圣体饼在当时又名为“歌之饼”，是在圣餐中食用的小圣饼，因为没有发酵所以是一种无酵饼，由圣饼师傅来制作，他们后来则以贩卖松饼为生。

我们应该要回想起来的是，连在当时上流社会的宅邸中，松饼制作都不列入负责宴会的厨师的能力范围。像勃艮第公爵那样的大人物或大金融家并不在外订购餐点，而是在“家”中备有专司此职的人。在公爵府中，专职者要将特别向来访的亲王呈上的 mestier 装在一只银盒中，“将这只盒子放在司

---

①至今仍可见普罗旺斯的 nèulo。米斯特拉尔的《字典》提到：“nèulo 是一种可浸泡在酒中食用的糕点。”可浸泡在煮过的葡萄酒中食用！

酒官的餐台上，直到亲王用毕”，奥利维耶·德·拉马尔什之《回忆录》[1] 如此记述（第四卷，第31页）。

不管怎样，一餐的最后一道菜必须包括上述糕点，并配上传统的红色肉桂滋补酒，这是一种与香料植物、辛香料及蜂蜜同煮的葡萄酒，素来在家中制作，因为小酒馆未获准制作。如同《巴黎三夫人》故事中所说的，我们以新鲜水果或干果及奶酪，来为一顿丰盛的大餐画下简单而必要的句点。

然而不论多么简单，一顿豪华晚餐的甜点都与餐桌末端的身份低下者无关。菜肴质量明显关乎社会阶级，在著名的金羊毛骑士团飨宴中，即便贵族群集，仍然只有公爵及其身边最亲密的人才有权享用松饼及蛋卷。我们手边既有的宴会菜单中甚至没有提及这些甜点。

又小又轻的糕点组成了 mestier，其烘烤方法则是置于两枚铁具之间并放在火上烧烤。我们可在布鲁日的格鲁图吉博物馆中观赏到漂亮的15世纪松饼铁具。

每逢盛大的宗教节庆，“蛋卷贩”光在教堂前的广场上就能赚进不少财富。家庭聚会等场合也同样提供了在家享受美食的好借口。这些坚实的中世纪松饼铁模因此成为佛兰德斯

---

① *Mémoires* d'Olivier de La Marche, maître d'hôtel et capitaine des gardes de Charles le Téméraire, publiées par H.Beaune et J.d'Arbaumont, Renouard, 1888, 4 vol.

文化遗产的一部分。凡·艾克的故乡[①] 自豪地保存着这些松饼铁模，此地至今也依然忠于其发祥自中世纪的庶民传统。不过，比利时王国的每一个城市都拥有各自的独特做法。

松饼模的起源

当然，我们不知道当时制作松饼的名人是谁，我们也不知道传说中在12世纪发明了松饼的人的名字。gaufre（松饼）这个词在12世纪时为walfre，来自荷兰文的wafel，意思是蜂巢。自古希腊以来，人们一直使用沉重的平板金属模在火上烘烤蛋糕，我们那位神秘的制作者也许是想减轻平板金属模的重量，并从蜂房中得到了灵感。

在布鲁塞尔，我们品尝的是装点着打发的鲜奶油及新鲜水果的长方形松饼，或是没有鲜奶油但裹上糖面的“市集松饼”。在列日，松饼极为精致，专家在近似布里欧的面团中藏入像珍珠状的大颗糖粒，让这些糖粒在烘烤椭圆形松饼时融化成焦糖。在那慕尔，松饼有两种吃法：将极甜的面团放在有细小网纹的椭圆形铁具中烧烤，或是把水果丁包入甜味稍淡的面团中。若往北，“小松饼”会被横切，以藏入易融于口

①指活跃于布鲁日的佛兰德斯画家扬·凡·艾克（约1390—1441年），其出生地没有明确历史记载，研究推测为马塞克地区。（译注）

的奶油。也别忘了在国界另一边，骑着自行车就可抵达的荷兰，在那里可以吃到圆形的松饼 stroopwafel，中间涂着厚厚一层蜂蜜。这种松饼的颜色让人想起黄澄澄的成熟小麦或有着红通通脸颊的金发孩童。

在 14 世纪末的巴黎，艾利师傅是位知名的宴会厨师及策划者。他和其团队受雇于显贵的家中，被供给必要的材料，甚至是宽敞适当的场所（一幢屋主不在的豪宅……希望是经主人首肯，并支付使用费的）。《巴黎的家长》的作者（大资产阶级）为此在书中大篇幅引用艾利大师的做法，长达一整页，简直和参考事项没两样。

这里有一份估价单，“9 月份，德奥特古的婚礼，20 个碗”，也就是应该有 40 个人，因为当时吃饭是两人共享一个盘子或砧板。《巴黎的家长》的现代编辑在注释中为我们解释，新郎让·德奥特古应该是个行政官员，“身居高位，要办一场耗费巨资的婚礼，这里有一份婚礼菜单”。让我们略过上述丰盛的菜单，略过租借的织品、材料、设备，也不看乐师的酬劳、招待宾客的 40 顶花冠、火把、蜡烛及辛香料的费用等，我们要细看的是“松饼师傅”这个职位，其供应细节为：“一位松饼师傅，现成的夹心松饼一打半，要用上等面粉和以鸡蛋及新鲜白奶酪薄片做成，另外要 18 个和了鸡蛋的松饼，但不掺奶酪。又，要一打半的大面棒，用面粉和以鸡蛋及姜粉，做成和香肠一样粗的圆筒状，将之置于两铁器间，于火上烧烤。又，另外要一打半的大面棒以及同数量的长方形松饼。”最奇怪的是，松饼的数量似乎并不符合受邀宾客的人数，不过大面棒可由数位宾客一起分享。

在孚日山区湖滨村庄针对青铜时代的考古挖掘中，发现了小“薄饼”的化石。分析显示应是由各类谷物及捣碎的罂粟籽做成。在显微镜下可看到“面粉”细胞破裂，推测是水煮的缘故。但这些薄饼也有些微的碳化痕迹，表示还曾被再次烧烤过。

关于松饼的数字

15 世纪中叶的巴黎有 29 位松饼师傅，其巨大的生产量（每人每日的制作数量上限为 1000 个）满足了每一消费阶层的需要。只有为了上流社会的盛宴而送货到府的松饼才含有鸡蛋、糖或蜂蜜及乳制品，并以家常方式制作。升斗小民也有廉价的美食，以稍过筛的面粉、水及一小撮盐就可做出松饼来。

然后，过了一百五十年，街上的松饼商贩多到让国王夏尔九世颁布诏书规定，每个棚铺之间的距离不得少于 25 肘[①]。而若说到之前的君主，爱极松饼的弗朗索瓦一世还命令金匠制作了一具饰以其蝾螈纹章及其姓名首字母的特殊松饼银模。

---

①1 肘约 0.5 米。

在数世纪间，松饼已遍及欧洲及美国。到了20世纪80年代，松饼更因弗朗西斯·勒马克的一首《松饼时光》而进入作家、作曲者及编曲者协会。这首华尔兹—风笛舞曲让人回想起市集——糕点师永远的生财之地。

下层之人及上流社会之人的点心

然而，在青铜时代的数千年后，中世纪的人在松饼及蛋卷以外，还非常喜欢其他朴实的糕点，其中有种（用烫面团做成的）面饼极可能是上述史前薄饼的继承者。但因其过于鄙俗的评价，我们无法在《食物供应者》《巴黎的家长》或流传至今的其他三四本食谱中找到其做法。

这些在街角及市集贩卖的面饼，更确切地说应该是种饼干（biscuit，此字的真正意义是“二度加热”），最初是用擀面棍将极为紧实坚硬的面团展延成薄片、切成长条、放入滚水中，然后再放入炉膛的火灰里使之干燥而做成的。这种极其朴实的点心，却开启了甜点史新的篇章。而这数个世纪以来，一系列的技术改良和进步，以及对美味的追寻，既是其支持力量，亦是其原因。

某些人卖弄学问的空谈

用字夸大，意义空泛

毫无作用，不过是一阵微乎其微的风

就像是常常见到的面饼：

在一些中找到了风

在另一些中找到了吹牛的大话。

这首18世纪的无名小诗是不是让人想起了佩特罗尼乌斯的诗（见第66页）？

面饼的历史开始于科卡涅之地实非偶然。阿勒比位于朗格多克地区中央的塔恩省，自中世纪起就是一个极为富庶且以美食传统为荣的地方，其富庶繁盛到当时人称之为“科卡涅之地”。[①] 阿勒比的富裕不只来自珍贵染料菘蓝的种植，也来自茴香，还有番红花的栽培。这些辛香料极受好评，阿拉伯人先前曾将它们由西班牙带至此地。

另有一说描述道，一个叫作卡毕胡斯的阿勒比市集“糕点师”在13世纪初发明了面饼。他改良了做法，将事先烫过的饼放入冷水中一整夜，然后再烘烤，使得面团更为轻盈。

①在奥克语中，coucagno或càucagna指的是尼姆的奶油圆球蛋糕coco，亦指令人想起这种蛋糕的菘蓝染料球。这是一种赞美的喟叹。

一张1202年的证书上指明这种面包叫作面饼，可是在阿勒比当地，大家宁愿称之为“小傻子”，以纪念另一位制作者用知名的阿勒比茴香（最香浓的茴香）来装点面饼。做成手镯状的“小傻子”常常能让顾客开怀大笑。

真正的阿勒比环形小饼干

用500克过筛的面粉，40克糖粉，40克新鲜奶油，30克或40克绿茴香，10克盐，一撮小苏打及2颗鸡蛋和成紧实的面团，将之置于阴凉处1小时。之后，将3颗蛋分别打散，一颗一颗加进面团，再静置30分钟。将面团压扁，切成0.5厘米厚、20厘米长的带子。轻扭带子，将两端沾湿接上做成单环或双环。将面环浸入少量滚水中。当面环浮上水面时，用漏勺捞起，立即丢入一大盆冰水里并静置3小时。用布巾将水汽吸干。隔天放入烤箱以强火烤至金黄。

有人（有些人认为是塔耶旺，但并无证据……）将碳酸钾甚至是灰烬之类的化学酵母加入面粉中（每3磅面粉加0.5盎司），以让面团变得更轻。1702年，伟大的喜歌剧演唱家夏尔·法瓦尔的父亲，法瓦尔师傅更动了配方，把相当于3克氨水与仅仅2克碳酸钾加入大约1千克面粉中。这种轻盈的饼大受欢迎，光是巴黎人就吃掉了一大堆，在摊子里吃，在高级商店中也吃。约1840年时，知名的希布斯特（见第255

页）时常亲自接待资本家国王路易－菲利浦，这肯定是因为国王知道在那里可以找到全首都最好的面饼。

从 17 世纪开始，阿勒比地区出现了 gimblette（环形小饼干）这个词，这是“小傻子”的新叫法，不过指的始终是环形饼干。这种叫法很快也出现在别处。gimblette 或许来自意大利文的 ciambella，指的是在山那一边的一种类似的美食。

阿勒比的编年史在关于黎塞留于 1629 年 8 月造访这粉红之城的记录中暗示，为了表示欢腾，且为了一扫十字军东征时，巴黎的权力机构对其祖先所造成的恐惧，阿勒比人带着一头肥牛游街，其角上“挂满了烤至恰到好处的金黄色环形甜饼”，《塔恩省特产美食的历史研究》的作者，阿勒比的糕点师兼历史学者费尔南·莫利尼耶如此叙述。莫利尼耶还认为，这道甜点其实是楠泰尔地区的僧侣发明的，他们可能是在 15 世纪时将做法透露给了一位阿勒比的教会参事。

直到美好年代，环形饼干一直极受欢迎，连著名的法国歌谣都唱着：“面包片女士嫁给头上戴着白奶酪的环形饼干先生……”

卡雷姆从未忘记自己出身于社会最底层，他的“野心”也并不出人意料。约在 1820 年，卡雷姆试图将环形饼干化为贵族的点心，这是让“上流社会”认识“下层”美味的方法。

当时的上流社会甚至无从想象平民阶层居然完全不知道橙味砂糖、甜杏仁粉、上等奶油及蛋黄酱，而卡雷姆便利用这些东西来使庶民美食变得高级，使其配得上他所伺候的亲王。不过，1869 年大仲马在其《厨艺字典》中似乎并不怎么欣赏环形饼干，他在书中提供了做法，并说这是种“不甜的糕点，不仅可以喂给鸟儿及小孩……也可以给成人吃”！

而我们在德国康斯坦茨玫瑰园博物馆所收藏的《15 世纪 60 年代的黎亨施塔尔编年史》中，从极为珍贵的彩色插图里看见的，穿在撑架上的是否就是环形饼干，抑或是 8 字形饼干？我们可以想想现代的 8 字形饼干，也就是我们现在可在啤酒屋中吃到的。不过，在当时，8 字形饼干还不存在，我们接下来才将踏上通向它的旅途。

这条旅途将我们引至从前的庶民点心，这些至今仍然存在的点心或是原封不动一如往昔，或是随着时间推移而有所改变。我们应重新看待法国北部，如阿让蒂耶尔在狂欢节时仍然食用的“尼约勒”。尼约勒与环形饼干属于同一“家族”，这种由未发酵的坚硬面团绞成绳索状的面带，要放在加入葡萄枝灰烬（含天然碳酸钾）的滚水中煮过。碳酸钾会让饼干呈现深色，饼名因此而来（拉丁文的 nigellus，浅黑色），并让饼干味咸且具烟熏味。接着，将面团自水中捞出，切段，放入烤箱中烘烤至干。

在路易十四废除《南特敕令》[1]时，几乎所有的制饼师（奇特的是他们都是胡格诺派新教徒）都一起移居到了德国。据说为了表达永远离开法国的遗憾，他们将面带打结做成Ω[2]状。葡萄枝的碳酸钾则以岩盐取而代之。岩盐也就是镶嵌在8字形饼干上的小粒结晶。德文以brezel（椒盐卷饼）称呼这种8字形饼干，阿尔萨斯人则称其为bretzel，可能的意义是“小吊带”。不过无论如何，吃点8字形饼干能让啤酒尝起来更美味。

然而，nieuleur（面饼师傅）后来成为糕点业的行话nioleur或nioleux，指的是从来没有把事情做好的糟糕工人。

从圆馅饼到塔

我们得记住，在从前，面包师是可以做蛋糕的，直到1440年某日被糕点师剥夺了权利。我们也该记住，糕点师之所以被称为pâtissier，原因在于他们是从剁肉泥及鱼肉泥起家，后来才做出了肉类圆馅饼或鱼肉圆馅饼——与做成饼状

①亨利四世在1598年颁布《南特敕令》承认法国国内胡格诺派新教徒信仰自由，并在法律上享有同等公民权利。路易十四在1685年颁布《枫丹白露敕令》宣布新教为违法，《南特敕令》被废除。（译注）

② Ω为希腊文的最后一个字母。（译注）

的肉泥没有太多不同，圆馅饼只是将菜肴包在两片面皮中来食用。然后是塔，除非是例外，塔只是把水果和／或鸡蛋酱汁置于一层面皮上而已。

塔耶旺的苹果塔

将苹果切成碎块，与无花果、清干净的葡萄混在一起，加入用奶油或植物油（在当时即橄榄油）炸过的洋葱、一点葡萄酒、浸渍在葡萄酒中的苹果泥，混以另一些苹果泥，再加上少许番红花及香料：肉桂、切碎的姜、压碎的八角，如果有pygurlac[①]，可加入一些。做两张大饼皮，将所有的馅料都用手和好，将苹果及其他馅料通通放在较厚的饼皮上，然后将另一张饼皮盖上封紧，用番红花染成金黄，放入烤炉中烘烤。

纪尧姆·蒂雷尔，又名塔耶旺，《食物供应者》
15世纪的版本（由热罗姆·皮雄男爵提供），1892年

我们因此想起了德国那幅预示着8字形饼干诞生的插图，在图中还能很清楚地看见圆馅饼，正准备要送入有轮的移动式烤炉中烘焙。我们也可以欣赏另一幅“阿拉斯的让”所著的四开本《梅缕金[②]》中的鲜明插图，图中画的是一场15世纪

①此物为何尚待考证。

②中世纪的神话人物。（译注）

的宴席，席中端上了一大份圆馅饼。[①] 在当时，上第三道菜时若无圆馅饼就不能算是得体的一餐。就算没有面皮包裹，也可制作称为 terrine（瓦罐肉酱）的“馅饼”，因为它就像圆馅饼和塔一样在陶土模中烹煮。由于经济的因素，直到 16 世纪都甚少使用金属模。打好的铁及铜长久以来都是一笔不小的财富。至少，在考古挖掘中并未发现太多金属模，也没有一篇文章有详细的记载，即使有，也是零零散散的。例如《食物供应者》中的 bassin 或马提诺[②] 的 poële。

关于塔

虽然中世纪的塔（tarte），无论是一层或两层面皮，都仅用水果入馅；虽然圆馅饼（tourte）的馅想用什么就用什么，通常是什锦馅，这两者的名称却绝对没有亲属关系，不像大家以为的那样。tarte 或 tartre 是皮卡第地方的词汇，属奥依语（法国北部的古语），源于低地德文的 tart 或 torte，意为“精致轻巧”。而 tartelette（小塔）则于 14 世纪的《食物供应者》中首次出现。至于 tourte，这个词与糕点本身一样，可回溯至罗马—高卢时代，为 torta panis（圆面包）的缩写。

在通俗语言中，许多与点心及甜食相关的词汇都表达

---

①例如，在《昔日的私人生活》（*Vie privée d'autrefois*，12—18 世纪，第六卷），中的单页插图“用餐”。

②关于更多参考著作，请参阅书末的参考文献。

了欢乐及容易的概念。我们也在若干习惯用语中发现塔（或蛋糕）这个词的使用：例如，c'est de la tarte或c'est du gâteau（意为“这很容易”），或与之相反的c'est pas de la tarte或c'est pas du gâteau（意为“这并不容易”）。至于la tarte à la crème（意指“陈腔滥调、到处都用的口头禅”），阿兰·雷在《罗贝尔惯用语辞典》中溯源至莫里哀的戏剧《太太学堂》中的第一幕，阿尔诺尔弗对理想的无知女性所下的定义：“……若要和她玩corbillon（小篮子）押韵的问答游戏[①]，轮到她回答：Qu'y met-on?（放什么东西在里面呢？）时，我希望她说：une tarte à la crème（一个奶油塔）。”

基于卫生与安全理由，也基于其与“猪肉加工业者”或客栈老板之间的竞争，根据规范中世纪社会生活的众多细微法规，一般家庭无权将内含肉类或鱼肉的食品带到面包铺或糕点铺的炉灶中烹调。一般人只能在自家烘烤。而为了防止食物被灰烬弄脏，人们便以两个上釉的碗或铜碗（最有钱的人才用得起）当模子，把食物放入其中后，再递进中央或角落壁炉的炭火里烘烤。然而，或许是为了激怒糕点业者，面包师对烘焙水果塔网开一面，只要模子放在其他容器中，不会弄脏炉灶也不会有烧焦的危险。水果塔促进了水果的消费，

①要求对问句：Que met-on dans mon corbillon?（把什么放进我的小篮子里？）做出末尾以on押韵的回答。（译注）

水果在此时仍然不够普及，多半生吃，但其实是重要的食物来源，无花果或葡萄干还能补偿极其昂贵的蜂蜜或糖。

鸡蛋酱汁

理所当然属于糕点类的“塔慕兹”是种咸味小塔，也是中世纪最受欢迎的美食，且于“第三道菜”时上桌。它的外形在经过数个世纪后没有太大改变，但变得更精致，也变得越来越好。这种情况一直持续到第一次世界大战后的 1920 年，这个年代见证了一件事：早已变成“前菜”的若干美味小点突然消失了。为什么大家不再品尝塔慕兹我们不得而知，但自此以后，熟食铺老板的菜单上再也找不到它的一丝痕迹，连食谱也一样。这应该是塔慕兹之友协会的责任。属于资产阶级的《巴黎的家长》一书自然提到了塔慕兹，但这些上等菜肴不属于市集的消费阶层，是属于熟食铺老板或糕点师的，书里无法提供做法。要等到 1490 年，或再晚几年，国王夏尔五世的膳长塔耶旺才为有能力雇用厨师的上流阶层人士提供了配方：“塔慕兹是由切成蚕豆大小的上等奶酪混以鸡蛋做成，而饼皮乃以鸡蛋与奶油和成。”

制作塔慕兹的方法

取两把新鲜柔软的全脂奶酪，一把上等面粉，一份蛋白及一份蛋黄，盐随意。再取一份如鸡蛋大小的上等干酪，剁碎或刨碎。将材料通通和在一起，包入擀薄的面皮中，将饼整理成荷兰三角帽的形状，涂上蛋汁，放入炉中烘烤。请注意不可将饼皮填满，否则烘烤时馅料会因膨胀而溢出。

拉瓦雷纳，《法国糕点师》，1653 年

就 21 世纪读者的理解，其相关细节就是把混合好的鸡蛋和新鲜奶酪（通常是布里奶酪，因为此地区靠近巴黎）倒进用鸡蛋及奶油揉成的面皮中。也就是说，这种基本酥面团的做法早在六百年前就已经确立了。

塔慕兹发迹于巴黎附近的王城圣但尼的说法普遍为人所接受。塔慕兹也一直是当地的特产。市政府税务员的账簿证明，直到法国大革命时期，凡尔赛宫总管处都从此地征得极大笔且固定的税收。根据巴尔扎克的小说《人间喜剧》所述[①]，城门边的大鹿客栈拥有贩卖塔慕兹的独家经营权。考古学家兼历史学家米凯·魏斯则指出，Talemouse 封地的名称极可能来自这款糕点[②]。

---

① Honoré de Balzac, "Un début dans la vie", in *La Comédie humaine*, Paris, Gallimard-La Pléiade, t.7, p.781.

② Michaël Wyss, *Atlas historique de Saint-Denis,* 1998.

牛奶鸡蛋烘饼同样源自中世纪，是当时极受欢迎的高级甜点，其名称有不同的写法：flaons、flaonnets、flanciaulx等。牛奶鸡蛋烘饼的基本制作方法与塔慕兹相同，但使用可以分享的大型面皮，固体状馅料则使用鸡蛋和牛奶，或白奶酪，甚至是水（在封斋期）。可加入手边可得的材料，尤其是斋戒日的鳗鱼。然后在整个饼上撒上糖粉。不过一开始时，是把上述馅料放入滚水烫过，沥干，再放入壁炉的灰烬中烘焙成烤饼的。

约1393年，《巴黎的家长》的布尔乔亚编纂者写道："在自由的婚礼上，'达里欧'始终比牛奶鸡蛋烘饼好。""自由的"，也就是"贵族的"或"大资产阶级的"，这说明了基本上与塔慕兹并无太大不同的达里欧小塔之排场。我们在这里提到此甜点并非为了延长已极丰盛的中世纪糕点名单，而是因为即使达里欧不流行了，它也已经成为一种边缘平滑的模子的名称。不仅如此，谁能抗拒达里欧重回餐桌呢？尤其是若我们照着《食物供应者》中塔耶旺的食谱，用凝结起来的小块馅料将塔皮填满，涂上奶油和糖，然后撒上切碎杏仁的话。

据说dariole（达里欧）这个词可能来自rioler，在古时意为"以条纹装饰"，所以别忘记保留一些酱汁在饼上做成横条，再以适度的温度烤上数分钟。这样既好看又好吃。

另外，当我们在《巴黎的家长》中查询特别受喜爱的食谱时，看到了一种以愉悦的笔调一再被提及的美味王侯糕点："在像是贝里公爵的宫殿中，宰牛时会将其骨髓做成'里梭勒'。"

贝里公爵就是《豪华时祷书》的贝里公爵，一位伟大的珍本收藏家，在其"图书馆"中收藏了《食物供应者》的初版抄本。而《食物供应者》的作者不是别人，正是贝里公爵之兄（国王夏尔五世）的膳长。

可是里梭勒到底是什么呢？打开《食物供应者》的复刻本，我们只查到标题为 *buignetz et roysolles de mouelle*（髓）的食谱，但内容已被作者或抄写者删除。简言之，里梭勒在 14 世纪还存在（可惜现在已不再做这种糕点了）：将圆形的面皮折半后，包入肉类、鱼肉或果酱，"放入滚烫的猪油中炸，且避免炸得太焦"。

这种油炸的食物将我们带回到 buignetz 或 beignet（炸糕），另一种包含在食谱标题中的糕点，其相关的做法亦遭删除。当时的作者，明显是位法国人，可能认为这种最通俗的美食在每个街角都可买到，用不着浪费纸墨。不过，意大利人文学者巴托洛梅奥·萨基（又名普拉提那）不但不轻视这种糕点，还用拉丁文将他所知道的炸糕写成一长串名单，收入他知名的论著《论正当之欢娱》（1465 年）中。①

①请见书末参考文献。

这位学者是否在巴黎尝过了“苦炸糕、胀气炸糕[①]、米炸糕、苹果炸糕、凝乳炸糕、杏仁炸糕、无花果炸糕、蛋白炸糕、鼠尾草炸糕、月桂叶炸糕、接骨木花炸糕……”？我们不得而知。但无论如何，目前收藏在法国国家图书馆中的抄本是由其秘书，圣日耳曼德佩修道院的僧侣皮耶特罗·德米特里奥·加泽利所抄写下来的。世界在那时已经变小了。

王室的甜点，永恒的甜点

虽然那时候世界已经变小了，但上述炸糕用的米，可不像现在来自泰国或当时尚未被人发现的苏里南，而是由摩尔人或葡萄牙人或伦巴底人从安达卢西亚带来的。很久以前，墨洛温王朝曾在南法的卡马格试种过稻米，但没有成功，所以米是进口的。而普拉提那所处的年代之所以会有米炸糕（法国人之后称之为炸丸子）是因为大家从很久以前就在使用米了。《巴黎的家长》和《食物供应者》中的食谱可以作证。

不过，我们感兴趣的是米在糕点制作中的运用，尤其是在甜点上——知名的牛奶炖米。1248 年时，圣路易（路易九世）率领十字军至艾格莫尔特登船时，曾在当地品尝牛奶炖

①在法国大革命后被称为“修女的屁”。18 世纪的小淘气则称之为“妓女的屁”。

米。萨林贝内修士极珍贵的《编年史》叙述着这位君主在桑斯暂停时，亦愉快地享用了甘甜的杏仁牛奶炖米。

当年的制作方法肯定不会和普罗旺斯的传统烹饪方法相差太多。虽然不可能完全重现这道王室的甜点，不过若路易九世复活，“杏仁炖米”的烹饪法应该不会让他觉得讶异。使用蜂蜜的方法就跟当时一样。

杏仁炖米

这是一份可追溯至中世纪早期的食谱，那时犹太人刚在普罗旺斯定居。这道犹太人在普珥节享用的美味点心好吃得让基督徒将之强取豪夺了过来——在美食的国度里是没有犹太区的。即使圣路易为这道甜点带来了美名，并加入了肉桂，但这种属于王室的辛香料似乎是多余的。

“将250克清洗过的圆米、125克去皮杏仁、125克糖粉或少量蜂蜜，与0.75升牛奶混合在一起，放在焗盘中。可在焗盘底部加上一些焦糖。模子要够大，让材料仅及模子的一半，因为在烹煮时牛奶有溢出的危险。以文火煮一个多小时。”

玛格洛娜·图桑－撒玛，《普罗旺斯的民族菜肴》，1982年[1]

①普罗旺斯诗人米斯特拉尔曾在《费利布里吉的宝藏》中详述，19世纪末时，这种点心始终名列艾克斯及贝尔湖地区的圣诞节十三道点心中。当地人还会将杏仁果壳收集起来，撒在田里以求好收成。他也指出普罗旺斯的艾克斯的杏仁市场（在当时）是世界第一的。而我们另外要说的是，许多中世纪食物都使用了杏仁，甜的咸的都有。

而我们既然造访了王侯的宫廷，那1358年就提供了一个好机会，让我们在尚贝里宫廷暂停一下，以向最知名的萨瓦蛋糕致敬。这是第一个为人所知的大型蛋糕。

始终遵循其祖先政策的萨瓦[1]伯爵阿梅迪奥六世，精明地统治着其强邻环伺的土地。每一代的萨瓦伯爵皆因得到新属地而使其管辖地扩大。某一天，深受肥胖之苦但对美食贪得无厌的阿梅迪奥六世，设宴款待了其宗主——德国皇帝，卢森堡的查理四世。

为了感谢这位阿勒尔王国的摄政者，伯爵命令厨师将小盘菜肴变成大盘菜肴，而且要比平常的更大盘。阿梅迪奥六世在其中暗藏着希望将伯爵领地晋升为公爵领地的期盼，却没想到大盘菜肴仅对五脏庙有无可抗拒的吸引力。可惜的是，我们并不知道伯爵的天才糕点师的姓名，而其孙阿梅迪奥八世的厨师[2]则于1420年和塔耶旺一样名留后世。

总之，皇帝在品尝了轻如羽毛的“萨瓦蛋糕”后龙心大悦，决定延长在尚贝里宫廷的暂住时日，以便每一餐都能享受到这种美味的点心。阿梅迪奥六世只好眼睁睁地看着公爵

---

①即萨伏依，欧洲历史地区名，位于今法国东南部、瑞士和意大利西北部。其法语名称为Savoie（萨瓦），意大利语名称为Savoia（萨伏依）。（译注）

②希卡大师的《关于烹饪》是依阿梅迪奥八世之令，为了庆祝新爵位的授予而写的奢华饮宴之书。公爵在不久后成为教宗菲利克斯五世，后因严肃艰苦的生活而逝。

爵位从手中溜走。英格兰人凄凉地称这种蛋糕为“海绵”蛋糕。其制作秘诀在于长时间打发蛋黄和糖，并再加入打发的蛋白以使其变得更轻盈，然后是过筛的面粉。奶油不是必需。后来，阿梅迪奥六世之孙成了萨瓦公爵，这位公爵在年轻时也是位绝妙的美食家。

14 世纪的蛋糕得放在炉中慢慢烘烤，可能是因为所使用的模子是厚重的木质容器，导热不佳，不会将面团直接暴露在强火中的缘故。

随着时间的推移，制作方法亦有改善。1774 年，梅农的《布尔乔亚女厨师》使用擦碎的柠檬皮或橙花来增添萨瓦蛋糕的香气，他也建议以“在釉彩盘中将极细的砂糖、蛋白及柠檬汁以木匙打匀，直到糖面变白……”的优雅方式来为萨瓦蛋糕覆上糖面。在当时，大受欢迎的萨瓦蛋糕会配上茶或与下午的轻食一起食用，就和接下来数个世纪一模一样。

贵族出身，但倾全力追求臭名的萨德侯爵因违反公序良俗而于 1788 年身陷巴士底监狱。每逢下午五时的下午茶时间，在狱中的他也吃这种蛋糕吗？我们又从他那里得到哪些制作食物的启示？毕竟萨德侯爵老是写信向其可怜的妻子，生于蒙特勒伊的勒妮·佩拉吉，尖刻地抱怨她派人送来的糕点。

而在布尔歇湖附近的耶讷，特产就是萨瓦比斯吉。

是萨瓦比斯吉还是萨瓦蛋糕？

biscuit de Savoie（萨瓦比斯吉）这种现代称法其实并不恰当，因为它并未二度加热烹调。事实上，这种糕点若不与空气接触可完美保存数日。它与味道不佳但保质期长的军用、航海或旅行饼干（biscuit）并不相同，却常令人混淆。le biscuit（单数）指的是可和众人分享的大蛋糕。les biscuits（复数）指的则是仅供一人食用的小蛋糕。

香料蛋糕

在法国东部与北部，以及比利时、荷兰、卢森堡全境，大家会在12月6日欢庆圣尼古拉的圣名日。1990年的这一天，在巴黎圣叙尔比斯教堂前的广场上展开了一场艺术、教育、游戏、美食兼具的商展，也因为是促销展，所以此展亦富经济意义，获得了极大的成功。

> 夏天时给她葡萄 / 苹果、李子、梨子 / 青豆、黑樱桃 / 祝圣之饼、香料蛋糕 / 面饼、黑克里斯 / 甘甜之糖、糖衣杏仁 / 当她长大时 / 我送给她美丽的花束……
>
> 克莱芒·马罗，《青春的克莱芒蒂娜》，1532年

巴黎人还保有那时的回忆：欢乐的香料蛋糕节邀请大人小孩在一处仙境中吃喝玩乐，里面每间店的摊子都代表着一个以香料蛋糕为典型美食的法国地区或欧洲国家。在大如马戏团帐篷的篷顶下，大家还能欣赏到用香料蛋糕做成的糖果屋——格林童话《汉赛尔和格莱特》中吃人女巫住的那一栋！

就像前面所说的，世界已经变小，展场中的中国楼阁、蒙古包及土耳其市场在童话王国的门前接待大众。事实上，小孩大人跟随的参观路线就是香料蛋糕之路，也等于是丝绸之路，它们在地理上是重叠的。但是，这和圣尼古拉有什么关联？毫无疑问地，香料蛋糕最初的定义出自 1694 年出版的《法兰西学院字典》："香料蛋糕：一种由黑麦面粉、蜂蜜及若干香料做成的蛋糕。"

此配方在之后三百年间都没有改变，只是有人改用小麦面粉来制作。例如，路易十四时期的第戎人，但当时那些年事已高的法兰西院士们大概将之遗漏了。不止在第戎，人们食用香料蛋糕的历史已经很久了。

就像著名的香料蛋糕节指出的，是中国人在公元 10 世纪制作出了蜜饼：小麦面粉揉以蜂蜜制成（那时的中国人应该还不知道黑麦）。辛香料或香味植物并非必要品。

成吉思汗的蒙古骑兵约在公元 1200 年时征服中国北方，他们非常喜欢这种具有丰富能量的蜜饼。蒙古人在马鞍的皮套中塞满蜜饼直驱欧洲。途中，他们把这种使人强壮的蛋糕介绍给其源自中亚的表亲土耳其人——他们正开始进攻那块注定将冠以其名的土地。而很快地，隔壁的阿拉伯人也喜欢上了蜜饼，因此让各圣地的朝圣者通通陷入了贪爱美食之罪。

史家“吕贝克的阿诺德”指出，一队从耶路撒冷回来，获赦免的信徒车队在多瑙河三角洲沼泽里陷于迷途时，靠着这种带在身边当作纪念品的美味口粮而得以生还。

这位史家以拉丁文来叙述这段历史，且以古罗马人知名的圣糕 mellitus panis 来称呼此一奇迹式的美味。但两者的配方并不相同。如在前文所见（见第 64 页），古代的 mellitus panis 是烘烤后淋上蜂蜜，或甚至是放入滚烫的蜜中做成的。

“小修女”[①]

以糖为妆，圆润紧实的小修女，／有着柔软、滑润、甜腻且极温柔的舌头，／你这系上白芷领带的甜点，／在你棕色的身侧巧妙地嵌入柑橘，／夜晚在橱窗，身着金黄短上衣的你，／倨傲地面对着我奉承的，／已大啖你的眼光，／以公主的优雅之姿延迟了期望之吻。／这就是为何我直奔向长方形禁闭室

① “小修女”是小的香料蛋糕，清淡，夹心为柑橘果酱（或者无夹心），覆以柑橘糖面。可能是孚日山区勒米尔蒙的修女于 18 世纪的发明，故名之。兰斯和第戎的香料蛋糕制造商取得了食谱，直到今日仍以手工制作。

的原因，／人人喜爱，勇敢的香料蛋糕，／愿快乐的孩子以爱贪婪地将你吞下。／高贵的甜点！／在水果篮旁的你，／每日辛劳成果的象征，／你那浓厚的金黄色糖面宛如蜂巢。

皮埃尔·夏佩尔，第戎美食市集的官方目录，1926年

这些从耶路撒冷归乡的朝圣者也像美食者一样，同时将香料蛋糕的食谱带了回来吗？无论实情为何，13世纪有一种用小麦及蜂蜜制成的佛兰德斯糕点 Lebkuchen（生命之糕），长得和中国的蜜饼一模一样。

此外，香料蛋糕在跟随着其前哨穿越中欧时，因为辛香料而变得丰富了起来。例如在波兰的维斯瓦河畔的美丽中世纪之城托伦，香料蛋糕在共产党时代被称为 Piernik（姜饼），且被宣称为“人民财产”，并由国营 Kopernik(“哥白尼”）工厂生产。

世界上最美丽的香料蛋糕始终产自匈牙利巴拉顿湖边的维斯普雷姆。用模子制成，以七彩糖装饰，令人赞叹。专精于此一国宝的最佳工匠伊斯特万·瓦加大师在媒体间享有明星般的地位。而根据正式的说法，香料蛋糕是拜占庭人在12世纪时传给马扎尔人的。

在瑞士德语区的巴塞尔，关于香料蛋糕的首次记载见于1370年的市政会议合议书中：为了举办大型的圣诞市集，

城市当局请求各地的修道院展示其产品。在南德的各大城邦亦提出此一要求。购买者蜂拥而至，最具创意最独特的香料蛋糕则淹没了市场，里头最受注目的是纽伦堡的香料蛋糕。

在接下来的15世纪，以斯特拉斯堡与梅宁根之间一场新的香料蛋糕竞争为由，举行了著名的巴塞尔主教会议。一批由女商人爱尔西（当地历史永志不忘的人物）所带领的工匠，决定轮到他们来创作令人惊异的香料蛋糕了。著名的“小甜点”——Lekerli或Läkerli因而诞生，它不仅是美食，也是传达爱意的信使：把字用融化的糖描在香料蛋糕上，或把彩色石印画片贴在蛋糕上。

香料蛋糕之美

从前香料蛋糕一出炉，会在表皮轻轻刷上一层胶，而现在的“有机”健康蛋糕，或富丽堂皇地以糖果装饰的豪华精致创作蛋糕，会在烘烤前及烘烤后以牛奶各上一次糖面。

家庭传统的旧式香料蛋糕

将1咖啡匙茴香子，4颗或5颗丁香研碎，与半咖啡匙肉桂粉、等量的肉豆蔻粉、姜粉、剁得极细的柠檬皮及等量柳橙皮混合在一起。把材料盖好放在一旁。将250克的棕色液状蜂蜜煮沸。再将250克小麦面粉与150克黑麦混合在瓦钵中，加入蜂蜜以木匙搅拌，做成球状。用撒了面粉的布巾包裹面团。在阴凉处，而非在冰冷的地方静置1小时。再将面团置入瓦钵中，加入2颗鸡蛋及前述之香料、1汤匙的香草糖及1咖啡匙的小苏打，揉好，放入模子中（例如英式水果蛋糕模），模子需衬以涂了奶油的烘焙纸。放入预热至190摄氏度的烤箱里，烘烤30—45分钟。当烘焙结束时，用极甜的牛奶刷在香料蛋糕上，静置于逐渐冷却的烤箱中15分钟使之干燥。需等到翌日才能食用。

在15世纪20年代，科特赖克的人民（佛兰德斯语为Kortrijk，因为是佛兰德斯的城市）为了欢迎其宗主勃艮第公爵“善人”菲利浦进城，送上了用面粉及蜂蜜做成的boichet蛋糕。这种蛋糕是菲利浦的祖母——佛兰德斯的玛格丽特喜爱的甜食。

非常高兴的“善人”菲利浦将糕点师及糕点带回自己的城市第戎。一百年以后，在勃艮第出现了歌德利蛋糕，一种用传统的浓稠蜂蜜小米粥制作而成的特产：把小米粥填入模子内，置于烤炉或炉灰中再煮一次且使之干燥。直到18世纪初，歌德利蛋糕才由前小酒馆老板（广告中宣称的头衔）博纳旺图·贝勒汉贩卖的真正的香料蛋糕所取代。从这时候起，位于昔日广阔强大的勃艮第公国两端的佛兰德斯及第戎，便成了香料蛋糕的圣地。在纯粹主义的糕点师看来，这两个地方的香料蛋糕才是最好且唯一的真品，光滑无比并用模子做成大型面包的形状。东部的香料蛋糕比较平，而且是用人像装饰的模子来制作，看起来不是那么考究。不过，在将昔日勃艮第公国分隔成两半的香槟区中，可别忘了兰斯的香料蛋糕。约 1420 年，在这座法国君主的圣城中，一位机智的糕点师把从布尔日同行那里得到的蛋糕食谱商品化了。这份食谱在某次于布尔日（此城曾在法兰西王国最糟时权充首都）举行的宴会中受到了“小国王”夏尔七世的极度推崇。而在《厨艺字典》的香料蛋糕词条里，大仲马披露，夏尔七世的情妇阿涅丝·索雷尔爱极了常常出现在法国宫廷宴会中的香料蛋糕。在当时，咸的香料蛋糕同样大受喜爱，蛋糕会切成块并放入炖肉汁中，就像我们在佛兰德斯啤酒炖牛肉中所见的一样。糕点师也往往会下极重的辛香料。若宴请的宾客都是有头有脸的人物，香料则会用得更多。

因此，在某顿饭后，这位为国王怀了第四胎的“美女夫人”突然出现极严重的痉挛，以至于早产并死亡。众人的耳语皆指向厌恶她的太子，未来的路易十一，认为他事先将某些毒药掺在香料蛋糕的滚烫酱汁里。一百五十年后，据传毒物专家凯瑟琳·德·美第奇也引来了类似的风言风语：因为同样的菜肴让国王成了肠绞痛的受害者。

文学中的香料蛋糕

诗人波德莱尔致圣伯夫的批评："若您赞同我的口味，我要向您推荐极厚、极黑且紧实到没有任何坑洞及气孔，满是茴香和姜的英式香料蛋糕。可将之切得和英式烤牛肉一样薄，在其上涂以奶油及果酱。"

波德莱尔，《书简集》

其实，尽管昂贵珍奇，有好几种香料还是被使用在香料蛋糕的制作里。毕竟香料和蜂蜜一样，一直被视为有益健康的食品，香料蛋糕在今日也依然被形容为"健康的"，其块状长方形是"有机"和传统的保证。

既然无论今昔健康都是最重要的，我们可参考一本1607年于里昂出版的著作。虽出自无名医生，实际上却是当时的最高权威、真正的食物使用和惯用法百科——《健康宝典或人之生命的管理》，书中提供了一份完美的当时香料蛋糕的配方。借由一本普通字典，这份配方很容易就能转换成现代的计量单位：

"4磅细面粉，1磅煮过的蜂蜜，2盎司肉桂，0.5盎司姜，2德拉克马[1]胡椒，2德拉克马丁香。将香料磨碎，然后将所有的材料以热水混合。"

---

①作为重量单位时，1德拉克马（drachme）约等于3.24克。（译注）

这些材料里，在前一世纪使用起来毫不吝惜的胡椒成了波兰及德国香料蛋糕的正字标记。英格兰则特别欢迎姜，故称此糕点为 gingerbread（姜面包）。但胃痛制服了旧习，《宝典》的作者可能注意到亨利四世稍早于 1596 年颁布的巴黎香料蛋糕同业公会特别法强制规定，若要取得师傅的身份，必须依照下列无胡椒的配方来制作蛋糕："……若要制作晋升作品……使用肉桂、肉豆蔻和丁香以让成品带有麝香味。以上述材料做成 3 块香料蛋糕，每块重 20 磅。"这份必须遵守的食谱预示着，就像布瓦洛注意到的，肉豆蔻自 17 世纪起开始普遍了起来。

"特别法"说明了一件事，当时的巴黎香料蛋糕师傅终于从糕点师—蛋卷师傅中分离了出来，其美丽的全新蓝色徽章上有四个由金色蛋卷组成的十字架，还有一个金色的大香料蛋糕。兰斯的香料蛋糕业者在 1571 年戴起一个完整的蛋卷徽章以表示不忘新身份，太晚独立的第戎业者则既没有自己的公会，也没有自己的徽章。18 世纪末，法国大革命悉数废除了这些荣誉。

> 在今日，向圣尼古拉致敬的香料蛋糕甚至出现在巴黎的市场中，但洛林、阿尔萨斯、摩泽尔、默尔特与莱茵河全流域，才是将这位圣人的圣像和猪、绵羊、熊等寓言故事中的动物，以及各式花朵、蔷薇花饰及各类植

物的图案做在香料蛋糕上这种风俗的源头。芬芳、松脆，因蜂蜜而甘甜的香料蛋糕让孩子吃得笑逐颜开。此风俗是否让人想起了尊奉圣尼古拉为保护者的香料之路，一条往返于贪爱这种奢侈与堕落物的西欧沿海与热带之间的漫长海路？但不管如何，欧洲在朝拜圣者的旅行中开始欣赏香料。

伊冯娜·德赛克，

《欧洲节庆及民间信仰：随着季节之更迭》，1994 年

但是，香料蛋糕自创始以来，已经拥有许多不同的种类。所用面粉（小麦或黑麦或两者之混合）、主要香料、发粉（昔日是碳酸钾，今日是小苏打）、装饰（如糖渍水果、杏仁或华丽的糖面）、香味（如绿柠檬、枸橼、樱桃酒、废糖蜜等），依蛋糕形状（有块状及板状）或主题而定。

直到 20 世纪中期，虽然英国人为大量生产的食品发明了“转化糖”（蔗糖以化学方法转为果糖，如天然蜂蜜之构成），每一种手工制品的做法依然忠于往昔。

数世纪以来，香料蛋糕的秘密都在于面团的休眠，长期且平静的休眠（三至六个月），是真正的睡美人。受到良好保护的母面团在阴凉的地窖深处等待着，在木质容器中因蜂蜜的作用而熟成。

在不用追赶时间的年代里，任何事情反而都要事先预备好，以免过于仓促只能倚靠仓库储存过活，可随意使用的存货也补偿了金钱的匮乏。而这些，亦为中世纪香料蛋糕从修道院发迹的原因——修道院让公元500年以降遭蛮族侵害的西方文明得以幸存。再者，当时的僧侣是谷物收成及蜂巢的拥有者。他们从蜂巢中取出蜂蜡来制作进行仪式的蜡烛，其贩卖的产品，如奶酪、天然蜂蜜、使用了蜂蜜的蛋糕等，都可成为慈善事业的资金来源。我们在前面已提到修道院是如何参与了巴塞尔的市集。

城堡门市集，香料蛋糕的市集

为了复活节周到来，巴黎的圣安东王室修院自1719年起便在墙内收留为数众多的香料蛋糕摊贩。但因为法国大革命的来临及一旁之巴士底监狱的陷落，1806年才重新依传统恢复了这项举措。这场偌大的市集从变成医院的圣安东延伸至城堡门(即国家广场)。而后，自1840年起，节庆往往持续一个月之久，且延伸至凡森大道并超出了北边的林荫大道，好似全巴黎皆投入于此。棚摊和每一种有趣的事物与香料蛋糕商贩争奇斗艳。商人把香料蛋糕做成小猪的形状，上了粉红糖面，大受欢迎。19世纪，多达十卷的《拉鲁斯大字典》就此写道："……就算是最不屈不挠的算数家，也无法计算周日和周一的市集消耗掉了多少香料蛋糕。"

不过，谁说朝圣活动中最重要的是修道院……没有什么比能够证明前往圣地一游的香料蛋糕更受到朝圣者喜爱了！其保存下来的价值更胜品尝价值。迪南或兰斯的香料蛋糕被称为“古格”，古格使用烘烤面团的梣树或栗树模子来为蛋糕印上装饰图样。瑞士的艾因西德伦烘饼（圆形夹心香料蛋糕）则同样在表面印上了修院的教堂图样。而在圣加仑及阿彭策尔的毕伯饼上，也始终不缺图案。

当制作权传递到糕点师手中时，香料蛋糕也变得更加世俗化，模子会从神话题材、民众生活场景或象征性的图像中汲取灵感。许多民俗美术馆中都有这样的模子，从稚拙的雕刻到颂扬著名历史事件或民间传说人物的真正艺术品都有。

18 世纪末，为了在市集中贩卖，糕点师会用打洞钳在做得硬且薄的面团上切割出人形及动物之类的有趣题材，也颇受老顾客们的欢迎。

在国家档案局的法国历史博物馆里，展出了一块自 1827 年起保存至今的古格，一件百分之百的历史文物。让我们来看看其特点。

马丁·乔奈在其堪称为此题材之圣经的书中[①] 叙述，1827 年，摩泽尔省省长将梅斯的一位制糖师傅押入了轻罪法庭，

---

① Martine Chauney-Bouillot，*Une tradition, Le pain d'épice de Dijon*，éd. Chritine Bonneton，Paris，1978.

并指控他对国王夏尔十世不敬。就如乔奈夫人所解释的：“……从新闻至讽刺漫画，香料蛋糕已在政治中取得了一席之地，以自己的方式来颂扬当红的人物或表达对暴君的抗议。”

面包片夫人之歌

从前有一位住在/美丽的新鲜奶油宫殿中的/面包片夫人/她的宫墙是面粉，/镶木地板是杏仁香脆片，/卧室是面饼，/饼干床在夜里舒服得不得了。

她嫁给了环形饼先生，/他头上戴着白奶酪；/他的帽子是烘饼，/礼服是鱼肉香菇馅酥饼：/短裤是牛轧糖，/背心是巧克力，/长筒袜是焦糖，/鞋子是蜂蜜。

他们的女儿，美丽的夏洛特/有着小杏仁饼的鼻子，/糖煮水果的美丽牙齿，/脆饼干的耳朵。我看见她用杏桃卷/来装饰长袍。

英俊的柠檬水王子，/头发卷曲，来献殷勤，他金黄的头发是橙皮果酱/装饰着烤苹果。/他的无边软帽/是小蛋糕/和葡萄干/为了尊敬而戴上。

人见到他的刺山柑花蕾和小黄瓜侍卫时会发抖/他们配备芥末步枪/及洋葱皮军刀。/夏洛特走上宝座，坐下，/糖果从她的口袋里溢出/直到傍晚。

卡拉博丝仙子，/善妒而且脾气坏，/用她的驼背

掀翻了 / 幸福的甜美宫殿！ / 所以：为了重建宫殿 / 为了消遣， / 好爸爸、好妈妈， / 给孩子糖吧。

法国民谣

这位洛林的香料蛋糕师傅被指控在市集中贩卖绘有像是戴着（圣职者专用）无边圆帽的男性侧面像的古格，而此一糖制画像暗指夏尔十世。再小心翼翼也没用，因为侧面像其实一点都不像君主，亵渎君主之罪不在于其形似，而在于无边圆帽的可能性。因为，这位深受神职人员爱戴的君主被其反对者形容为“教士”。

这位师傅声称自己无罪，无边圆帽乃烤模之误，事实上应为国王的美丽卷发。于是，法官裁定模具有罪，应予以销毁。香料蛋糕虽受牵连，但因已回收而免受火刑，被收藏在博物馆中，让人如今仍能观赏到这块已完全不新鲜的蛋糕。在现代，政治讽刺剧已无竞争者：我们的政客或许变得适合上镜头，但并不会让人有吃掉他们的欲望。

不过有一位人物一直深受香料蛋糕的欢迎，且自香料蛋糕的创始之初就已存在。这位人物就是圣尼古拉，12 月 6 日为其节庆。分送香料蛋糕则是圣尼古拉日的特色，尤其是送给孩子。圣尼古拉约于公元 271 年诞生在土耳其南部的吕基亚，由于其美德及所行的神迹，特别是保护遭遇船难的水手、使重病的儿童痊愈、拯救受辱的年轻女子、释放在狱中的受迫害者等，而被选为米拉一地的主教，米拉就与其出生的城市相邻。

圣尼古拉去世后受到地中海东岸民众的崇拜，不久，凡有船舶停靠的欧洲海岸皆然，然后慢慢地也传到内陆的河港。比如说，法国的默尔特河畔有一处名为“港口边的圣尼古拉”的小镇，便是在有人将圣人的遗物带至此地后，才开始出现了重要的朝圣活动和市集。这个市集也极其重要，因为它导致了附近的南锡之诞生。

同样的情况还发生在阿尔萨斯，以及法国之外的瑞士、佛兰德斯、荷兰、德国和奥地利。这位米拉主教的声誉大多来自其对儿童行使的神迹，他也因此成为儿童的守护圣者。他有一个记载孩子行为的大红本子，视其优点而给予奖赏。

关于阿姆斯特丹专为这位圣人（圣尼古拉也是这座港口城市的主保圣人）所举行的节庆的情形，就像民俗学者伊冯娜·德赛克描写的一样：“在此时，糕点店的橱窗塞满了传统的香料蛋糕，其香味令人想起……荷兰人若非开启了海上香料之路，至少也跑遍了这些海路。散发出香味的蛋糕当然会召唤出尼古拉的神圣香气，却也令人想起这个国家的经济史。这些蛋糕或许是欧洲宗教文化与‘异国’风味，甚至是殖民地风味之间的一种妥协，但也是昔日勇敢的水手崇敬这位圣人的残存痕迹，以向圣人对航海者的守护及在漂洋过海时给予的帮助献上感恩。”

若不是美国人在美好年代吹捧起圣诞老人，我们本应没有什么需要补充的了。在美国，圣诞老人被称为 Santa-Claus、Klos、Klaas、Claes，一如移民们对圣尼古拉有不同的称呼方法。不过奇怪的是，香料蛋糕从来就不是美国人的茶点。

文艺复兴时期与意大利的影响

自19世纪以来的定论便是，两位美第奇家族王后身边的意大利侍从影响了法国厨艺，特别是在糕点方面，但今日，许多作家，比如让-弗朗索瓦·雷韦尔，都对此提出了异议。

在文艺复兴时期，我们进入了一个全新的五百年：西欧文明在每一段的变动中存续下来。就算只是看看锅里，也可以很明显地发现当时的品位和知识充满了精神的、社会的、技术的转变，不仅在日常生活方面，在艺术、思想及世界经济方面亦如此……“文艺复兴”名副其实。

那么，何不将佛罗伦萨人或威尼斯人的厨艺，与法国人的厨艺方法和知识都放入当时的氛围中，来看看意大利人是否比法国人更先进些？在当时，意大利人比法国人更易取得砂糖（见第66页）。但自15世纪起，此一美味的供给量让富裕人家在制作甜点时可以使用更多的糖。糖的消费在一个世纪内至少翻了三倍。而在1517年，威尼斯知名的糕点师马提诺出版了新的三合面粉食谱，并归功于某个叫作罗塞利的人。马提诺在介绍时说：这本叫作*Epulario*的新作品，是为法国人乔凡尼·罗塞利师傅而写。从中我们也能看出这位意大利旅人对法国菜极为欣赏。

在那个年代，阿尔卑斯山以南的最新风尚就已经是提供“法国式的”菜肴了。据菲利浦及玛丽·海曼统计，1557年于威尼斯出版，由一位名为梅西斯博格的人所写的《全新食物大全》中，有四分之三以上的食谱参考自法国。我们不当爱国的沙文主义者，但就让传说留给传奇作者吧。

当然，千层酥皮与美第奇家族的两位王后没有任何关系，这个靠不住的传说可能是作家弗耶于17世纪创造出来的。我们亦不赞同千层酥皮是克劳德·热莱（他那时还不是知名画家克劳德·洛兰）这个与路易十三同时代的糕点店小伙计的创造——传说他因一时不慎而做出了千层酥皮。这一时的不慎可引来了多么长久的注意与关切！

这种轻盈的酥皮被英格兰人称为puff pastry，可用来制作千层酥、杏仁千层糕或国王烘饼、鱼肉香菇馅酥饼、香皮尼或榅桲百叶窗、小千层卷糕等，其起源则甚为古老。

千层酥皮

在台子上准备好八分之一斤的小麦面粉，在面粉中挖一个坑，倒入一杯水，加入约半盎司的碎盐，混合做成面团。若需要，揉面团时可不时洒上一些水。当面团揉至黏合且稍柔软时，将之做成块状或球状，静置半小时或更久些。然后用擀面棍擀至一指厚，过程中可不时撒上面粉。取一磅上等、稍坚实的奶油（未加盐的），展平至与面团同宽，用手将奶油压平在面团中，然后将面团的四角折起，或将之对折，让奶油全被面团包裹起来。用擀面棍擀平，然后再将面团的四角折至中央，再擀平，再折起，如此反复四次或五次，最后将面团擀至适当的厚度，别忘了不时撒些面粉，以使面团不致黏在桌上、擀面棍上或手指上。……当面团做最后一次展平时，要撒上些面粉，然后对折，置于馅饼模的中间……然后放入炉中烧烤。

拉瓦雷纳，《法国糕点师》，1653 年

制作西班牙千层酥皮

准备好最上等的白面粉，将 2 颗蛋、些许奶油及少许冷水加入其中，做成稍微柔软的面团，拍打半小时，然后将面团静置些许时候。接着将面团擀成长板状，且展延至半英尺宽并如纸般柔软，然后把以小火融化的猪油大量涂在面皮上，将面皮卷起，再擀平，再涂猪油，卷起，再擀平，使用的擀面棍要有手臂般粗才行，然后让面皮冷却……

"在列日担任过三位君主的厨师的朗瑟洛 · 德卡斯多"，

《厨艺入门》，1604 年

这种神奇酥皮的制作原则自古罗马时代起就已为人知晓。拜占庭人特别喜爱食用一种由数层酥脆的饼皮组成，中间夹着蜂蜜及甘松香（从一种印度缬草提炼出来的香精），应为千层酥原型的蛋糕。此种芳香扑鼻的甜食亦甚受邻近国家的喜爱。

稍晚，9世纪阿拉伯人的侵略在法国东南部留下了加斯科涅一地知名的帕斯提斯的食谱。帕斯提斯的面团会放在膝盖上拉长，除了是加泰罗尼亚一地的“邦叶塔斯”的千层酥表亲，肯定也是摩洛哥的“帕斯提亚”（由拉成极薄的面皮层层相叠而成，在突尼斯被称为“布里克”）的继承者。同样地，在长期被土耳其人占领的东欧地区发现苹果卷，亦非偶然。

在中世纪，圣但尼知名的塔慕兹是用千层酥皮做成的。另外，戈特沙尔克博士[①] 发现，1311年亚眠主教罗贝尔为主显节颁发的特许状中提到了千层糕，几乎可以肯定就是千层酥，虽然其直到16世纪才被编入食谱中——归功于朗瑟洛·德卡斯多大师出版的第一本食谱。至于时常使用千层酥皮制作的国王烘饼，则多半在宗教节日时享用（见第295页）。

---

① Dr. A. Gottschalk, *Histoire de l'alimentation et de la gastronomie*, t. Ⅰ et Ⅱ, Editions Hippocrate, Paris, 1948.

千层酥皮的子孙

千层酥：可供众人分食的大蛋糕或一人独享的蛋糕，由擀薄的千层酥皮做成，夹馅有带着香气的奶油酱或果酱，甚至全都是巧克力。

杏仁千层糕：用千层酥皮制作的大蛋糕，圆形，周围饰以花彩，以杏仁酱为夹馅，皮蒂维耶城的特产。在卢瓦尔河以北的地方是国王烘饼的代替品。

鱼肉香菇馅酥饼：卡雷姆发明了这种可供多人分享的大酥皮糕点。直径为15厘米至30厘米，高10厘米，上头的盖子也是酥皮，将之切开后可在酥饼内填入包含各种食材的酱汁。为咸味前菜。供个人享用的小酥饼设计得像鸡肉一口酥一样。

香皮尼：千层酥皮做成的长方形大蛋糕或小蛋糕。以杏桃果酱为夹心。

百叶窗：可供众人分享或个人独享的长方形蛋糕，以榅桲果酱为夹心，镂空的顶部就像百叶窗一样。

小千层卷糕：供个人食用的干糕点，形似绞成绳索状的棍子，上面撒有加了糖面的碎杏仁。

杏仁奶油馅

有些国王烘饼搭配的是杏仁奶油馅，杏仁粉能增添奶油酱的香味。然而，致命的剧毒氰化物亦散发出苦杏仁的香气，就像侦探们常说的那样。由于凯瑟琳·德·美第奇“享有”“下毒者”之誉，所以有人推断这位意大利女子酷爱当时极风行、散发出杏仁香气的皮手套，是因为皮手套能作为这位王后筹划完美犯罪的工具。此番推论出现在16世纪后半期，是浪漫派小说家的思考成果。

然而，染有杏仁香气的手套的确曾经大为流行，不过却是在路易十三的治下。就如《利特雷》字典引述画家尼古拉·普桑信中的一段话：“1646年10月7日。按常例，我本应寄去您所想要的杏仁香味手套。”frangipane（杏仁香）亦可作franchipane。伏尔泰就使用过这个如今在都兰地区仍然通用的字眼。

事实上在普桑的时代，香水手套早已被商品化了：一位优雅事物的评判人、化学家兼香水制造者、名为Frangipani的罗马侯爵发明出了可用来浸泡手套的时髦杏仁香水。我们因此必须做出以下结论，支持凯瑟琳王后将一位尚未诞生的杏仁香水发明者之名冠在杏仁奶油酱上的说法，实在有违常理。有些人则说是王后先想出这道美食，然后才由宫廷中的意大利糕点师做了出来。或许不无可能，因为自古希腊人以降，杏仁一直是重要的食材。但没有任何证据足以显示，意大利糕点师确曾出现在法国宫廷中。

1653年，拉瓦雷纳在《法国糕点师》中将杏仁奶油馅取名为“最上等的馅料”。至于其“杏仁奶油馅圆馅饼”虽然是17世纪的伟大杰作，但应该知道，这种馅饼中没有任何的杏仁，里面用的是开心果。

杏仁奶油馅圆馅饼

准备四分之三斤的上等面粉，盐适量。在冰凉的台面上将面粉用蛋白和好，揉成像奶油面团一样柔软的面团。将面团静置一些时候，使之顺手好用。接着将面团于台面上延展开来，尽可能地擀薄。面团擀薄后马上取一圆馅饼模，底部涂上猪油，将一段擀薄的面皮铺在模子中，涂上猪油，将另一段面皮折于其上，涂上猪油，如此做到四折，但第四折上不涂猪油。当第四折做好时，就要把早已准备好的馅料置于其上。

将半升鲜奶油置于小平底锅中，加上四个蛋黄，一小撮盐和两撮面粉，搅拌好后置于火上煮沸约半小时，不停地搅拌，直到如粥般浓稠。酱汁煮好时，倒入碗中，等至半凉，再加入四分之一斤在热水中浸泡去皮（像去杏仁皮一样）后放入大理石石臼中略微压碎的开心果，就像做杏仁蛋白饼一样。再于碗中加入八分之三斤的糖粉，一撮肉桂粉，一片撕碎的糖渍柠檬皮及二十多颗松子及一小把科林多葡萄；还可加入少许龙涎香及浸于小半匙橙花水或玫瑰水的麝香及半颗鸡蛋大小的压碎牛髓。将所有的东西都混合好，置于面皮中。当馅料装得够满时，另取一面团当作盖子，以上述做法擀薄，涂上猪油，折叠，反复四次。

将馅饼的边缘削成圆形，用手指将面皮捏实黏着在一起，让馅料不会溢出；亦可小心地为圆馅饼镶边，例如可用青核桃仁镶边。应用刀子或小折刀划开顶上的两层面皮，但不可触及内馅，以免馅料溢出。为了将圆馅饼的上面烤至金黄，应放入不会太热的炭火中并正正地放好。在炉中烘烤约 1 小时，烤到馅饼的厚度达半英寸。当馅饼烤好时拉出炉外，撒糖及橙花水或玫瑰水于其上，再将馅饼置于炉口半刻，以形成糖面。做好后即可食用。

拉瓦雷纳，《法国糕点师》，1653 年

而在 1674 年时，一位署名 L.S.R. 的罗贝尔先生在《烹饪的艺术》中也提供了同样的“杏仁奶油馅”，是一份杏仁奶油及碎开心果圆馅饼的食谱。

杏仁奶油馅 frangipane 成为糕点制作的专有名词则是在 1732 年，出现在特雷武那本被称为《回忆录》的字典里。书中还可见到这位生产手套及杏仁香水的侯爵的经历。

既然提到字典，为了向 1878 年进入法兰西学院的通俗喜剧作家弗朗索瓦·达图瓦致敬，人们便将知名的杏仁奶油夹心千层糕命名为“达图瓦”。不过风尚善变，有一段时间为了向音乐家朱尔斯·马斯涅致意，杏仁奶油夹心千层糕改名为“玛依”。而现在，达图瓦几乎已从糕点店的橱窗中销声匿迹。

糕点及饮料中的杏仁及杏仁浆

以杏仁入菜，尤其是制作糕点，自古以来就是件重要的事，但却没有任何作品谈到这个主题，真令人大感惊异。

杏仁树源自西亚，刚开始野生于爱琴海至帕米尔高原之间的地区，后来传至地中海盆地，亦传至中亚及整个北非。在这些文明的摇篮里，这种饱含油脂、易于保存，美味又营养，富黏合特性的果实，很快就被用来制作美味的餐点。而在传统中，如此具体的好处则被表达为富裕的象征。

阿比修斯（见第120页）提供了十来道包含杏仁的食谱，通常会先炒过以提味。中世纪也常使用杏仁——前文曾写道，罗马的传统用法是做成糖衣果品中的杏仁糊。尽管杏仁大量地被运用在许多欧洲糕点中，如后文中将提及的，但不论是过去还是现在，杏仁仍被视为辨别地中海（每一道美食只以当地食材制作）糕点和糖果的关键。布吕诺·洛修还详述，杏树文化在罗马—高卢时代才在法国扎根[①]，据推测应是在卢瓦尔河流域下方的若干地区。这些最北的市场把杏仁视为干果，在中世纪时的交易相当活跃，毕竟消费量极为庞大。

举例来说，我们看到了圣路易的牛奶炖米，也要感谢《巴黎的家长》：向我们报告在“德奥特古的婚宴中，需要20个碗”（40位宾客），需要10磅杏仁（约4750克），每磅要价14旦尼尔，略少于6磅白面粉的价格。

而制作某些菜肴时，常常需要鲜奶油及牛奶的替代品，因为

① B. Laurioux, *Manger au Moyen Âge*, Hachette Littérature, 2002.

在城市中奶量少且易变酸，并不总是能取得这两种材料，人们于是经常使用杏仁浆（杏仁煮过，去皮，压碎且用水稀释，过滤两次）来代替。当时的医生也大力推荐这种素奶。今日若想准备这道美味的饮料，最好选用切细的杏仁，使用起来最方便。

“葛耶”及其他文艺复兴时期的糕点

塞满杏仁馅、几乎有千层的酥皮——中世纪的达里欧到了16世纪更受欢迎。拉伯雷在其《巨人传》第四部中提到了这种他偏爱的糕点：“……这些斑岩、大理石都极美，无话可说，但是亚眠的达里欧才是我的最爱。”

在这个新时代里，其他一直甚受欢迎的中世纪美食还有拉伯雷也很珍爱的烤饼——根本没有他所说的“雷尔内”，因为雷尔内并不存在！这些烤饼以不同方式改良的面包面团做成，就像是可口的杜瓦讷内“安曼卷”，《巨人传》第二部提供了其制作方法：“由上等面粉掺和上等蛋黄及奶油、上等的番红花及上等的香料与水做成。”

从12世纪就已存在的fouace，来自晚期拉丁文的panis foacius，是一种在灰烬中烤成的饼。根据地区的不同，有fouache、fouée、fougasse等不同的称谓。吃法是将之浸入香料红酒或一般红酒中食用。

至于弗朗索瓦一世偏爱的，在当时蔚为风尚的“葛耶”似乎仍是法国北部及比利时的特产。14世纪初的讽刺小说《福韦尔传奇》[①] 就已提到这道婚宴中的精美糕点：

> 有松饼和蛋卷/葛耶、塔、牛奶鸡蛋烘饼/香料苹果、达里欧/可丽饼、炸糕及油炸酥盒子。

拥有好品位的可怜诗人弗朗索瓦·维庸在其1462年的《大遗言集》中亦提到葛耶。我们在一份1587年6月16日的里耳婚礼菜单中也可见到葛耶[②]。

读到这里，法国南部美食家会提出这样的问题：那么不管是goyère、goière或gohière，过去与今日的葛耶究竟是用什么材料做成的？啊呀！葛耶是一种美味的塔，由布里欧式的发酵面团加上蛋、奶、糖及奶油制成，内含由鲜酪及当地的上等奶酪（亦即这些地区所产的马罗瓦勒奶酪）组成的馅料。现今使用的糖为红棕色的，称为vergeoise（劣质粗糖），昔日所使用的则是蜂蜜。佛兰德斯人会在庆祝圣枝主日[③] 时品尝葛

---

①应为热尔韦·迪·比斯所作，这部讽刺、富于奇想且已经是“超写实”的14世纪初伟大传奇，述说的是一位人道骑士的故事。

② Alexandre Derousseaux, *Mœurs populaires de la Flandre française*, Ed. Querré, Lille, 1889.

③复活节的星期日。（译注）

耶并配上其秘制“咖啡”。

让我们回到拉伯雷这位美食的使徒身上。他可是文艺复兴时期的美食参考书。拉伯雷于 1552 年在《巨人传》第四部中写道：“然后给他可供大啖的菜肴：羊肩肉佐蒜泥酱汁……肉冻、红色及朱红色肉桂滋补酒、普波兰、杏仁蛋白饼……”

制作方法与葛耶完全相同的“普波兰”可谓为中世纪结束后数百年间的经典甜食，同时，如好争论的诗人吉勒 · 梅纳热（1613—1692 年）所说，它源自安茹地区。这或许也说明了邻近地方出身的拉伯雷的喜好，而且可在此见到泡芙及夹心巧克力酥球的祖先。

在中世纪，poupelin 指的是女人的胸部，意即能让婴儿吸饱的乳房。这种“由上等面粉与牛奶及蛋黄制成的”圆形的小糕点在刚出炉时，确实膨胀得像乳房一样。

约 1559 年时，罗贝尔 · 艾蒂安的法文—拉丁文字典收录了烹饪用语 profiterole（夹心巧克力酥球），在当时意为“在挖出小孔的炉灰中烤成的糕点”，而根据 1690 年的富蒂埃《字典》的说法，则是“在汤中烹煮”的面点。这种和普波兰类似的球形面团可做成各式各样的甜咸泡芙。但到了 1935 年左右，只有填入香草冰激凌、淋上滚烫的巧克力酱汁的，才能算是夹心巧克力酥球。

与上述糕点没有太深关系的 croquigneulle（王冠形小脆

饼）这个词于 1545 年登场，这种受人欢迎的小王冠到了路易十四在位末期时变成了 croquignole，那时玻璃厂街上的知名糕点师保罗·法瓦增添了香草或巧克力的香味，使之重新风行起来。

杏仁蛋白饼及果仁牛轧糖

虽然人们于 1552 年就在拉伯雷的《巨人传》第四部中发现了 macaron（杏仁蛋白饼）这个词，但对这个词和糕点本身却没有真正的认识。其不明来源与或许来自意大利的名称，让 19 世纪的作家相信，是美第奇家族的糕点师带来了杏仁蛋白饼，但他们却忘记了中世纪的修道院，特别是图尔附近的科尔默里修道院在墨洛温王朝时就已将此糕点普及开来。今日，科尔默里修道院已不复存在，但其杏仁蛋白饼的美誉仍受人传颂。

杏仁蛋白饼有两大“门派”：柔软的（以花式小甜点的方式制作）及坚硬的（以饼干的方式制作），两者的拥护者互不相让。这两大门派起初是宗教派别。毋庸置疑，最著名的仍是南锡斧头街加尔默罗会的修女所制作的。她们以生产杏仁蛋白饼为生，并遵照阿维拉的圣特雷莎的教导：“杏仁对不吃肉的女子有益处。”无论如何，美食指南皆认定在南锡可找到全世界最好的杏仁蛋白饼……当然指南亦会提到波尔多、巴斯克地区、穆肖或圣埃米利永的产品。

这里不得不说，非常遗憾地，我们至今仍不知是何方神圣发明了传奇的巧克力圣埃米利永。这种现代糕点以浸过干邑白兰地的柔软杏仁蛋白饼，间以数层慕斯状的浓厚巧克力馅，排列在夏洛特模中而做成。

在杏仁蛋白饼的家族中，意大利的苦味杏仁饼是由苦杏仁做成的。其他以杏仁粉及蛋白为基础的美味特产还有小杏仁饼，16 世纪中期的拼写法为 marcepain——自然是拉伯雷于其 1546 年的《巨人传》第三部中提及的。但若是回溯至 16 世纪初或更早，小杏仁饼在意大利名为 marzapane，在西班牙名为 mazapan，在将此做法传给我们的阿拉伯语地区则名为 martabân，意为“羚羊的角”。

法国最古老的小杏仁饼食谱文献可回溯至 1555 年诺查丹玛斯的《论果酱和化妆品》。至于奇妙的伊苏丹小杏仁饼，又名“伊苏丹蛋糕”，虽然在巴尔扎克于 1842 年出版的小说《搅水女人》中有数行描述，但实际上，它只存在于大作家的丰富想象中！

雷尔内烤饼也是拉伯雷吹嘘出来愚弄人的玩笑。都兰人就是爱说笑！

“……她从衣橱里拿出一小瓶内有黑醋栗的自制利口酒。

她从创作出这种最伟大的法式糕点——伊苏丹蛋糕的修女那里得到了做法。”巴尔扎克这样写道。

不过在那时候，有文学素养且信任作者的巴黎糕点师，对于商品化这种所谓的……自制特产，并不敏感。

法国西南部的牛轧糖其实是一种白色牛轧糖，类似杏仁开心果蛋白糖类小甜点，由西班牙的摩尔人传来。但真正的布拉瓦海岸的turrón应该是一种黑色的牛轧糖（在甚坚硬的焦糖中含有半颗杏仁）。

制作松子糖

取一些清理干净、有点干燥的松子[①]，然后取1磅糖与玫瑰水一同煮至可供塑形的地步，撤离炉火。接着，将4盎司松子略微切碎，投入融化的糖中，混以5匙或6匙打发蛋白[②]，然后再加入满满2匙烘至金黄的圣体饼[③]，若需要可加入些许麝香。

朗瑟洛·德卡斯多，《厨艺入门》，1604年

传说，类似于法国同类牛轧糖的意大利伦巴底torrone并非为了纪念西班牙的turrón，而是因为克雷莫纳的居民在

①松子可用当时人认为有催情作用的杏仁代替，不过事实上与之相反，杏仁只具镇定功用。

②这种手法非常新潮！

③现今只有在牛轧糖和南法的小杏仁酥中可见到圣体饼。

意大利战争结束后，用“法式”杏仁酱做了一个象征城中高塔的高塔状点心，并将之呈献给法国国王。这座克雷莫纳城中的高塔是米兰的维斯康蒂公爵把女儿嫁给后来的米兰斯弗尔扎公爵时所兴建的。

接下来我们要离开文艺复兴时期，进入另一个新时代，并想着源自16世纪40年代、来源可能是凯瑟琳·德·美第奇及她的佛罗伦萨宫廷的指形饼干。指形饼干原本是用汤匙将面糊置于圣体饼的“纸”上，到1811年才开始使用油纸。我们稍后将述说卡雷姆的制作方法。

至于19世纪中期风行全巴黎的“马里尼昂”则是盖伊师傅构思出来的绝佳美味，1515年经历过意大利马里尼亚诺之捷的瓦卢瓦王族还品尝不到这道美食，因为当时根本不知道做法。但其实，在一个不论是绘画、编剧还是糕点制作都喜爱参考历史的时代，缺乏起名灵感的盖伊师傅为其杰作在字典中找了一个荣耀的名字，与纪念这场战役并没有直接的关系。

年代确切与否并不重要，因为盖伊师傅，大家每逢周日都可重温马里尼亚诺之捷。

想象一下，藏着葡萄干的萨瓦兰面团既蓬松又香味十足……在蒙凯蛋糕模中烘烤40分钟……杏桃香味的意式蛋白霜覆满饼面，饼面上还盖着若干切半的糖渍杏桃，而长长的白芷像是篮子的把手。啊，弗朗索瓦一世也会喜欢的!

传统的柔软杏仁蛋白饼

需要250克杏仁粉，400克冰糖，10克生蛋白，200克打发蛋白及80克粗糖。

杏仁粉及冰糖过筛。蛋白与粗糖打发至坚实后，将杏仁粉、冰糖、生蛋白及打发的蛋白混合。再将全体打发以使之平滑闪亮，将之填入挤花袋中，挤花嘴为七号或八号，将面糊挤在涂了硅的纸或硫酸纸上。用两重烤盘在有循环风扇的烤箱以160摄氏度烤8—10分钟。

至于制作有颜色的或柠檬、覆盆子、开心果、杏仁巧克力、咖啡、巧克力等多种口味的杏仁蛋白饼，可将相关的食用色素及香料掺进面糊中。烤好的杏仁蛋白饼十分柔软。

桑德师傅的教学课程

糕点的伟大世纪及启蒙时代

食物史，尤其是糕点史，有点像是每次有了新发现就会对前次发现提出反驳的古生物学，建立年表有时极为冒险。

然而，想象一下在 1674 年，一位在路易十四宫廷中担任侍从的贵族（就像萨布勒等家族一样）奥隆伯爵因让国王大为不悦而被严禁再踏入凡尔赛宫一步。毋庸置疑，他将因为批判了《比利牛斯和约》[①] 而踏上流放之路。这位流放者的朋友，优雅的作家圣埃弗蒙写了一封安慰信，法兰西国家图书馆珍版书书库的管理主任让－马克·夏特兰[②] 引述了信上的字句："……书籍与佳肴能成为伟大的救赎及甜美的安慰。"

正如夏特兰所强调的，"这封信见证了 17 世纪中叶以

---

①在 1648—1659 年法国与西班牙的战争中，西班牙战败后签订的和约。规定了西班牙割让边界领土给法国、法西联姻等内容。（译注）

② "Livres en bouche", catalogue de l'exposition *Cinq siècles d'art culinaire français* à la bibliothèque de l'Arsenal, BNF/Hermann, 2001.

来人们意欲把美学与厨艺联系起来：感官的满足依其某种微妙的精神愉悦而被接纳进美的领域，既加深了感官之乐，也使之变得文明。自奥地利的安妮摄政及马萨林政府执政（1643—1661年）以来，'自然'（naturel）这个古典美学中的重要词汇亦成为厨艺的首要词汇。"他又说："不久以后，所谓的法国菜，指的就是在路易十四的法国所发展起来的烹饪品位。"

请恕我们再多说几句这种所谓的烹饪上的"自然"。农学家们大力鼓吹这种与原始天然或乡村没有任何关系的概念，特别是尼古拉·德博内丰①。由此，烹调知识被彻底革新，不论是方法、度量，还是完成度。

而这些，难道不是古典主义的四大基础吗？若不通晓技术与知识，艺术就不存在。对厨艺来说尤其如此，更不用说厨艺中的艺术——糕点制作了。

一切总算像水晶玻璃杯般清楚澄澈了，艺术的目的即愉悦。而这门艺术就是针对感官之乐：借由烹饪，在上菜时所有的感官都极为愉悦，菜肴也同时满足了感官。当然不仅是味觉，视觉因呈现之美而愉悦，嗅觉因散发出来的香味而愉悦，听觉因品尝时的欢笑声而愉悦，触觉因食物的口感和在

①尼古拉·德博内丰是园艺家，并非厨师。

舌尖的舒适温度而愉悦。

也别忘了品尝美食的知性之乐。没有粗糙没有放荡，就像是诗般的文学小品，有时配上音乐，并以友善的同伴间适切的玩笑来欢庆此一饮食之乐。这类美食在当时的绘画及版画中随处可见。以绘画呈现出这种欢庆的“自然”、可供我们欣赏其美的是佛兰德斯画家的作品，有夏尔丹、加尼奥、斯托斯科普夫、德波特及后继者布尼厄。或是以静物画的方式，或是呈现食物在调理前的诱人之美。

配膳室……配膳室中的新甜点

与此同时，前述的《法国厨师》及《法国糕点师》作者、于克塞勒侯爵的厨师，本名为弗朗索瓦·皮埃尔的糕点师拉瓦雷纳，在其专著中或在上流社会人家中制作糕点时，皆使用配膳室使糕点制作与烹饪清楚地分隔了开来。

其实，就和果酱师一样，糕点师应在更干燥、更凉爽的配膳室中制作其宝贵的作品。考虑到厨房中的炉灶与炉火很少停工休息，制造出不少烟尘和灰烬，所以还可以加上配膳室比厨房更清洁这个理由。不过，大部分蛋糕的烘焙都需送至厨房的炉灶中，因为配膳室只有温盘设备。而沙拉和水果之类的生鲜食品则归配膳室管理。

在配膳室中，不只有食品贮藏柜，也有银器及桌巾。就像厨房的桌巾一样，配膳室的就叫作配膳室桌巾，直到今日也是如此称呼。配膳室中的小型料理台（洗涤槽）及清洁的桌子，皆见证了配膳室与厨房在空间上的分隔。

方才说过，甜点是在配膳室中制作的，dessert 是个新词（请参见第 15 页与第 188 页），直到 1690 年才收录于富蒂埃的《字典》中。同样地，水果在菜单中的地位也是新的，且自此被分派在甜点中。然而，自中世纪以来，品尝水果向来在一餐之始[①]，就像我们今日在开始用餐时食用甜瓜或普罗旺斯的无花果一样。

甜点中的最后一项新事物是水果之后的奶酪，或是新鲜带有甜味的奶酪，或是干燥且精制过的奶酪。这也是今日看来有点奇怪的 entre la poire et le fromage（字面义为"在梨子和奶酪之间"，意指"在茶余饭后"）俗语之由来。而我们之所以知道这种关于奶酪的新规定，要感谢 1660 年科尔贝的膳长、将豌豆引进凡尔赛宫的奥迪热，他在悠然引退后于 1692 年写下《有条有理的家》一书，详细说明了这条新规。

直到那时为止，奶酪只是一般人的餐食或富贵人家制作糕点的材料。这边也再补充一点信息，那时在上点心白奶酪时通

①《巴黎的家长》的作者记录，艾利师傅准备的婚宴头盘遭到取消，因为在 14 世纪寒冷的 5 月里找不到樱桃。

常会搭配着花香（紫罗兰等）或异国香味（麝香等）的香氛，也就是那些今日比较容易在洗手间的洗脸台上闻到的味道。

手指与水果

在文艺复兴时期之初，dessert 的意思是“清理干净的桌面”，也就是说“什么都没有”，因为是将桌上为用餐所摆设的一切都清除掉：盐瓶及胡椒瓶、剩菜及吸吮过的骨头、面包屑还有桌布等。而 desserte 指的则是未上桌的菜肴（厨师或膳食总管常将之转售）。

终于在 17 世纪，dessert 指的是最后一道菜中所有甜食的总称：水果、奶酪、糕点、粥类、乳类、果酱、糖衣杏仁……是在饥饿感解除后，纯粹用来享受美食之乐的食物，以让聚餐在舒适惬意中结束。此外，据说甜味的菜肴有助于消化。

不过，使用 dessert 一词也许会让人联想起难以引起食欲的残羹剩菜，所以当时端上的最后一道菜若包含了各色水果，要说 en était au fruit（上水果），fruit 要用单数。而若上了水果，则应用刀子来削皮及切块。但这种礼仪上的考虑限制不了上流社会人士，例如路易十四，他会徒手取用所有菜肴，尽管当时已发明了叉子，而且还有更古老的汤匙。

此外，当时的人极爱用鲜花来装饰甜点，为高贵人士安排的餐桌则应让人联想起法式花园，菜肴要排列成几何图形，以花园中黄杨树篱的方式来安排。

或者，像《王室与布尔乔亚的厨师》的作者、神秘的马夏洛 1692 年在其《果酱、利口酒及水果之新知》中那两幅美丽的双折画所显示的一样，高明的装饰甜点手法是让人能从侧面欣赏点心的配置：小蛋糕、新鲜水果或糖渍水果堆叠成的金字塔，对称地环绕着数世纪以来都吃不腻的塔与深受欢迎的小瓶糊状甜品。

“其他国家的人不像法国人一样那么会用自己的语言替菜肴命名。”著名学者、鸟类学家兼美食家皮埃尔・贝隆于 1555 年这么写道。

在下一个世纪里，贝隆的此番评断将更加意味深长，尤其是在糕点制作上，不论是蛋糕、糊状甜品还是糖果甜食。因为法国专业糕点师傅与业余爱好者的丰富创造力，将连同更精细的技术，为中世纪糕点加入全新的美味，使之迅速标准化，并命以至今在世界美食宝库中仍占有一席之地的新名字。而在这些“新品”中，也包括了不少法国的传统地方糕点，前途不可限量。

布里欧？可为贪爱美食赎罪的祝圣之饼？

既然从布里欧开始谈论我们的糕点清单，何妨大着胆子说，对于目前提到的这个时代来讲，布里欧具有深刻意义。

尽管此时代结束时，布里欧在玛丽－安托瓦内特失言的著名历史场景中也扮演了要角，但如果王后早知道同时代的狄德罗在《百科全书》中称这个法国糕点中最珍贵的东西如同“一件耗费巨资的奢侈品”的话，她还会建议没有面包的穷苦百姓吃布里欧吗?

这件奢侈品的诞生可回溯至法国糕点制作之初。我们现在就来认识它。

事实上，布里欧的起源并非蛋糕。这个词和它所指的美味完全没有文学或“美食”文献可供参考，直到若干不同的字典提供了两个不同日期的证明：一说 1404 年，一说 1604 年，但这些“证明”都没有可供参考的文献出处!

其实，根据《罗贝尔字典》所述“一种由面粉、鸡蛋、奶油及酵母做成的糕点……”，布里欧不过是种面包制作的方法，自古代起便由一代代面包师陆续改良，并在面包师无权使用面粉和以奶油、鸡蛋制作糕点后，由糕点师接手改进与制作。至于糖，稍后才会加入。

自从诺曼人（即来自北方的维京人）于公元 911—933 年定居至此以来，诺曼底就是一个普遍使用奶油（并将之传遍法国）的地区，也是一个奶油质量素来拥有最高声誉的地区。因此有人认为，布里欧这种法国最上等的糕点源于诺曼底。考查 brioche 这词的词源可以确定 brier 为诺曼底方言的“捣碎”，特别指“用木头擀面棍将面团打碎”，而后缀 oche 可能从 hocher（搅动）而来。pain brié（硬底面包）则是一种在昔日以这种工具制作的诺曼底面包。

无论大仲马在其《厨艺字典》中怎么说，布里奶酪与用奶油制作而成的布里欧都并无任何关联。同样地，将使用橄榄油的奥克语地区的不同发酵糕点称为布里欧也不甚合理，当地的这类糕点叫作 pogne 或 pompe。

然而，在此一“追本溯源”的时代中，有项天主教传统重新回到了我们的怀抱：在主日弥撒后分发祝圣之饼给信徒。这或许可回溯至公元 658 年的南特主教会议，由教宗利奥四世颁布的谕旨中，这种饼被叫作 eulogie，在希腊文中意指“祝圣”。

此一通过饼之神圣性施行慈善的纯粹之举，多年下来，却变成了有产者及金融交易者的炫耀之举。因为到中世纪末时，它的目的已不再是最初的救助穷人，所有教区信徒皆可从慷慨赠予的财物中得利。

神职人员分发的普通祝圣之饼，品质越来越好，价格越来越昂贵，越来越不像普通的面包，最终成了美味的布里欧（“耗费巨资的奢侈品”）——却还没有一个正式的名字！

这样看来，法国大革命对这种伪善的炫耀及其中迷信的批判似乎颇为合理：想要打赢所有的官司，只要在五旬节时将一块祝圣之饼留在口袋里即可。

布里欧与阶级意识

这天一早，格雷戈里一家起了个大早……格雷戈里太太刚下到厨房里来。……

——梅拉妮，她向厨娘说道，做做布里欧如何？面团早已准备好了。小姐在三十分钟后才会起床，她可配着巧克力吃……嗯，这可是个惊喜。

这个三十年来就一直在家中服侍的瘦瘦老厨娘笑了笑：

——说真的，这惊喜可是十足……炉灶的火已经点起来了，烤炉也该热了。接下来欧诺琳会帮我。

……稍早在床上筹划着要用布里欧制造惊喜的格雷戈里太太留下来看着面团送入炉中。厨房很大，可以想见是个重要的室内空间……美好的食物香味四溢。橱子和架上的食物堆得满了出来。

——可要让它好好烤个金黄，不是吗？格雷戈里太太在经过厨房进入饭厅时叮咛了一句。……忽然，门打了开来，一声大叫：

——哎呀，怎么，我没到就吃起早餐来了！

……端上早餐的女佣也笑出声来，全家人想到小姐一口气睡了十二个钟头就觉得好玩。一看到布里欧大家都笑逐颜开。

——如何？烤熟了吧？赛西尔不停地问着。有人捉弄我！热腾腾的布里欧浸在巧克力里多好！他们终于入座，巧克力在碗中冒着热气，话题久久都离不开布里欧。梅拉妮和欧诺琳待在一旁，边叙述着烹饪的细节，边看着他们大吃一顿，嘴上还泛出油光，她们还说看到主人们如此乐意吃，做蛋糕真是一大乐趣。……梅拉妮回到桌旁伺候着。在外面，狗叫了起来，欧诺琳赶往门边去，而对热气感到烦闷且吃得喘不过气来的赛西尔离开了餐桌。

——不，放着就好，这由我来做。……

——事情恐怕不是这样，回来的赛西尔说着，是这个女人和她的两个孩子，妈妈，你知道的，就是我们之前碰到的那个未成年女子……要叫人让他们进来吗？

大家犹豫着，他们或许很脏吧？并不太脏，他们将木鞋脱在台阶上。父母亲都已躺在大扶手椅中。他们躺在椅中让食物消化。气氛改变的不安终于让他们做下决定。

——欧诺琳，让他们进来。

于是，玛欧德和她的孩子进来，他们又冻又饿，一副战战兢兢惊慌失措的样子，望着温暖且有布里欧香味的厅堂。

左拉，《萌芽》，1884 年

要确保鸡有好的产卵量，应饲以祝圣之饼。要驱除老鼠，应在谷仓的四角摆上一小堆祝圣之饼……

不过，只要祝圣之饼仍然是面包店的产品，中世纪及后来文艺复兴时期的大师们就不会想到要为它们构思配方或食谱，它们也就更不可能像日常的圆形大面包一样普及开来。而且这些供品变得越来越精致，贵族或资产阶级家庭通常比较喜欢自制这种近似糕点的东西，会比在外头购买来得便宜。

因此，我们只能从路易十四时期拉瓦雷纳出版的《法国糕点师》中所写《制作祝圣之饼的方法》，找到所需的数据，他的祝圣之饼无糖，但使用了四分之一斤奶油（四分之一斤约等于 200 克，兑上半斗或 12 斤面粉）。相反地，“在巴黎被叫作 cousin，在其他的地方称为 chanteau 的较精致的祝圣之饼，则需要等量的面粉，半升牛奶，1 磅奶油及 3—4 颗蛋”。

拉瓦雷纳做出了以下结论：“若要做一个大型的祝圣之饼，应要用糕点师唤作 broye 的大木棒来捣碎面团”，由此，我们可以推论，布里欧离我们不远了。

在《法国糕点师》一百年后的 18 世纪后半叶，亦即启蒙时代，布里欧正式登场：梅农的《布尔乔亚女厨师》里提到了布里欧蛋糕，并毫无疑问地佐以一大杯巧克力，这在当时极为风行。

前面提过的布里欧无论精致与否，按其奶油和蛋的比例，可做出甜或咸的口味。因为使用不同的模子，从诺曼底普及至全法国的布里欧便有了不同的地方特色：高傲的巴黎布里欧、精巧的慕斯林布里欧、花哨的圣热尼杏仁巧克力布里欧、旺代巨大的婚礼“佳戴”、孚日令人强壮的榛子葡萄干梨子布里欧、波尔多的国王布里欧，还有加来海峡地区的 fouace、cramique、koeckbottram，以及科西嘉岛的 canestri。除了上述美食外，别忘了用布里欧面团裹上肉类或鱼类做成的高级前菜。我们也马上会谈到来自东欧的布里欧。

夏洛特，精练的节约

布尔乔亚素来厌恶浪费，小商人亦如此。然而，中世纪法令却禁止食品业者将当日卖剩的东西留到翌日再度贩卖，必须在打烊时于门前以火销毁。当这些法令到最后变为一纸空文时，烤肉商与糕点师皆如释重负。可是，要怎样处理剩下的蛋糕和面包呢？与其捐赠出去，还不如换个样子……

某人想到做成另一种蛋糕，让吃的人根本认不出来，仍能大口享用。这个某人是法国人还是英国人？是店主、厨娘、家庭主妇还是其他某个考虑周详的人？

无论如何，自 17 世纪以来，英吉利海峡的那边出现了这种既经济又美味的点心。在女王的臣民中，苏格兰人尤其喜爱这种甜点，他们甚至声称发明了这道名称古怪，叫作 whim-wham 的美食。whim-wham 后来变成公认名声最显赫的英国甜点乳脂松糕，并常被误认为是维多利亚时期的糕点。

这道糕点大致上混合了白酒酱汁、饼干或切块的布里欧、红色浆果冻及糖渍水果。这些在模子中挤得满满的馅料不用经过烹调，应趁极清凉时食用。

若不是使用了回收的饼干，这道布丁的做法其实并非那么经济，就像英格兰人自 15 世纪就极喜爱的煎面包，他们称之为 panperdy，那时所有的家政书籍都会提到这道菜。

18 世纪末，这种甜点出现在法国，名称夹杂着英文词语。法国的环境很快将之精致化：在涂了奶油的圆模中，铺满我们常用的、人称指形饼干的轻巧饼干，并在其中填满一层厚厚的、以肉桂或柠檬增添香气的糖煮苹果。然后将蛋糕稍稍烤上半小时，食用时脱模，淋上英式酱汁。

知名糕点师卡雷姆善于将非常普遍的美食改良得更加完美，他做出了一个世界上最大的夏洛特，起初名为“巴黎夏洛特”，后来为了讨好沙皇亚历山大一世，便以“俄式夏洛特”为其命名。

俄式夏洛特

将浸泡过利口酒或浓烈黑咖啡的指形饼干排列在夏洛特模的底部及模壁上。接着立刻将打得极紧实且冰凉，已先与卡仕达酱及切碎的糖渍水果或新鲜水果轻轻混合的掼奶油填入模子中。以极低的温度冷藏，直至食用。脱模后，佐以水果及英式酱汁。

我们并不十分清楚夏洛特之名的来源。有些人说这种糕点像是18世纪末女性（如玛丽－安托瓦内特王后、罗兰夫人、夏洛特·科黛等）所戴的镶褶大无边软帽，不过此类软帽是因为夏洛特王后（英国国王乔治三世之妻）才大为流行。虽然我们在前面就读过，这种糕点在好几个世代前早已存在，但却在这个年代里才被如此称呼。夏洛特模的高度大于宽度，可做6—8人份的甜点。

洛林地方的库克洛夫、巴巴、玛德琳及猪油咸肉塔

要发誓证明这种或那种糕点名称的真实可靠性，甚至是来源，皆极为困难，因为有时传说比事实更吸引人。不过应该承认，洛林是若干好东西的“母亲”，是其故乡。

阿尔萨斯的婚礼

筵席露天而设，直至谷仓内及货棚下。所消耗的葡萄酒、面包、肉类、塔及库克洛夫，无法尽述……

艾尔克曼及查特里安，《傻瓜叶戈夫》，1862 年

洛林地区充分得到了大自然的供应，美好的牧场或多产的果园中有繁荣的农庄，很难想象在 1477 年时“大胆夏尔”几乎让南锡的最后一批居民活活饿死。是故，一些幸免于难者发誓，再也不会让任何一个洛林人饿死。自此以后，此地不只耕耘富饶的乡野田园，也耕耘生活及美食之乐的艺术。就像是第一步，这里的食谱大量收纳了各种水果、鲜奶油、蛋、上等面粉及气味浓郁的奶酪，再没有其他食谱会比这种食谱更优秀。更不用说还有许许多多创造奇迹的糕点师了。

18 世纪的洛林是非常有可能得到蛋糕制作大奖的（如果这奖存在的话），现代糕点的经典之作皆出于此。此番“兴盛”与一位安身于此的失业君主有关。这位路易十五的岳父是幸运的，为了安慰失去波兰王位后历经沧桑的斯坦尼斯瓦夫·莱什琴斯基，他那位非常殷勤的女婿送给他洛林及巴尔公国的君权。

因此，不论是在吕内维尔，还是在有着知名杏仁蛋白饼的南锡，斯坦尼斯瓦夫的提前退休成了一种享乐，并经由豪

华的节庆及餐桌上的极乐彰显出来。

得益于逼不得已的长途跋涉（但不至于太悲惨），这位波兰前国王的足迹遍及中欧，却也因此踏入了地方美食之门。他特别喜爱一种源于德国的布里欧——库克洛夫，其意为“啤酒花球”（从用来制作啤酒的啤酒花中可以提出酵母）。

在德国西缘的所有地区：卢森堡、阿尔萨斯、洛林、瑞士德语区、奥地利、佛兰德斯等地，这种发酵面团做成的蛋糕自中世纪末起就已广为人知，是一种用于婚礼及乡村洗礼的传统蛋糕。

我们也该为传说负起责任，传说一口咬定库克洛夫是放在斯坦尼斯瓦夫的行李中被带到洛林来的，这再次证明了这位高贵的流亡者还想于此地品尝到他所喜欢的美味。其忠实的厨师舍夫里欧在为他端上库克洛夫时，会搭配一杯上好的马拉加麝香葡萄酒。

自然而然地，凡尔赛宫的朝臣也跟着照做。不久以后，玛丽－安托瓦内特王后的早餐也不能没有库克洛夫，但比较合理的思考方向为：这是她自小在维也纳就时时享用的食物。

伟大的史学家兼大厨皮埃尔·拉卡姆在其《糕点备忘录》中写道，库克洛夫的商业食谱于 1840 年由一个叫作乔治的糕点师从斯特拉斯堡带到了巴黎，乔治在公鸡街上开了一家店。圣三一教堂附近的绍塞－昂坦区在当时是最时髦的地方，这家店因 gouglouff 而大受欢迎，每天都要切上百个。库克洛夫的美味并不只来自其加了奶油及马拉加葡萄干的发酵面团，外表也为其增添了吸引力。库克洛夫是在一种附有中央气孔、有凹槽的钟形特殊模子中烘焙而成的。这种模子有时候以铜制作，但大多以上了釉彩的陶土制成。库克洛夫模从此成为收藏品，可于博物馆中让人观赏。大量涂上奶油的模子内部粘有切细的杏仁，在烘焙结束时，我们会将蛋糕脱模并再撒上一层砂糖粉。

不必离开洛林和斯坦尼斯瓦夫这位好国王，让我们唤起巴巴的真实历史。现称为“朗姆巴巴”的巴巴是糕点中最值得夸耀的东西，是最经典、最伟大的法国糕点。

巴巴及干蛋糕

巴巴的特征是／饮食无度众所周知。／在他的胃里有什么？／一块海绵？／应该就是如此！／大家留意着他用肚子里的海绵／喝了好多的酒，／或是黑林山的樱桃酒，／或是酒中最负盛名的／上等的朗姆酒！／是的，巴巴毫无羞耻地喝得大醉，／倒在潮湿的盘子上，／然而在他身旁，在同一马口铁盒的干蛋糕既尴尬又不安，／以羞愧且厌恶的眼光看着这个醉汉，／你们瞧瞧，其中的一个老式的干蛋糕说道，／老式的意思就是有点陈旧，／你们瞧瞧这纵酒过度的人／别怪我们瞧不起他。／也瞧瞧这些讨厌的水果：／其不检行为的受害者，／他们马上就被吃掉了。／相反地我们过着／规律又严谨的生活，／有时人放着我们不管／好几个月……／我说的是什么话啊！／是好几年，／让我们在铁盒中尽享太平岁月！／然而这时有个小脆饼／既年轻且轻浮，／甚至有点疯疯癫癫的，／在心里想着：／“人把他给吃了，但他，在这之前喝了许多的酒。”／我现在更懂了一个干蛋糕／心中深处的秘密野心，／那就是希望／做一个巴巴。

弗朗－诺安，《寓言集》，1921 年

虽说巴巴当今的评价可能有些低落，因为现代人偏爱低热量的凝胶食物，像是前面提过的夏洛特及待会儿就要尝到的“巴伐露”——19 世纪卡雷姆的大作（见第 218 页），不过现在是尝尝盘中这道纯正糕点的时候了，朗姆巴巴。

这时候，大仲马可有话说了！他毫不迟疑地在其《厨艺字典》中说道：“论这些糕点的起源，据说真的是路易十五的岳父——斯坦尼斯瓦夫国王。在这位好国王（这可不是我说的，是卡雷姆）尊贵的后代家中食用巴巴时，总有人持着舟形酱汁碟随侍在旁，碟里是混以塔内西水的甜马拉加麝香葡萄酒，塔内西水则经过六道蒸馏手续。因为黎斯列夫伯爵夫人——生下了波托拉女公爵及莱什琴斯基家族，我们知道真正的波兰巴巴应该由黑麦面粉与匈牙利葡萄酒制成。”

唉，这个大师！即使我们撇开“塔内西”（一种可用作驱虫的植物）水不管，还是要谴责他胡写一通。因为“真正的波兰巴巴”并不存在，尤其是由黑麦面粉及匈牙利葡萄酒制成的巴巴。瞧瞧人家是怎么捏造历史的！

其实，前波兰国王斯坦尼斯瓦夫应是苦于牙痛，就像与他同时代的每一个人一样。因此在 18 世纪 60 年代的某一天，在他的吕内维尔城堡中，可能是他自己，也可能是他的厨师或膳长，想出了把库克洛夫浸在搭配的甜葡萄酒中以便轻松吞食的法子。想想看那是多么好的葡萄酒！后来则用朗姆酒糖浆来替代。

而朗姆酒糖浆，这种在安的列斯群岛用甘蔗汁酿出来的异国醇醪，自 17 世纪末便以 rumbollion 之名广为欧洲人所知。

为了与同样使用马拉加葡萄干发酵面团的库克洛夫有所区别，巴巴使用不同的模具制作，模壁光滑，形状为圆筒形。一经烘烤，面团便会在模子顶部膨胀成厨师帽状。倒扣在盘中脱模，淋上朗姆酒后，就形成了花冠形的基座。巴巴的外形被看作是穿着大蓬裙的女子，这或许同样是这位前波兰君主发现的也说不定。

还有，应该指出波兰文babka的意思就是“好女人、小个子的老奶奶”。这可能是这种糕点取名为baba的由来。

也有些人会向你们这样解释：路易十五的这位岳父甚爱阅读当时由埃德蒙·加朗所翻译的《一千零一夜》，尤其喜欢《阿里巴巴与四十大盗》的故事。因此，他可能将这种蛋糕称为阿里巴巴，后来人则称之为巴巴。这两种说法随你们选择。

在19世纪初，巴巴开始叫作“朗姆巴巴”，有可供众人分食的大分量或个人享用的分量。一位出生于吕内维尔的洛林糕点师则让巴巴成了商品。这个叫作史托何的人把店开在巴黎的蒙托哥街51号，其商品之畅销造成了激烈的竞争，巴黎各大报最后宣布，黎塞留街9号的胡杰所卖的巴巴才是最好的。

此后，制作巴巴的面团不再是前一世纪有香味的着色发酵面团了，当时上流阶层用的是番红花，若想节俭些就使用希腊红花，两者都是黄色，也都没有味道。

事实上，在法国大革命以后，糕点业已开始摒除多余的香料及过度使用的色素。卡雷姆应该不太容易接受这样的民主化。

萨瓦兰蛋糕，巴巴的浪子

……所有的糕点都在舞会的宵夜中各就各位，尤其是大块的巴巴、萨瓦兰蛋糕、大布里欧、鲜奶油蛋白霜、松饼……

路易·奥多，《美食家必备之书》，1864 年

在说到朗姆巴巴的同时，我们的旅程将先延伸到 19 世纪来品尝另一种糕点，一种在 21 世纪的今天或许可称之为巴巴“复制品”的点心。

让·安泰姆·布里亚－萨瓦兰是第一位可在历史中确定其年月的美食家，且是最伟大的美食家。他于路易十五在位期间的 1755 年出生于贝雷，1826 年殁于巴黎——并非像某些美食家死于消化不良，而是因肺炎而逝。他的死在美食界留下了一大片空白。当然，一些经验丰富的从业者有心以其名来为最精致的佳肴命名，不过流传到现在的只有一种蛋糕，起初叫作布里亚－萨瓦兰，后来就只叫作萨瓦兰。

1845 年路易－菲利浦执政时，巴黎城中开了一家最好的糕点店，就是在证券交易所广场上，广受金融界人士喜爱的朱利安三兄弟的糕点店。三兄弟中年轻且机灵的奥古斯特从大受欢迎的朗姆巴巴中汲取灵感，以巴巴的做法“创造”出了纪念这位《味觉生理学》[①] 作者的甜点。

①该书中译书名为《厨房里的哲学家》。（译注）

发酵的面团（也就是制作巴巴的面团但没有葡萄干）以切碎的糖渍橙皮的高雅香味提味，上等面粉、奶油、蛋、盐、糖、酵母和牛奶。王冠状的模子让杏黄色的蛋糕在冷却下来以后，可在中央填入卡仕达酱或掼奶油，甚至是水果沙拉。

稍晚，著名的希布斯特会用掼奶油使卡仕达酱变得轻盈起来。我们将再提到这件事，不过在此应先知道，此类酱汁让萨瓦兰与巴巴得以有所不同。巴巴不含奶油酱汁，但可以另外搭配，萨瓦兰则内含奶油酱汁。另外，和巴巴一样，萨瓦兰也需浸在朗姆酒或樱桃酒糖浆中。

在回到 19 世纪前应该要提到另一种蛋糕，同样是巴巴亲戚的红酒海绵蛋糕。这种蛋糕是波尔多的美食，是种与可露丽不同类型的糕点。想象一下有人叫你用发酵面团做了布里欧或巴巴之类的蛋糕，并在出炉时迅速脱模，然后，马上将热腾腾的蛋糕整个泡在装有上等甜红酒的罐子里。念上一段圣母经后，沥干蛋糕即可食用。

你会大吃一顿。虽然名称看来不怎么样，但红酒海绵蛋糕可以非常高贵，只要选一瓶上等佳酿。

玛德琳的故事及传奇

玛德琳是没有鲜奶油或果酱装饰的柔软蛋糕，大小恰可握于掌心。其专用的小型模具为六个对六个连接在一起，形状仿佛拉长的扇贝。

就算不把普鲁斯特赋予玛德琳的文学荣耀（已变为陈词滥调）列入计算，也真的少有其他蛋糕能让人花费那么多墨水。而且，这种糕点的大小总让人一不留神就吃下不少。

或许我们能在此提供不同作者对玛德琳来源的说法，让诸位爱好美食者做个判断。但至少，大家都知道这美味来自洛林。

最早的说法是，玛德琳是一种中世纪的基本款布里欧，以真正的扇贝壳做模具[①]，当时是为了前往西班牙圣地亚哥－德孔波斯特拉主教座堂的朝圣者而准备的。但这种说法只能解释模子的大小形状，亦无任何证据可证实此一说法。

玛德琳面团

在一深盘中倒入 10 盎司糖、9 盎司面粉、擦碎的柠檬皮（1

---

①相传当时前往圣地亚哥－德孔波斯特拉的外国朝圣者都会从当地带回贝壳，以证明自己确实到达过圣地，因而朝圣者又被当地人称为“贝壳佩戴者”。（译注）

个柠檬)、2汤匙恩代烈酒[①] 及10颗全蛋[②]。混合搅拌这些材料约5分钟后，再加入10盎司的澄清奶油，用木匙将所有的材料好好搅拌12分钟，然后，把材料放入涂了奶油的模子或正方形的模子里进行烘烤，以便稍后切割。将面团放入炉中，以低温[③] 烤2小时。

《迪朗大厨》[④] 第一版，1830年

普鲁斯特的玛德琳

……这滋味，就是我在贡布雷时某一个礼拜日早晨吃过的小玛德琳的滋味（那天我在望弥撒前没有出门），我到雷欧妮姑妈房里请安，她把一小块玛德琳放在不知是红茶或椴树花茶中浸过再送给我吃。刚才看到小玛德琳时，我还想不起这件事，等我尝到味道，往事才浮上了心头。或许是因为虽然没再吃过，却常看见在糕点铺中的陈列架上，于是它们的影像早已脱离了贡布雷的那些日子，而与眼下的日子连接了起来；或许是因为这些记忆被遗弃在回忆之外太久，无一能追寻，全都崩解殆

①可试试橙花水。

②现在的做法是将蛋黄和蛋白分离，将蛋黄与糖混合打至起泡，将蛋白打发。

③在无调温器的状况下可置一张纸于炉中测温，纸应焦黄而非燃起。

④朗格多克人夏尔·迪朗（1766—1854年），与年纪较轻的卡雷姆并列为当时最好的厨师，也同为伟大君主的厨师。后来他在尼姆开了间餐厅。迪朗既是创新者也是简化者，是最优秀的糕点师也是法国布尔乔亚传统名菜之父。

尽了。形状，一旦消逝无踪或黯然沉睡，便丧失了足以与意识汇合的扩张能力，就连铺子里那些小小的扇贝也是如此，虽然它的模样那么丰腴性感，虽然点心的四周还有那么规整、那么一丝不苟的褶皱。……

当我一认出姑妈给我的、在椴树花茶中浸过的玛德琳的滋味（虽然当时我还不明白，到了后来才重又发现这个记忆为何会让我感到如此欢喜），她房间所在的那栋临街灰色老宅便像舞台布景一样呈现在我眼前，而且与另一栋面向花园小楼相邻，那小楼原是为我父母亲而建的……

马塞尔·普鲁斯特，《去斯万家那边》

还有另一个传说。1661 年，一个名叫玛德琳·西莫南的人是封建领主雷茨大主教让－弗朗索瓦·保罗·德贡迪的私人厨师，她被派到科梅尔西城堡中任事。这位贪爱美食的高级教士甚爱享用玛德琳做的小蛋糕，而这些小蛋糕后来就成了“玛德琳蛋糕”。

另外一个故事同样发生在科梅尔西……但却是在 1755 年。照惯例，故事发生在一场盛大的宴会中。这一天，斯坦尼斯瓦夫的糕点师在厨房中吵架，辞了职且把工作扔在一旁不管。很幸运地，一位年轻女仆挽救了这场宴会，她拿根汤匙搅拌搅拌，打几颗鸡蛋，做出了祖母教过她的糕点。斯坦尼斯瓦夫的宫廷为这金黄且入口即化的蛋糕深深着迷，此蛋糕即将成名，而这女孩名叫玛德琳。

无论如何，玛德琳已是科梅尔西的特产，不过目前此地仅有一家正式的生产商。他们把玛德琳装在用细榉木皮做成的椭圆形特别盒子里贩卖。另外也有玛德琳公会，会在每年 6 月 22 日举行盛大的聚会。

此外，有一个现今仍在流传的“情报”说，是塔列朗的厨师阿维斯将速成蛋糕的面团放入贝壳状的花式肉冻模中做出了玛德琳。他以情人的名字为这甜点命名。

甚至大仲马也在他的《厨艺字典》中为玛德琳献上了三页之多的笔墨，他很肯定地说“此道食谱来自玛德琳 · 波米耶，她是佩罗坦 · 德巴尔蒙夫人的前任厨师，已退休，靠年金生活”。这段文字在文中用斜体字标明。他提供的食谱有点过分细腻。我们省去了这一段，但应向好奇的人指出，著名的语言学家阿尔贝 · 多扎在其《词源字典》中也采纳了这种说法。

至于玛德琳形状的成因，具有可靠依据的解释仍尚待提出。

洛林千层酥的后继者

来到洛林就不能不提到著名的洛林猪油咸肉塔。这种咸糕点的名称来自德文的 Kochen（蛋糕），其实也是由同样知名的“洛林煎蛋”所构成：将鸡蛋打散和以鲜奶油及肥肉丁，倒入特别场合专用的千层酥皮中或日常的面包面团里。洛林猪油咸肉塔大概是在洛林的路易丝和法国国王亨利三世结婚时所创，但要到 18 世纪末才普及——自然是斯坦尼斯瓦夫·莱什琴斯基的功劳。

啊，提到千层酥就会想到可颂（croissant，新月）。就像布里欧、巧克力面包和通常是苹果馅的修颂一样，可颂是面包师和糕点师的共同产品，我们多半称这类产品为“维也纳风格的糕点”。

若说源自启蒙时代，于 1780 年出现在若古的《字典》中的修颂是有着糖煮水果夹馅、用真正的千层酥皮做成的半圆形糕点，那么可颂和巧克力面包就是用发酵的千层酥皮面团做成的。

这些糕点都非常好吃，不过，洛林和奥地利的首都，与法国早餐之傲可颂间的关系为何？令人惊讶的是，答案在土耳其。

虔诚的千层酥

17世纪及18世纪，在上流社会的人家里，倔强的待嫁女儿或不忠的妻子会被父亲或丈夫托付给修道院，让祈祷来恢复其最美好的亲情及爱情。此一救赎方法令功能类似旅馆的修道院获得了丰厚的收入。

通常来说，尤其是在巴黎，这些被幽禁的女子仍主持着社交沙龙，握有制作秘方的隐修院修女则提供各色美食。这仿佛是一本潜藏的最佳甜点指点索引。因此，斐扬派修女的糖面千层小糕点声名大噪并流传至今，且因之名为斐扬千层酥。修女之间也开始互相交流食谱，我们可在拉瓦雷纳的《法国糕点师》（1653年）以及梅农的《厨艺新论》（1739年）中找到这些食谱。

由塞维涅侯爵夫人的祖母创立的圣母往见会修女提供了原味和杏仁口味的小舟状糕点食谱。而一直都是杏仁口味的卡仕达酱小塔则要归功于乌尔苏拉会修女。不过，名为“耶稣会修士”，内含杏仁奶油馅，外裹巧克力的三角千层酥却是由一位佚名糕点师创造的，灵感来自耶稣会修士的黑色三角帽。虽然贪爱美食为善良灵魂之罪愆，但修女们所创作出来的美食名单也非常之长。

1683年，维也纳被奥斯曼帝国大维齐尔[①]卡拉·穆斯塔法围困数月，在居民即将饿死之际，由洛林的夏尔与波兰国

①奥斯曼帝国苏丹以下最高等级的大臣，相当于宰相。（译注）

王扬三世·索别斯基率领的军队拯救了他们。土耳其人逃走，留下了咖啡及面粉存粮。土耳其人的存粮被分发给维也纳的居民，有位当地的抵抗英雄恰巧是面包糕点师，他用面粉做成了新月状的糕点给大家食用——新月正是奥斯曼旗帜上的标志。自此以后，我们可以说在维也纳的咖啡糕点店能享用世界上最好的早餐了。美味无比的可颂和咖啡！

而在接下来的那个世纪，波兰的逊位君主、变成洛林人的斯坦尼斯瓦夫·莱什琴斯基，把女儿玛丽嫁给了路易十五。这位公主也是位美食家，她爱极了塞满家禽胸肉，佐以洋菇白酱的小小肉末千层酥（在梅农的《布尔乔亚女厨师》中载有一份极美味的食谱），这道菜后来被取名为“（王后）鸡肉一口酥”。经过自然而然的简化，这道作为前菜的咸糕点已成为经典且发展出一些小小的变奏。在19世纪，卡雷姆将个人独享的一口酥变成了众人分食的鱼肉香菇馅酥饼。

肉末千层酥

首先要做好千层酥皮。取一些小牛腿肉片及等量的牛髓一起剁碎，将欧芹、葱及洋菇剁碎加入，再加上2颗全蛋、盐、胡椒并调入4品脱鲜奶油。尝尝调味是否恰当。准备好烤盘，将分成小块的面团擀薄至硬币的厚度，将馅料放在面皮当中，再用另一面皮覆盖。将馅饼放入炉中烤至金黄。在烘烤馅饼的同时，将鸡胸肉穿在铁钎上烤好，剁碎。取一锅，加入半升上等高汤、一小束综合香料植物及少许奶油，将高汤收至四分之一的量。取出香料并加入鸡肉及些许盐，加热但无须煮沸，加入3个蛋黄及鲜奶油使汤汁黏稠，再加入柠檬汁。然后，自烤炉中取出馅饼，除去其顶上的面皮及肉馅，以鸡胸肉代之，每个1匙，再将去掉的面皮重新置于其上，趁热进食。

梅农，《布尔乔亚女厨师》，1774年

既然提到了一口酥，不能不提及“爱之井”的历史：樊尚·拉沙佩勒是启蒙时代后半期最伟大的厨艺及糕点制作革新者，腌酸菜及烤牛排的创始之功得归于他（但这是另外一段故事了），他就像探险小说中的主角般令人惊讶。

拉沙佩勒可能是位随船厨师，年轻时在东方旅行。满怀阅历及智识的他于1730年返回伦敦，在英国著名的政治人物，第四任的切斯特菲尔德爵士家中帮佣。

三年后，拉沙佩勒以英文出版了《现代厨师》，随后又推出了法文版本。《现代厨师》的出版极为轰动，不只是因为书的大小——八开本四大册，附有十二幅大图版的插图（120厘米 ×28.5厘米），还因为其内容。书中猛烈攻击了同侪且不讳言剽窃了某些食谱，拉沙佩勒在序文中直截了当地声明，因烹饪“现今完全改变”，故需要全新的规则。

随之而来的是两派持锅者的论战，一是传统的法国学派，一是革新的英国学派。法国派胜利，但或多或少付出了一定的改革为代价。

而由拉沙佩勒提倡的“可放在您口中”的小糕点，则在英吉利海峡两岸大受欢迎。这种小蛋糕很精致，名称却掀起了不少波澜：“爱之井”的英译为 well of love。啊！老天！Oh！ My God！这是何等的羞耻！ Shocking！天大的丑闻……可是，糕点却卖得很好。想想古斯塔夫·库尔贝的画作《世界的起源》（描绘女性的私处）。明白了吧？现在想象一下在 1733 年的某一天，你的盘子里有一块千层酥皮做成的一口酥之类的东西，没有盖子，填满了果酱……

此物中的猥亵成分很快就被大家完全遗忘了，因为在下一个世代里，焦糖化的朗姆酒卡仕达酱取代了果酱，一口酥也被抛弃，代之以更方便制作的小塔。亦因如此，今日的贵妇仍得以在高级的下午茶店中，继续品尝“爱之井”。

19世纪：卡雷姆及民主糕点的时代

法国大革命将逃过断头台的贵族扫地出门，曾为特权阶级服务的人则成了失业者。在贵族家中准备餐饮的人想尽办法转业，许多厨师和糕点师都渴望能在商业机构中发挥长才。

对财力充沛的膳长来说，开间豪华餐厅比较简单。例如在国王的胞弟普罗旺斯伯爵、未来的路易十八家中任职的名人博维利耶。餐厅这种东西自上个世代起就已蔚为风尚，开设餐厅并不困难，但糕点店仍属罕见，要不就得像上世纪拉格诺的店面一样附属于烤肉店。因此对于巴黎或外省居民来说，在自家附近发现展示糕点的橱窗可是件让人无比惊喜的事。当然，店要开在上流人士居住的地方。但即使最优秀的糕点师把店开在最富裕的地区，还是有许许多多的人为其魅力而不远千里前往。这种风气开启了美食的黄金时代。

那时候已有许多代代相传的老店，或是父传子，或是老板传给员工，但都无法与贵族膳长的店相抗衡。

拉格诺的杏仁小塔[①]

将数颗鸡蛋 / 打至起泡 / 在起泡的蛋汁中 / 加入特选的枸橼汁一滴 / 倒入 / 上好的甜杏仁浆 / 将牛奶鸡蛋烘饼的面团 / 填入塔模 / 用灵巧的手指将杏桃 / 嵌在模子边 / 将发泡的鸡蛋慢慢地倒入模子中 / 您的慕斯就倒在井中 / 然后将这些“水井”放入炉中烤至金黄 / 出炉时如群畜欢然而出 / 这就是 / 杏仁小塔。

埃德蒙·罗斯丹,《大鼻子情圣》,第二幕第四场

巴黎最古老的糕点店值得一提:位于圣伊莱尔山街,由一个名叫迪加的人于1669年创立。这家糕点店以某种《圣经》式的家系延续了长达三个世纪,一直到第三共和国时期!在18世纪90年代,其业主为科舒瓦,人称“名人”科舒瓦。科舒瓦的厨师长让德龙后来自己在小场新街开了一家店并雇用了卡雷姆。瞧瞧这段意义重大的历史!后来,取代让德龙的厨师有位妻子,这位妻子“吃掉”了店里的资金——非因贪食,而是因为爱打扮。这位妻子因为购买服饰而毁了丈夫,

①塞普勒斯人拉格诺是路易十三时代真实的历史名人,身兼糕点师、诗人、喜剧演员数职,1608年出生于巴黎,1654年逝于从前跟随莫里哀剧团时走访过的里昂。他的店坐落于圣多诺黑街及枯树街的街角,宾客满座,文人和火枪手常至此参加公众评选赛并大啖美食。罗斯丹剧中的情节纯属虚构,拉格诺亦非如1853年的《法国烹饪大字典》所述,是杏仁小塔的创作者。

并迫使丈夫将店出售，让这家店的声誉自此难以恢复。直到利埃万把店收回，发挥其专业技术，才重新让这家店振作起来。

而在大批的宫廷叛徒中，最有名的莫过于路易十六的糕点长雅凯。极为谨慎的他先花了一段时间让人淡忘自己，一待情势稳定，马上就在孚日广场附近的蒙马特水沟街（现今的阿布基尔街）19 号，开了一家与其过去地位相称的店面。在那儿，国民公会中的嗜甜者络绎不绝。

王室宫殿的另一家糕点店同样值得一书。此糕点店产量之庞大胜过了其糕点质量。想想看在 1815 年，在反拿破仑同盟占领巴黎的期间，这家店卖出了 12000 个蛋糕及馅饼……而且是每一天！从中午至凌晨三点，店内无时不宾客盈门。

我们也没忘记前面提过的名人乔治。他年轻时在大君王糕点店的橱窗中展示了一座特殊的甜点高塔，来自全巴黎的观赏者不绝于途。乔治的作品重现了 1779 年的格拉纳达海战。

我们还要对两位朋友致以小小的感谢。他们是萨瓦比斯吉的专家，伯诺开店于圣多诺黑街，塔佛开店于圣玛格丽特街。他们以太白粉取代了面粉，让这种蛋糕自此变得越来越轻盈。

事实上，恰似之前数千年的水到渠成，19 世纪的糕点制作技术和知识已臻完美。每位深思熟虑的艺术家及灵巧的专业人士皆在恰当的时候出现，丰富了先辈传递下来的遗产，合组成一条生命之链……

博维利耶的旅行蛋糕

有名的博维利耶既非厨师亦非糕点师，充其量不过是位餐厅老板。然而在19世纪前半期，旅行蔚然成风，上流社会人士出远门时都会带上一个用薄铅片包裹的盒子，里面放着“旅行蛋糕”或“博维利耶”。此一想法来自普罗旺斯伯爵前膳长的学徒，他以老板的名字为这种甚为精致的蛋糕命名，并以银纸（锡箔纸的前身）来包裹蛋糕，使之能妥善保存。旅行蛋糕因此相当受首批“观光客”珍视，大获成功的程度也超出了学徒莫尼耶的预期。希望博维利耶有颁给他一大笔奖金，因为直到1860年为止，博维利耶的餐厅都垄断了这种糕点。尽管“旅行蛋糕”后来已不再风行，其轻盈的金属包装却风行了数个世纪。

卡雷姆，这位英雄

卡雷姆不仅是现代厨师与糕点师中的神人，也以他在砂糖细工方面展露出来的天赋而成为制糖师中的传奇。他在美食神话中首先以君临奥林匹斯山的英雄角色出场，虽然我们不禁纳闷，为何奥林匹斯山数千年以来只住着酒神，却从未有过美食之神。

马里－安托南，又名小安托南·卡雷姆，经历过英雄般的命运。首先，他那美如天成的名字便是造物主的神来之笔，也自然而然具备了市场营销的魔力。

小安托南·卡雷姆的人生由谷底开始：他是一个整天操劳、所得微薄的粗工酒鬼的第十五个孩子，也是老幺。大概于1783年6月8日出生在工地的简陋小屋中，地点则很确定是在桶槽街的高处，后来乐蓬马歇百货公司就在此拔地而起。

无力抚养他的父亲在十年后抛弃了卡雷姆，把他丢在曼恩河城门（未来的蒙巴纳斯车站）的荒地，那里散落着几家低级咖啡馆。传说卡雷姆的父亲把他丢弃在坑坑洼洼的马路上之前，花三毛钱给他买了顿晚餐，并对他说："……去吧，小家伙，或许今晚或明天有个好人家会为你敞开大门，去吧，带着上帝所给你的。"①

我们现在知道上帝不但赐予他许多，也看顾着这可怜的娃儿：卡雷姆被附近一家烩兔肉店的老板收留，这老板也因此为后世所知。卡雷姆在店里削了几年的胡萝卜和洋葱，然后，不知为何，或许是厌倦了炖兔，或许是厌烦了在困难时期炖猫……在十五岁的一个早晨，他走出曼恩河城门，希望到一家一流的糕点店中当学徒：这是巴伊先生的店，在薇薇

① Joseph François Michaud, *Biographie universelle ancienne et moderne*, Paris, 1811.

安街。他马上雇用了卡雷姆。

三年后，晋升得很快的卡雷姆被任命为“第一馅饼师”。也多亏了巴伊的盛情——他应该察觉了这个从天降至他店里的小男孩的特殊才华，卡雷姆可以在王室图书馆（未来的国家图书馆）的版画陈列室中花许多时间研究和摹写世界各国的纪念性建筑物，以便之后用糖、牛轧糖、小杏仁饼或蛋白霜，甚至是猪油来重现它们。

奇怪的是，从来无人提出这样的问题：这弃儿在何处、在何时，又是如何学会阅读、写作、编纂及设计的，更别提历史和地理？而他在回忆录中也从未说明。

卡雷姆只叙述道：“……他（巴伊）对我相当信任，将客户订制的甜点高塔交给我制作。我的素描若不能以糕点来重现那还有什么用呢？因此，我非常仰慕这位可敬的人物，他给了我成为工匠的第一步和所有方法。”

甜点高塔

1694 年，法兰西学院的《字典》中出现了 pièce de pâtisserie 这一词组。之后，1807 年，格里莫·德拉雷尼尔在其《美食年鉴》中提到了 pièce montée（甜点高塔）。

这是一种既庞大又壮观的甜点，若干糕点会从蛋糕或糖果做成的底座开始往上堆叠，或是固定在金属骨架上，如今还有塑料骨架。

自古以来，人们便以各类叶子、花朵、水果、珍贵的餐具、照明工具来装饰节庆时的餐桌，有时候还会用在炉中“干燥”的面包面团来制作雕像，用真正或模拟的蛋糕或馅饼来装饰，这在前面已经提过。

文艺复兴时代的意大利糕点师，尤其是像德拉·皮尼亚这样的威尼斯糕点师，创造了一种令人赞叹的砂糖欺眼画，风格或写实或艺术。拔丝砂糖细工也不应被排除在外，这些最常组装在骨架上的艺术品是用糖锭制作而成的。糖锭是一种以极细的砂糖、淀粉、西黄蓍胶（如今使用吉利丁）做成的混合物，不可食用，但可模塑或雕塑。而 17 世纪宴会上的甜点高塔则仅是由水果蜜饯组成的金字塔。

素来亲近自然的英国人在伊丽莎白时代末期也制作所谓的“甜点高塔”（文献中以法文标示），当时使用了各式水果、花朵、着色小杏仁饼（用杏仁糊混以糖浆）做成的小鸟，并以艺术式手法排列在轻木架上。

一般皆认为，卡雷姆是著名的装饰用糖锭甜点高塔的发明者，他的作品重现了浪漫的建筑废墟。然而，当昔日弃儿还仅是个卑微的小学徒时，拿破仑已为当时的一流人物敞开了厨房大门，期待其能为自己家增添光彩。

就这样，糕点长勒博大出风头，他在法兰西共和历每一旬第五日的官方大型舞会及上流社会的晚宴中，以威尼斯风格制作特别的甜点高塔，描绘出法军的壮盛军容：洛迪桥行军、塔利亚门托桥行军，尤其是阿科莱桥行军——桥梁的花样极为壮观，许多历史画家也以其入画。关于这些受人瞩目的作品，各大报皆以感动的语气报道着勒博先生创造的这些奇观，而他使用了拔丝砂糖细工、比斯吉、牛轧糖，当然还有糖锭。

不过，在勒博踏入波拿巴—博阿尔内家族前，薇薇安街的巴伊先生已经在为权贵制作类似的甜点高塔，或许没那么壮观，也缺乏精彩的新闻图片可供参考。[①]

因此，不失审慎的想法是卡雷姆在巴伊的店中习得了甜点高塔，而且学生很快就超越了老师。

“能干的糕点师所提供的甜点高塔都是些松脆甜点：牛轧糖、巴巴、夏洛特、凉亭、里拉琴、灯塔、皮球，这些东西不只是堆高起来而已，而是堆叠在糖锭底座上，拔丝砂糖细工在这个底座的部分扮演着相当迷人的角色……”路易·奥多在其1864年的《美食家必备之书》中这么写

①时髦年轻人碰面的著名的弗拉斯卡提舞会也展示这些甜点高塔，不过是二手的。

着。[①]croquembouche（松脆甜点）这个词于1814年首次出现在熟练的理论家、“名人”博维利耶的笔下。虽然他不是制作者，但他编纂的《烹饪者的技术》是19世纪最早的关于厨艺的严肃之作。

一如其名所示，松脆甜点是应该能在口中发出脆响的甜点，起初是种覆上焦糖的小巧蛋糕。之后，根据各种可能，从卡雷姆开始，大家都把这些覆以焦糖的小蛋糕（所以是黏糊糊的）摆在奶油或甜面团做成的底座上，并用奶油夹心蛋糕或糖衣杏仁加以装饰。自此以后，这种圆锥式堆叠法被冠以croquembouche之名，为众人熟知。用来组合小蛋糕，之后可撤去的金属网骨架同样也被称为croquembouche。

一般认为，年轻的卡雷姆在贝尔蒂埃元帅的宴会上创造出了第一个被称为croquembouche的甜点高塔。之后，从美好年代开始，便只使用小泡芙来制作甜点高塔，而且总是堆叠成金字塔状。甜点高塔于是成为社会及家族节庆大餐必备的结尾点心。

至于一直出现在我们餐桌上的各类松脆甜点，则变成了花式小点心、晚宴小蛋糕、极小巧的甜点等，可从糕点店、

①路易·奥多（1782—1870年）是发行人兼书商，也是《城市及乡村女性烹饪者》的作者，这本书是整个19世纪使用人数最多的食谱，而且自1830—2012年都不断被再版及改写。

熟食店或大卖场的冷冻食品部门购得。

花式小点心的大芭蕾舞剧

> 饭厅就是剧场，厨房就是后台，而餐桌就是舞台。这剧场需要规划，这舞台需要装饰，这厨房则需要机器设备。
>
> 沙蒂永－普莱西，《19世纪末的餐桌生活》，1894年

早先，在贵族及上层资产阶级家中供应的friandise（甜食），是17世纪、18世纪主持沙龙的贵妇为受邀的美食家们所准备的点心。

到了1796年，虽然革命时期的气氛依然严峻，社交活动却复苏了，此时出版了一本优雅的烹饪书籍，正好叫作《甜食手册》，也成了当时新富阶级的文献依据。当时的人亦称甜食为mignardise——参考画家米尼亚尔的逸乐之作。

没有什么过时的东西能够胜过正在流行的事物。此书一出版，在上流社会人士的会话中petit-four（花式小点心）立刻取代了friandise。friandise已失去其优越的地位，指的不过是儿童或家中宠物的小甜食。

卡雷姆绝对不能被视为花式小点心的“发明者”，花式小

点心是在他之前已有的东西。不过可以肯定地说，在他之后，croquembouche 再也不同了，构思、制作技术、味道、形状及呈现方式……通通更为细腻。享用这些一口大小的美食时，应能感受到“真正的味觉之丰富”（卡雷姆语），并在点心中发现味觉和由外观诱发出来的欲望之间的完美和谐。

花式小点心有时仅是经典蛋糕的微缩版，但也有纯粹的创作，并有干式花式小点心、新鲜花式小点心、糖衣水果、杏仁糊等的区别，这些花式小点心都是甜的。也有咸的花式小点心，鱼肉、奶酪、肉类等口味，不过始终属于面粉类糕点，因为它是小馅饼的继承者。

为什么是 petit-four？

petit-four（小炉灶）这个词正好出现在文艺复兴时期之后。

那时，在专门店及家庭中，用砖石砌起来的炉灶并无任何调节或控制温度的方法。当炉灶烧得极热时，当时人会说 grand four（大炉灶），也就是“大火”（grand feu），意味着炉中之火烧得极热，可在此时将大型肉块递进炉内烧烤，因为需要高温的旺火才能将肉迅速烤好。

不过，若要烹饪精致的菜肴，如鱼类或蛋糕时，则需要等些时候让温度降低，当时人便说是 petit four（小炉灶），也就是炉灶中的火炭转为“小火”（petit feu）之意，可用于文火慢炖。

就这样到了法国大革命，同业公会的特权被取消了，贵族厨房中的雇用工作也消失无踪。大家都目睹了这样的改变。不过，虽然在沙龙里享受甜食的社会已然消逝，另一个新兴且毫不做作追求享乐的社会却也随之建立了起来。金钱不过是换了手。于是，专卖店如百花盛开般纷纷开业，投入这种既快速又容易的买卖。

先是熟食店兼烧烤店老板，然后是猪肉食品商，他们收回了制作咸味花式小点心的权利，许多昔日糕点大厨转而生产介于传统糕点及糖果之间的甜味美食。为了与众不同，这种全新的商店便称为 pâtisserie de petit four（小炉灶糕点店）。

1880 年，著名的烹饪老师古斯塔夫·加兰记录了数百种花式小点心，其中许多种点心的名称极富魅力。巴黎高级住宅区帕西的糕点师保罗·科克兰，别名“老大”，则创作出三十余种的花式小点心，皆以女子名命名之。

花式小点心、糖衣水果、翻糖

今日，花式小点心是糕点制作的一个重要范畴，在招待会、冷餐酒会及鸡尾酒会中，总能见到其身影。对于一场精致的筵席来说，如果不上咖啡（和小块的巧克力极登对）的话，一盘子的花式小点心会伴随着甜点一起呈上，即便后者是由糊状甜点或面粉类糕点所构成。当然，它们也是下午茶的精美辅助品。

大部分的糕点店都提供了众多选择，而糕点制作产业自19世纪中期起也一直在开发这座美食矿藏，亦别忘了现今优良的冷冻点心。

多半为工厂制品或半工厂制品的干式花式小点心食用起来最方便，因为容易保存。所有人都吃过以杏仁、蛋白霜为基本材料的千层酥饼干及油酥饼。像比斯吉那样的海绵蛋糕块则可做成夹心或裹上各种材料——巧克力、果酱、杏仁糊、糖杏仁、翻糖等。

新鲜花式小点心除了要冷藏、保存期限还不得超过24小时，属于手工业或个人工作室。贩卖方式通常以件计价。与一般的正常尺寸的古典蛋糕相比，新鲜花式小点心的制作过程甚长且极精密，需要高质量的一流材料，且绝对依赖冷藏生产线。还需要制作者的完美技巧及对细节的分外注重。

在做翻糖、冰糖及巧克力覆面的“简约”装饰糖面时需要高超而熟练的技术。事前还要先做好各式各样的基本小糕点：奶油夹心蛋糕、海绵蛋糕、蛋白杏仁饼、泡芙面团、油酥饼面团等，然后再将一小匙的配料置于糕点中：不同香味的酱汁、甘纳许或吉安杜佳（榛果巧克力）、杏仁糊、果酱或水果蜜饯等。

糖衣水果通常用的是干果、椰枣、李子，有杏仁糊夹心或覆以杏仁糊，千万别把它跟水果蜜饯混淆。糖衣水果常与花式小点心一起放在折起来的小纸盒中呈上。

翻糖创于1824年，是伦巴底人街的勒穆安饼店的工头，一个叫吉莱的人发明的。糖面的加工出现于1830年，亦使糖栗子在1835年得以面世。1840年，加入翻糖的花式小点心诞生。

依历史而变化的糕点制作

十七岁时，因为在巴伊的店中已没有什么可学，卡雷姆便于1801年离职，进入前述的让德龙的店中工作。契约中明列，卡雷姆可以在大资产阶级的家中做他想要做的“额外工作”，一如今日的“自由工作者”。资产阶级的凯旋时代已然来临。

“一年之后，在1802年，我完全离开了糕点店，好去做我自己的特别工作。在很短的时间里，我这一行里最值得称道的人物皆让我享有他们的重视及善意。我赚了许多钱，而光这件事就证明了，比阿谀奉承更好的是，在我的工作中，我拥有一些受人喜爱且让我成名的独到创新之处。”将近三十年后，卡雷姆在其烹饪的巅峰之作《巴黎的烹饪者或19世纪的法国烹饪术》（1828年）中带着小小的骄傲写道。

1797年，前欧坦主教夏尔·莫里斯·德·塔列朗－佩里戈尔被第一执政任命为外交部部长，直至1807年才卸任。当时的毒舌派说，美食是他唯一不会背叛的事物。这一点波拿巴非常清楚。

在康巴塞雷斯的建议下，皇帝选择了塔列朗，不仅因其外交才干，亦因如此便可让自己从一项苦差事中解脱出来：每月四次，以政府之名，“瘸腿的魔鬼”须邀请三十六位宾客参加晚宴，宾客选自回归的流亡贵族、高级官僚、外国使节及盛装的贵妇等。如今情势已大为好转，而就像以前担任第一执政时一样，皇帝对繁复餐桌礼仪的嫌恶日甚一日。

因此，在过自己的放纵生活前，年轻的卡雷姆常常陪同老板巴伊到部长家中装设他精心制作的甜点高塔。

若卡雷姆没有倾听将把他的名字与塔列朗联系在一起的命运之声，这个昔日的小厨子就只不过是位“有钱的”师傅。不过，卡雷姆一直有个清醒的头脑，他在1803年末时开了一家自己的糕点店。店址位于和平街，一条从此大变样的和平街。

从商很快让他手头拮据，但自法兰西第一帝国成立时便投身于糕点店（非常非常受欢迎的糕点店）经营的卡雷姆，此时已为步步晋升的塔列朗所知。

两位非比寻常的人物之间很快就建立起了互信、真挚和友好的关系，而为了法国厨艺（他们的共同信仰）之最高荣耀，他们更成为真正的伙伴。无论如何，尽管生活的环境完全不同，他们都是同一种人。我们怎样也无法非难他，这个表里不一，却始终全神贯注于其专业、用心揉练其绝佳品位的卡雷姆。虽然他追求自身的利益，却相当正当。

糕点外交

在1804—1814年，即拿破仑一世加冕至波旁王朝复辟的前一年，卡雷姆为塔列朗服务了十年。这是他一生最幸福的时期，他也让自己的专业更为精练并成了名。

外交部的美食服务依照着旧政权的习惯而组织了起来，身为真正贵族的塔列朗深谙此道。卡雷姆则从中学到演出餐饮的方法。无论重要与否，每一场盛宴皆有其仪式，故应生动地塑造出与欲传达的信息相关的装饰。私人宵夜应激起深刻的情感及秘密之乐。正式的大型晚宴应展现出邀请国的慷慨大度，并依照受邀者的重要程度加以尊荣之。

桥上的中国楼阁

桥应该做成白色的，略带点开心果的绿色，装饰桥的带子用黄色，圆柱的底座和柱顶盘用柠檬黄。圆柱和屋顶仍应以开心果的绿色来制作。长廊、柱头、十字窗框及小楼阁的顶饰用柠檬黄，帷幕及墙饰用粉红色，流苏和饰品用黄色。

由卡雷姆撰写并绘制插图的《如画的糕点》，1815 年

糕点仍然是整体战略的秘密武器。但假使比菜单中其他菜肴更重要的甜点高塔和壮丽炫耀的蛋糕构成了宴会中的要角，也不应忽略了美妙的桌巾、珍贵的餐具及炫目的餐桌装饰。依循法国前王朝的最佳传统，卡雷姆学习着如

何得到赞叹。

我们可以说，卡雷姆的烹饪和糕点全都刻上了当时的时代精神，可称作帝国风格：奢华与宏伟虽继承自旧政权，但用可形容为“古典”的精神来加以重新诠释。凭着优雅及精确，他去除了无用的卖弄，也改掉了昔日因辛香料无章法的使用而让菜肴沉重累赘的缺点。

1812 年，受到拿破仑怀疑的塔列朗退职在家，“技术性失业”的卡雷姆悲伤地回忆起昔日在首相家配膳室中的工作：“与此行中最有能力且酬劳最高（原文如此）的人一起工作，并使用最高级且最健康的食材。”

于是，卡雷姆着手撰写他的糕点制作专论，并在王政复辟后出版。此书是他一系列著作中的第一本。让 - 弗朗索瓦·雷韦尔[①] 证明，这个昔日弃儿工作不辍，一方面要刻苦学习在当时极为艰难的厨艺，另一方面可能还要苦读以使自己精通文学。这位来自曼恩河城门的拇指仙童因此成为和其同时代的夏多布里昂一样多产的作家。而且他还是个了不起的素描画家！

1814 年 3 月 31 日，反拿破仑联盟的军队包围巴黎，重新回到政界的塔列朗请忠实的卡雷姆加入他刚重返的阵营，并将他送至俄国沙皇处为沙皇服务。自此以后，关于这位伟

① Jean-François Revel, *Un festin sans paroles*, Pauvert, 1979.

大的糕点师兼厨师成为“瘸腿魔鬼”的特工的传言，就一直没有停止过。

就像任何事物都有完结，国际和谈会议终于有了结果。1816 年，卡雷姆重拾了一段时间笔墨，然后才动身前往威尔士亲王处为其服务。这是一趟炼狱之旅，但不仅是因为英国菜本身，还因为未来的乔治五世正为消化不良所苦。

“所有这些辉煌的地位并不适合我。”被伦敦的雾气弄得意志消沉的卡雷姆叙述，“我这完全属法国的灵魂只能活在法国；在那里，没有优越的地位，没有野心（原文如此），我将投身于从年幼时就开始的工作，做一辈子。我敢说，我的研究对这门科学的进步来说是必要的……”

其实，当卡雷姆还在巴伊那里工作时，他长时间在版画陈列室的研究已在其糕点制作的著作或在甜点高塔的制作过程中开花结果，让他成为这方面的米开朗基罗。

卡雷姆从勒鲁热、谢罗及克拉夫特所设计的、模仿天然景色的 18 世纪花园汲取灵感。在建筑方面则追随无可争议的当代权威让－尼古拉－路易·迪朗。

在他宛如甜点目录的著作中，充满了意欲勾起其富裕顾客好奇心的铜版画片，并以染过色的糖再现建筑物复原后的模样。当然，当时并没有四色印刷，所以他在“桥上眺望巴黎”“埃及金字塔”“土耳其清真寺废墟”（桥或废墟果然大受欢迎）等画旁附上了颜色说明。

卡雷姆、挤花嘴与指形饼干

18 世纪中叶时，指形饼干（原意为匙形饼干）非常知名，梅农的著作《布尔乔亚女厨师》中记载了其做法。顺带一提，与已逝的波兰国王斯坦尼斯瓦夫 · 莱什琴斯基一样，夏尔 · 莫里斯 · 德 · 塔列朗 – 佩里戈尔的牙齿几乎没有一颗是健康的，而且在当时似乎每个人都是如此。因此，在用餐的尾声，塔列朗与斯坦尼斯瓦夫国王一样，喜欢把自己爱吃的饼干浸在马德拉葡萄酒里吃，这种饼干就是指形饼干的一种。

大家也许知道，刀叉等餐具的尺寸在这两百五十年间变小了。对于我们现代人来说，当时的汤匙真的很大。指形饼干的大小是根据汤匙的大小决定的，所以，指形饼干是因使用汤匙制作才变成椭圆形的。相对于此，各式各样的玻璃杯则没有改变，帝政时代用来喝葡萄牙马德拉葡萄酒的酒杯也与现在的大小相同。

所以，要把三根手指宽的指形饼干浸到水晶杯里，必须先把饼干弄断，冒着碎屑会撒到蕾丝襟饰和天鹅绒及膝裤上的危险，这样真的很恼人。于是有人拜托卡雷姆想点办法来解决这个问题。

时值 19 世纪，但卡雷姆不愧是卡雷姆，虽然他构想出来的装置其实十分简单。卡雷姆把装了面团的漏斗从天花板垂吊下来，只要一拉绳子，中间的面团就会像细细的香肠一样流出来，然后只要把它切断就行了。

别笑，就是因为有了这个装置，1847 年才会有个名叫奥布里奥的人，做出了我们现在所知、附上金属挤花嘴的挤花袋。把装有面团的布袋一端如管乐器的吹口般渐渐收小，再把短管状的金属挤花嘴装在上面。金属嘴尖端的样子可自由选择。利用注射器的原理，在袋子上施加压力，面团就会顺着流出来。

制作合于马德拉葡萄酒酒杯杯口大小的指形饼干时，必须考虑到面团烘烤后会膨胀的因素，选择适合恰当的挤花嘴。

接下来，轮到糕点师傅的恩人，马口铁匠特罗捷出场了。他设计出了各种尺寸的蛋糕模具，还制造了无数个以轻量“锻造”金属制作、用来烘焙塔的圆模具。同样地，特罗捷也做出带环的金属挤花嘴，使用起来方便得无可挑剔。

挤花嘴这种道具可以有各种直径、各种形状的规格。若使用扁平形、波浪形、平滑的圆形、有沟的圆形等金属挤花嘴，就可以让面团与鲜奶油做出我们心中希望的装饰形状。

19 世纪中叶，一位出身波尔多的学徒设计出了更简单、价格更低廉的圆锥挤压纸袋，如今，制作甜点的名手想用巧克力、鲜奶油或翻糖书写文字时也会使用它。只是，即使用了附金属挤花嘴的挤花袋或纸袋，要精通这种装饰技术还是必须累积相当的经验。一切都取决于动作是否正确、手腕是否柔软熟练。

在法国，指形饼干依旧与甜葡萄酒或香槟一起上桌，英国人始终认为这是典型的、令人极为动心的、深具法国风味的吃法。

“糕点的帕拉第奥”

因其不朽的甜点高塔，卡雷姆配得上“糕点的帕拉第奥”的称号。帕拉第奥是16世纪最伟大的意大利建筑家。事实上，建筑正是卡雷姆最擅长的，他热衷于探索公共纪念性建筑的秘密。1820年在维也纳，他为英国大使的晚宴制作了他一生中最有名的装饰甜点。

在这场筵席里，五座用“砂糖”与蛋白霜做成的宏伟的胜利纪念碑装饰着餐桌，并以卡雷姆式的独特风格，也就是一种让人狂喜的巴洛克风格来表现反法联军的壮盛军容。这件作品严格说来虽不能算是建筑模型，却很接近，因为只能用眼睛品尝。其中一座胜利纪念碑献给了梅特涅亲王，亲王遂回赠他一座崭新的携带式怀炉，并且是用黄金打造的。

就在前一年，俄国沙皇才把圣彼得堡的高位赏赐给了卡雷姆，不过在居留了四十天以适应这对西欧人来说的全新环境后，他觉得当地环境甚糟，对于受监视一事也感到屈辱。“即使想把我留下也是枉然，当地厨师对于我不好好利用弄到手的东西而离开圣彼得堡一事无法理解。”即便如此，沙皇并无不悦。卡雷姆停留当地时一定曾在街头各处闲晃，还为沙皇献上了“圣彼得堡建筑计划书”，沙皇则以钻石戒指作为回礼。

就我们所知,《美化巴黎的建筑计划书》全两卷出版时(1821年/1829年),法国国王路易十八并未有任何表示及反应。“本乡中人无先知”(意指要得到陌生人的尊敬比较容易)指的就是这个吧。

罗斯柴尔德的时代

詹姆斯·德·罗斯柴尔德既非王侯亦非元帅,而是当时最有名的银行家,与卡雷姆同年同月同日出生[①] 的他享受着命运的最佳恩惠。拜出生的时间与地点所赐,他得以拥有远比他的“双胞胎兄弟”更为美好的人生开端。

罗斯柴尔德思虑周密,在某种程度上已用金钱征服了巴黎,这回则决心征服巴黎人的胃袋。在那些或多或少具备影响力的人们碰头的地方中,有一处便是他家的餐桌。

从罗斯柴尔德宅邸的配膳室到餐厅,卡雷姆是处理餐点供应的最理想人选。“……这被上天守护的人……完全理解将烹饪艺术家置于仆役之首有多么重要,如此一来便能以佳肴与整体服务来提高家中餐桌的声誉。这也才是在众多大人物中获得荣誉与威严的唯一方法。”卡雷姆自信十足地做出此番

①此处作者可能存在误记,一般认为詹姆斯·罗斯柴尔德生于1792年。(译注)

结论。

在罗斯柴尔德男爵从塔列朗手中买下的拉菲特街宅邸以及布洛涅森林城堡里，都依照卡雷姆的指示备有冷藏与杀菌等相关设备，这些调理设备在当时十分惊人。厨房宽敞明亮、通风良好，能供水，并由众多女性负责这些需要具备专门知识、必须交给值得信赖之人的工作。这里看不到贫穷的孩子拖着装有脏水的桶子走来走去。

用餐时间结束后，卡雷姆常常进入客厅，接受肖邦、安格尔、德拉克洛瓦、罗西尼等宾客的称赞。爱尔兰作家摩根女士[①] 是宴会的常客，她描述着当主人要她注意欣赏甜点高塔时所受的感动："在制作得极为精巧的建筑中，我的名字用冰糖写在一根砂糖圆柱上……"而且，她也很喜欢当天上桌的"杰出精巧的"甜点："有清爽的甘甜与水果滋味的普隆比耶，取代了我们英国淡而无味的舒芙蕾……"

这位银行家的现代化烤炉与无可比拟的冷藏设备几乎没有空闲下来过，大家所熟知的罗斯柴尔德舒芙蕾亦在此完成。罗斯柴尔德舒芙蕾当然不是淡而无味的舒芙蕾，而是以大量的糖渍水果装饰，类似普隆比耶的舒芙蕾。

① Lady Sidney Morgan, *France in 1829—1830*, Ed. Saunders & Otley, London, 1831.

罗斯柴尔德华美无比的舒芙蕾

将150克切成丁的糖渍水果浸泡在100毫升的但泽烈酒中。将200克细砂糖与4个蛋黄置于瓦钵中，以搅拌器猛力搅拌直到泛白且起泡。加入75克面粉和半升滚烫的牛奶，混合均匀。将所有的材料倒入锅中，一边搅和，一边慢慢煮至沸腾，然后再煮1—2分钟。将面糊倒回瓦钵中。在2个舒芙蕾模中（每个模子为4人份）涂上奶油，并撒上20克极细砂糖。将2个生蛋黄、糖渍水果及浸泡用的烈酒加进之前的面糊里。将6个蛋白加少许盐打发至紧实，仔细地与面糊混合好。将面糊装进模子内，放入预热至200摄氏度的烤箱中。烤制25分钟后，快速地撒上冰糖霜，再烤5分钟。

《拉鲁斯美食字典》，1996年

然而，时光流逝。四十七岁的卡雷姆似乎感到体力渐衰，疲于繁重的工作。当罗斯柴尔德亲切地向他提议，问他要不要在费里耶尔的新城堡中度过平静的退休生活时，他拒绝了："我想一个人住在巴黎小小的住宅里，完成我的著作，我的书将为我带来远远超出需要的收入。"当他写完《19世纪的法国烹饪术》第一卷时，因身体状况恶化无法写字，第二卷与第三卷便口述给女儿玛丽。他没有等到第四卷与第五卷出版，这两卷由弟子普吕姆黑根据其札记与大纲出版。卡雷姆死于1833年1月12日。

关于“普隆比耶”

普隆比耶尔莱班是位于孚日山区的温泉疗养站，1858年7月21日，拿破仑三世在这个小镇会见了当时的意大利首相加富尔。传说当地的糕点师受到了嘱咐，制作出这款崭新的甜点以用于当时的官方晚宴。这是一种在杏仁浆制作的英式蛋奶酱冰激凌上，覆以掼奶油与杏桃果冻，再饰以糖渍水果做成的甜点。然而，普隆比耶已于1828年在维亚的《国王的厨师》(原书名是《皇帝的厨师》)中登场过了。1825年左右，“普隆比耶式的冰激凌炸弹(以外硬内软的冰激凌做成的金字塔形冰点)”更出现在著名冰激凌制作者托尔托尼的食谱集中。巴尔扎克也对此甜点做过描述：“晚餐的最后，端出了所谓的普隆比耶冰激凌。如各位所知，这种冰激凌加了许多非常美味的小小糖渍水果。冰激凌没有做成金字塔的形状，而是盛装在小型玻璃器皿中上桌。”

卡雷姆的遗产与其继承者

说不定有人觉得，卡雷姆的著作中所描述的华丽甜点与餐台只不过是风格的练习，实际上并没有真正做出来过。

有些人则怀疑，虽然配方做法与理论指示都相当完美，但这些装饰在技术上是否真的可行则有待讨论。

我们可以回答的是，在卡雷姆与其后继者的年代里，社交界若要如此大手笔地提供豪华的装饰甜点，相关的金钱、时间、人力等完全不成问题。许多例子都可显示卡雷姆与其对手的确制作过这些庞大的装饰甜点。但即使如此，在这些美丽的设计图中，也有许多款式实际上并没有被制作出来。卡雷姆最亲近的后继者古费也写过许多不同的提案并存留至今。

也因如此，在1984年卡雷姆诞生两百周年的庆祝活动上，许多华丽的餐台得到了正式亮相的机会，显示其并非只是这位深受塔列朗赏识的糕点师脑中的空想。

巴黎市艺术评议会将卡雷姆的作品“原样”重现，由拥有“国王的糕点师”及“糕点师之王”之誉的名匠桑德操刀制作；桑德本身是卡雷姆的亲密协助者古斯塔夫·温特劳布的直系弟子。

众所周知，桑德曾为比利时国王博杜安与英国王子查尔斯制作惊人的结婚蛋糕，令人印象深刻。这里虽仅举出这两个名字，但其实还有许多人曾委托他做蛋糕，所以他是最适合再现卡雷姆杰作的人选。

展示会在一个美好的夏日举行，地点选在布洛涅森林中最美的建筑物——著名的玫瑰园附近的巴嘉代勒橘园温室。

很多人前来参观，鉴赏这在昔日为大人物量身定做的糕点艺术，亦是法国文化遗产的一部分。

然而，从第一帝国时期以来整整两个世纪的岁月里，时代、风俗习惯与品位已经产生了许多变化，卡雷姆与其弟子的艺术甜点制作及烹饪“流派”在21世纪几乎为人所弃，就像高级定制服饰一样。原因在于，不管怎么看，要制作出这样的甜点几乎是不可能的。但即使如此，仍不该忘记，未来的技术是在继承过去的基础上发展出来的。

而这份遗产的获得者、希望成为桑德接班人（只要有王子或公主要结婚）的法国与世界各地最有天赋的年轻糕点师、制糖师与巧克力师傅，纷纷参加各式各样的专业竞赛，提出自己的杰作，以磨炼自己制作甜点的知识、技术与才能，使之更上一层楼。

就这样，时代已然改变，卡雷姆的艺术甜点已不再符合时代的要求与欲望，但这些竞赛中的辉煌之作既展现了现代精湛的技艺，亦见证了当代美学。尽管，当代美学似乎受到了远东造型艺术的强烈影响。在21世纪寿司浪潮席卷全球的刺激下，新的糕点艺术表现在简约以及令人惊异的色彩运用中，但想把富丽堂皇之物做得简单有多困难！要用糖、翻糖或巧克力来表现……

不过，请大家安心，在庆祝人生重要节日的餐桌上，有着糖衣果仁和各式小饰品，蒙着如云雾般的珠罗纱，令人怀念且深具布尔乔亚传统庸俗风格的甜点高塔，一定不会缺席。

蛋糕的黄金时代

整个19世纪几个世代下来，能在大量用人以外，全天候雇用专门糕点师的王公贵族、银行家或单纯的有钱人家越来越少了。但卡雷姆的“后继者”（卡雷姆自己也是如此）并非单纯只是糕点师。古费、温特劳布、维耶莫、迪布瓦、贝尔纳等人，除了身为完美的糕点师，也是伟大的主厨。

当然，大部分大师都留下了大量著作，但大师们的美味甜点之所以流传到今日，则要拜那些糕点师傅所赐。这些糕点师傅有些从知名的私人宅邸配膳室开始做起，慢慢累积经验，存点小钱开店，一方面在店中调教新的糕点师，一方面让店铺自豪地成为糕点艺术的保护者、支持者。

在巴黎、里昂、马赛与波尔多这些比其他地方更重视美食的城市里，19世纪的糕点师数量比现在要多得多。但在经过了约一百五十年以后，这样累积下来的“系谱”对于现今世代而言，已经不具太多意义。

因此，冒着遗漏重要店主的危险，我们就来介绍几位奠定近代糕点制作基础，时至今日仍有巨大影响力的“父亲”

吧。不仅因为他们是毋庸置疑的名糕点师，更因为那些我们挂在嘴边的糕点，恰是其创意与技术的不朽证明。如果没有这些糕点，蛋糕店的橱窗将多么寂寥——它们不仅让人赏心悦目，更让人食指大动。

在细数那些至今仍地位牢固的经典糕点以前，我们也为一些已被遗忘的糕点感到惋惜，它们当然是非常美味的糕点，但在这里就不提了，免得太伤感。话虽如此，为什么有些糕点长久以来一直都很受欢迎，有些却不是？恐怕是因为从以前到现在，受欢迎的糕点都比没那么受欢迎的糕点来得更好吃。

而且，我们也必须承认，19 世纪真是天才糕点师辈出啊！

社会主义厨师的皇后炖米

菲莱亚斯·吉尔贝出生于 1857 年，在成为一位伟大的厨师之前，他在如基耶老爹（见第 251 页）等大师手下担任糕点师。吉尔贝曾担任法国第一本烹饪杂志《烹饪之艺》的主编，并大力支持厨师社会生活的改善。如今许多仍被评为“完美食谱集”的书多半出自其手，他还将这些书的版税作为扶助高龄厨师生活的基金。吉尔贝的皇后炖米食谱（简化过的、布尔乔亚化的版本）不只在 19 世纪，在 20 世纪初也相当流行。当然，皇后炖米这道甜点并非由他所创，而是拿破仑时代的产物，但基于以上种种理由，我们绝对无法忽视菲莱亚斯·吉尔贝的贡献。

皇后炖米还是孔代炖米？两种政治正确的甜点

我们将这两道极高雅美味也时常被混淆的点心都归于卡雷姆。皇后炖米是为了致敬约瑟芬皇后而于1810年（第一帝国时期）在塔列朗家中献上的，是一种极精致的牛奶炖米。以巴伐露酱汁（加了香草的英式酱汁，并添上掼奶油与意式蛋白霜，饰以糖渍水果丁）制作，使用吉利丁凝结，以模具成形，冷食。这道点心也可使用新鲜水果。到了19世纪末，此伟大的经典之作就连家庭主妇都能亲手制作。

孔代炖米则像所有冠上此名的菜肴一样，是为了献给波旁王族或此家族最知名的成员，已逝的伟大的孔代。奇怪的是，在烹制热的咸味孔代炖米时总有红四季豆泥，而冷的甜味孔代炖米通常是用牛奶和鲜奶油制成的柔软的米蛋糕，周围还会饰以一圈糖渍杏桃，并淋上樱桃酒杏桃泥。

孔代炖米也是在塔列朗家中制作的，但当然晚于皇后炖米。毕竟继拿破仑帝国之后到来的，就是复辟的波旁家族。

社会主义厨师的皇后炖米

将125克美国的卡罗来纳米浸在煮沸的热水中5分钟，滤掉热水，用冷水冷却，再滤掉水，加入75毫升牛奶、100克砂糖、少许盐、30克牛油，再加入1个剥开的香草豆荚。

锅加盖，开小火（150 摄氏度），不要动锅，慢慢煮 30 分钟。煮到米吸进所有的液体却未破开的程度。拿出香草豆荚，将米移至大碗中，加入 4—5 汤匙杏桃橙皮果酱将米“稀释”。将 60 克糖渍水果丁事先浸在 4 汤匙樱桃酒中，加入 1 大匙糖粉，再混入米中。

制作 50 毫升的卡仕达酱，将 8 片吉利丁放入其中溶解，再加入 3 汤匙樱桃酒，把米放进涂上油的巴伐露模中，放进敲碎的冰块里。[①] 取出放在铺有餐垫的盘子中，送上餐桌。

菲莱亚斯 · 吉尔贝，《每月的佳肴》，1893 年

古费，眼不离钟，手不离秤

若说卡雷姆活跃于法兰西第一帝国时期，那卡雷姆的嫡传弟子朱尔 · 古费就是第二帝国时期的名厨。

古费生于素负盛名的巴黎糕点家族，他的两个兄弟以极尽奢华之能事的烹饪工作累积了光彩耀人的工作资历：一个在英国宫廷，另一个在圣彼得堡宫廷。其父皮埃尔 - 路易希望朱尔能够继承家业，便在圣梅里路的店里教导他。

然而，1823 年的某一天，卡雷姆在某个橱窗前停下了脚步，橱窗里陈列着糖锭花篮，牛轧糖与杏仁糖膏的甜点高塔

①今日都把巴伐露模放进冷藏库。若使用葡萄籽油，即使低温也不会冻结，可轻易将甜点从模具中取出。

则围绕在旁。平常几乎不显露感情的卡雷姆为了赞赏这件优秀作品的创作者，踏进了这家店。皮埃尔－路易当场向他介绍自己十六岁的儿子，男孩也马上被这位著名的来访者聘为“特别餐点”的助手。两个月后，古费便在巴黎市为昂古莱姆公爵举办的舞会上制作甜点。这场舞会不但有宛如一整个联队的甜点师傅殚精竭虑做出的精湛古典风格甜点，更必须与卡雷姆一同工作，在四天四夜里制作出一百个大型甜点高塔与三百份前菜，其繁复与创意令应邀前来参加市方主办舞会的七千宾客为之惊叹。

于是，出色通过试用期的朱尔·古费在七年间的每一个场合里辅佐卡雷姆，最后终于可以一手承揽杜伊勒里宫盛大的王室宴会。老师去世十三年后，他决心抽身而退，回到他的“初恋”：他在圣多诺黑郊区路上开店，并在极短的时间内就大获成功，其“甜点工厂”（名副其实）一共雇用了二十八名工匠！而其中负责制作花式小点心与装饰的，正是桑德的大伯父——年轻的卡尼韦。真是个不得了的家族！

不过，罹患变形性风湿的古费在1855年将店出让，于卢瓦尔河畔的沙里泰过起退休生活。他在那里过了好几年苦于病痛且无聊的日子。因此，1867年，古费的三个忠实朋友、三位我们熟知的美食家与作家：夏尔·蒙瑟莱、布里斯男爵和大仲马在经过短暂的讨论后，为古费准备了另外一把“椅子”——骑士俱乐部晚宴的“导演椅”。

自1835年以来，这家俱乐部就成为气氛优雅精致的美食殿堂，并在临斯克里布大道的斯克里布酒店举办过多场盛宴。令人遗憾的是，此时古费已几乎无法动弹了，而这又使得他越来越胖。其忠实的弟子卡尼韦从拉纳元帅的厨房中辞职，成为他名副其实的左右手。事实上，卡尼韦简直就像古费的使徒。拜他们所赐，不管在欧洲宫廷还是在新兴的美国暴发户中，骑士俱乐部的晚餐评价都达到前所未有的高度。

古费写了很多本书，包括《烹饪之书》(1867年)、《糕点之书》(1873年)，至今也依然是美食界的圣经。但其书却不像《圣经》那样散发出神圣的味道。在处女作的序文中，古费毫不迟疑地写下了这段话：

“在我下决心写这本书之前，曾经深深烦恼。让我犹豫多年的是：我觉得到今日为止出版的许多烹饪书都是无用的，它们几乎全都是拙劣的模仿。每一本都只是重复着无聊的食谱，其中很多还是错误的。被同样的习惯制约，犯下相同的错误……”

伟大的艺术家恐怕都有偏执狂的倾向，尤其是生病的时候。正因为他们是伟大的艺术家，所以这点可以被原谅。这些“开天辟地”者，以其各自的做法将文明向前推进。而看到古费在序文结尾加上的这样一段话：“我做得更好吗？我好好完成了这本举世期待的烹饪书吗？这应交由读者去判断。”读者愿意为这本书送上喝彩。但是……但是……各位是否注意到，像这样的“烹饪”书，也就是食谱，打从存在以来几乎就是在介绍众所周知的，或至少在谈话中多少听过的餐点与甜点的做法。对每一位作者来说，他们提出的方法都是理想的，但业余爱好者或专业人士很难在食谱中发现全新的创作，它在某种层面上仅是泛泛而谈。正如一位演奏家不管再伟大都不一定能成为作曲家，著名的古费也只想出了少量甜点。其中之一是马萨林，是将掺有奶油与糖渍水果的馅料填进布里欧面团里做成的，不过这种点心也没有多么流行。

即使如此，我们还是得感谢这位伟大的专业人士。就其教导方式或其著作中的食谱配方来看，他率先为甜点制作导入了用量与比例需讲求精确的概念，是为第一人。也就是说，要等到 19 世纪的后半叶，在卡雷姆与古费受到认可的时候，人们才会终于认识到烹饪与甜点制作不单是技术，更是一门科学。

朱尔·古费曾这么写道：“在拟订每一项基本指示时，我眼不离钟，手不离秤。”

美好的发明

用金属线做成的搅拌器约于1860年被发明。可惜我们不知道发明者是谁。自古以来，人们常用干枯的小树枝来打蛋和鲜奶油。搅拌器在20世纪初变成了机械式的，到1950年左右，则变成了电动式的。

19 世纪的名点

1807 年，菲利克斯的“失败之作”

巴伊，巴黎薇薇安路上著名的糕点师，让卡雷姆展开职业生涯的人，在退休时把店面转让给当时另一位被视为甜点最高权威的菲利克斯。菲利克斯做出了当时最受欢迎的甜点，可惜现在不但少有人想起这甜点，还把它与磅蛋糕（见第 262 页）弄混。这种甜点就是“蒙凯”（manqué，即失败之作）。

不过，当我们说蒙凯出自菲利克斯之手时，必须了解，做出这种甜点的是他的某个员工。这有点像是打胜仗的时候，大家不会说是哪一支军队获胜，而会说胜利属于那位指挥军队的将军。在这种情况下，虽然有做失败的糕点蒙凯，但失手的不是店主菲利克斯，反而是他挽救了困窘的状况。

说来谁也没想过，当粗心大意的新手没把蛋白泡打好且“变成粒状”时会做出海绵蛋糕来。菲利克斯没有把做坏的面团丢掉，反而徐徐注入融化的牛油与朗姆酒，再倒进稍有深度的模子中送入烤箱，烤好之后用糖杏仁把表面的突起遮住，陈列在店面中，一下子就卖光了。

1883年，约瑟夫·法弗在他的著作《烹饪大字典》中记述了这件事。“几天后，结账付钱的妇人大大称赞了一番那种好吃得不得了的新糕点，她问：‘那糕点叫什么呢？’店主与店员交换了个疑问的眼神：‘那是蒙凯（失败之作），夫人。’”

蒙凯大受欢迎，因此菲利克斯为它特制了模子，模子多半是正方形，边缘有三指高。在现今，比起蛋糕本身，蒙凯模子更广为人知。这说起来甚为可惜，因为蒙凯带有柠檬的香味，还覆上了柠檬味的糖霜，是种非常好吃的蛋糕。

1840年，基耶老爹覆有蛋白霜的牛奶鸡蛋烘饼

基耶老爹也是位19世纪糕点界的大人物。其中原因大家马上就会知道。但首先，请先尝尝当时的点心之王——覆有蛋白霜的牛奶鸡蛋烘饼！大家现在多半只认识面包甜点店里的“布丁塔”了，虽然不是非常好吃，却是种营养丰富的点心。

基耶老爹在拉丁区的布西街开了家糕点店，与同行菲利克斯一样，他也对老是听不进教导的学徒很头疼。1840年夏季的这天，某个学徒心不在焉，做了太多基本酱汁。这种在

当时还被称作 crème pâtissière（甜点酱汁，即日后的卡仕达酱）的酱汁可用于各种蛋糕，并会依据不同的甜点，加入杏仁粉或果酱之类的材料。

基耶老爹大声责骂这个学徒，因为材料在黄昏之前会变酸，所以他想快点用掉，不然就可惜了。他准备了约半打被称作 cercle à flan 的牛奶鸡蛋烘饼圆模，填入酱汁，撒上砂糖，却在把牛奶鸡蛋烘饼放进烤炉前，忍不住叹了口气——这样做出来的甜点是好吃不到哪去的！

于是，一位波尔多出身的新手学徒开了口，这个既不好奇地四处张望、口才也不流利的少年鼓起勇气说："如果在上头稍稍装饰些蛋白霜，看起来不是更像样吗？"

关于这位出身波尔多的少年，我们先前已经提过。他就是那个为了在蛋糕上写字，想到把纸卷成圆锥状来使用的聪明少年（见第 234 页）。基耶老爹摇着头说："那你就来做做看吧。"

年轻的肖梅特在蛋白中加入适量的砂糖并快速打发，把蛋白霜放进卷成圆锥形的挤花袋，在烘饼上做出了漂亮的皱褶。烘饼现在看起来十分美味了。接着，他小心谨慎地把自己的作品放进烤炉，稍微烤过之后，依然使用挤花袋，但改用草莓与杏桃橙皮果酱来做最后的装饰，如此便做出了覆有蛋白霜的牛奶鸡蛋烘饼，一道就像小面包一样可爱的甜点。

肖梅特继续制作直到把酱汁用完。巴黎没有哪一位糕点师不想立刻贩卖这道甜点。

如我们所知，中世纪制作的牛奶鸡蛋烘饼大多是咸的，当时被称为 flaon，这个词是由古普罗旺斯语的 flado 而来。时至今日，不论是用鸡蛋制作的卡仕达布丁，还是由工厂生产、添加凝乳酶与香料的“乳制品”，我们都称之为 flan。

> 同样地，托钵派的乞食僧、顶礼者以及不发愿的修女 / 不论他们是巴黎的家伙还是奥尔良的家伙，是男丑也好，是女丑也好 / 谨献上油腻的多明我会浓汤与牛奶鸡蛋烘饼……
>
> 维庸，《大遗言集》，1462 年

1840 年，希布斯特的圣多诺黑

有人说国王的出生年份是 1846 年或 1847 年……哪位国王？我说的是糕点中的国王。它被冠以糕点及面包从业者的守护圣人的名字（圣多诺黑），作为顶级糕点之象征无须细述，它也是法国人欢度佳节的糕点。

然而，当这种蛋糕在巴黎圣多诺黑街的名店——希布斯特之家问世时，完全看不出来它将成为举世闻名的法式糕点。

圣多诺黑原是一位年轻糕点师奥古斯特·朱利安的作品。朱利安来自某个为19世纪贡献了诸多人才的家族，这我们在前面已经提过。

这种以华美轻盈而在今日大受欢迎的蛋糕，起初就像是环状的布里欧，环上又冠以布里欧小圆球，让人联想起伯爵冠上的珍珠；蛋糕的中心则填入卡仕达酱。因为这个有点难消化的试验之作并不像件成品，便改用质量佳却很容易变酸的掼奶油制作，却因此让海绵般的布里欧面团被浸得稀稀烂烂的，必须反复尝试才能做出成功之作。

这正是奥古斯特·朱利安做的事。他重返自家的糕点铺，与兄弟一起做了许许多多的尝试，以期做出稳固的蛋糕基部……或许还是不能防水，但无论如何是轻盈的，且不容易变软。总算找到解决方法了，虽然此方法在接下来数年后才臻于完美。当希布斯特继续贩卖容易变软的圣多诺黑（往往从店里带回家放在桌上就散掉了）时，朱利安想出了用较干的酥面团做基部，在其上放置环状的泡芙面团的方法，并另外准备用小泡芙做成的圆球，然后把圆球以焦糖固定在环状的泡芙面团上。

于是，希布斯特回过头来改良了这道糕点。从前的糕点师不论是谁（和现在的糕点师不同），即使在法律的保护之下（自古皆然），都没有获取专利的傲慢。亦因如此，希布斯特

（或是其雇用的员工）才制作出了名为“希布斯特”的著名特制酱汁，填在圣多诺黑内。不过，还是有些美食家比较喜欢填入香缇奶油（掼奶油）的版本。

希布斯特酱汁是一种香草味的卡仕达酱，或以吉利丁加固，或与意式蛋白霜（在搅打时使用能将蛋白烫熟的滚沸糖浆）一起加热变得轻盈。在以前，加进酱汁中的是法式蛋白霜，意即生的蛋白霜。但科学发现证实，法式蛋白霜的原始配方相当危险，根本就是细菌培养液。现在的法律禁止贩卖及消费以生蛋白来制作的食品，因为生蛋白是造成食物中毒的原因。不过，不管怎么说，别忘了：甜点还有冷藏库这个得力的臣民。

1850 年，法斯凯勒的“布尔达卢”

就像塞维涅侯爵夫人并没有发明巧克力一样，路易十四时代著名的布道家路易·布尔达卢神父也没有创作出冠以其名的甜点“布尔达卢”。其实，这是一个在绍塞－昂坦区的布尔达卢街开店、名为法斯凯勒的糕点师所创制的甜点，在 19 世纪中叶大为风行。

用基本酥面团或布里欧面团当塔底，填入奶油杏仁馅（始终是制作糕点的基本酱汁），并将两个切半的糖渍威廉斯梨置于其上。为了对知名布道家表示敬意，恭敬地将和有碎杏仁的杏仁蛋白饼做成十字架形状，当成装饰，然后再放进蝾螈炉（置于壁炉中用以保温的炉子）中或烤架上烧烤约 1 分钟。现今也可做成供众人分食的大型塔。而且，摆上十字架以赎贪食之罪的做法已经很久没看到了。若喜欢的话，亦可在杏仁蛋白饼上涂一些杏桃橙皮果酱。

约 1850 年，里昂佚名糕点师的闪电泡芙

里昂城还是高卢的首都时被叫作 Lugdunum，这个名字是从高卢的神祇 Lug 而来的，Lug 是火和光之神。因此，大受欢迎的闪电泡芙在里昂诞生应该不只是偶然。用来做泡芙的面团在数世纪前就已用来油炸或烘焙，伟大的卡雷姆则为他的松脆甜点改良过泡芙面团。在最初似乎被称作“公爵夫人”的闪电泡芙，是将泡芙面团滚上一层碎杏仁，做成指形放进炉中烘焙，再裹上翻糖或焦糖做成的。

后来不再使用杏仁，而是在烘烤后填入清爽的咖啡或巧克力卡仕达酱夹馅，再裹上各式翻糖。夹以香缇奶油馅并裹上焦糖的口味也极受欢迎。闪电泡芙始终做成一人份，但有各种各样大小，可一口吞下为其初衷，就像电光石火，故得其名。

说到这里，在英语系国家中，闪电泡芙和大部分的法国美食一样保留了原法文名称。据说威尔士亲王，未来的爱德华七世，在一次偷闲之旅归国时将闪电泡芙放在行李中带回了伦敦。

1851 年，弗拉斯卡提的修女泡芙

曾为皇亲贵族工作的拉坎在 19 世纪末出版了至今仍知名的《糕点制作备忘录》，并在书中提到已有五十年历史的修女泡芙“即使在被摩卡咖啡蛋糕狠狠踢上一脚后，步履照样稳健”。摩卡咖啡蛋糕应要为其罪行忏悔，因为在糕点师傅的托盘中，修女泡芙始终是法国人最喜爱的甜点。

修女泡芙约于 1851—1856 年在冰品糕点店弗拉斯卡提（位于黎塞留街和意大利人大道之间的街角处，前身为时髦舞厅）问世，在其牛奶鸡蛋烘饼的外表下是填满卡仕达酱的泡芙，其上覆着掼奶油。

之后，这位大有前途的“初学修女”随着年龄慢慢地改变形体，直到一世纪前才选定了我们如今认识的外形——圆鼓鼓的头和身体。身体是由大泡芙做成，里面填满了上等的卡仕达酱或希布斯特酱，咖啡或巧克力口味皆可，头部则由小泡芙做成，馅料相同。然后再将奶油酱做的打褶领圈和修

女帽放在各色翻糖外衣上就完成了。

与闪电泡芙和奶油馅泡芙等表亲一样，修女泡芙是一人份的糕点。这款泡芙极具特色的外形则要归功于挤花袋及其各种配件。

1855 年，好多的马拉科夫！

麦克马洪元帅在克里米亚战争中夺下防卫塞瓦斯托波尔要塞的马拉科夫堡，为英法联军打了胜仗。当日，他说了一句大家都知道的名言：“我在这里，我一直在这里。”

陷入狂热的法国连巴黎郊外的小村庄都取名为马拉科夫，好几种糕点也采用此一凯旋之名，但彼此之间大不相同。有内馅为咖啡慕斯的蛋白霜或“达克瓦兹”，有饰以普隆比耶冰激凌的环状泡芙，也有某种用杏仁浆和洋梨做成、以巧克力包裹的牛奶鸡蛋烘饼——在拿破仑三世的宫廷里特别受欢迎。上流人士每逢星期日也都赶着做这种糕点。没人知道马拉科夫的创作者是谁，这种美味的甜点到今日也依然多半属于自制的家庭式点心。

1855年，福韦尔的热那亚比斯吉或面包

福韦尔曾是希布斯特店中的糕点大厨。我们对这人的事知道得不多，他的名字总是和一些最佳糕点联系在一起，只能说，他拥有把精明能干且富创意的合作者聚拢在自己身边的才能，金钱的管理则全权交给美丽的妻子。其妻子和希布斯特糕点店一样有名，不过那是另一则故事了。

而1855年，不仅是攻陷塞瓦斯托波尔要塞的那一年，也不仅是米肖发明脚踏车的那一年，还是福韦尔创造热那亚比斯吉的年份。这种糕点使用了等量的杏仁粉和面粉，名称则让人想起1800年奥地利围攻这座意大利城市的事件。驻守在热那亚的安德烈·马塞纳将军和军民靠着水煮米和50吨杏仁存粮，熬过了艰难的三个月。

大家常常把热那亚比斯吉或面包和奥古斯特·朱利安的热那亚海绵蛋糕搞混。热那亚海绵蛋糕因为不含杏仁所以轻得多，亦是多种蛋糕的基础，如摩卡咖啡蛋糕。热那亚海绵蛋糕的做法可能来自一位意大利糕点师。

关于油酥面团和油酥饼的真相

有些人毫不迟疑地指出，姑且不论年代分歧，油酥面团应来自萨布雷城。但老实说，若追溯油酥面团的年代，最早不会

早于19世纪中叶，而诺曼底卡尔瓦多斯省的利雪小镇则是这种美味易碎甜点的故乡。

好吃细致的油酥饼当然来自质量最佳的奶油，轻柔地揉捏面团亦为关键（以手掌压面团）。外行人会误认为必须要不断地揉压面团，其实不然，只需稍稍地用手压面团，就像压湿润的沙一样，这也是此名称[①] 的由来。

须遵守的材料比例：1颗鸡蛋和125克砂糖粉及少量盐，一起使劲搅拌，再加入尚未融化的125克柔软奶油继续搅拌。将搅拌过的材料倒入250克面粉中，依喜好加入朗姆酒、香草、肉桂或柠檬。用指尖混合，以手掌根部的压力将面团做成不密实的圆球，在阴凉处放置30分钟。将面团快速擀平至所希望的厚度，并以塔模或饼干模切开。用中火烘烤，并待冷却后再取下或挪开，因为热饼干易碎。

1923年，萨尔特河畔的萨布雷以同样的做法制作“当地名产”油酥烘饼，以占同名之利。不过，用布列塔尼咸奶油制作的圣勒南油酥饼很久以前就存在了，也还有其他的杏仁油酥饼或舍奶油而以鲜奶油做成的油酥饼，例如美好年代的“宁芙烘饼”（一般家庭女孩的家常点心）。利雪的油酥饼喜欢使用肉桂。奥地利著名的林茨蛋糕将肉桂和杏仁粉混合使用，并覆以覆盆子果酱。苏格兰油酥饼是相当厚实的油酥饼干，所谓的米兰油酥饼则是果酱夹心油酥饼。

就像皮埃尔·拉卡姆所写的：“这是当今最风行的赠礼。

① sablé（油酥饼）在法语中意为“沙”，且与萨布雷城（Sablé）同名。（译注）

若不送油酥饼就跟不上潮流——从特鲁维尔及乌尔加特度假归来的妇女如此宣称。三十年前，只能在巴黎郊区鱼贩街的迪盖商店找到油酥饼。如今，到处都买得到。”①

1857年，基涅亚的摩卡咖啡蛋糕和基耶的奶油馅

这种美味的蛋糕之所以叫作摩卡咖啡蛋糕，是因为咖啡增添了夹心馅料的香味——布西街名糕点师基耶老爹之作，而其奶油馅长久以来则以“基耶式酱汁”广为人知。

当时，基耶老爹一边搅打蛋黄，一边将“持续加热至细丝状”的糖浆慢慢注入其中。当这慕斯冷却后，再次搅拌并加入尚未融化的柔软奶油。于是，既紧实又有光泽的奶油馅就大功告成。接下来只要添加香气即可。

起先用的是极浓烈的摩卡咖啡以做出高尚的味道，不久后就变成了巧克力。但却也将“巧克力摩卡咖啡蛋糕”这种奇怪的名字传给基耶的后继者基涅亚所做的蛋糕：在有好几层的热那亚海绵蛋糕中填入基耶老爹的酱汁——可能是巧克力口味。

为了获得美丽的外观，基涅亚在热那亚海绵蛋糕的侧面也裹上奶油酱汁，再轻轻地敷上碎杏仁。或许该庆幸挤花袋和金属挤花嘴的发明，用有沟槽的金属挤花嘴在摩卡咖啡蛋

① *Mémorial historique et géographique de la pâtisserie*, Paris, 1888.

糕上做出蔷薇花饰，再装点上一些浸过利口酒的咖啡豆后，即告完成。

在过去一个世纪里，摩卡咖啡蛋糕成了布尔乔亚家庭的绝佳甜点，虽然和欢乐的圣多诺黑比起来少了点节庆的气氛。数个大小各不相同的摩卡咖啡蛋糕常常层层叠叠组成甜点高塔。基涅亚在节日时可以卖掉四百个摩卡咖啡蛋糕，而对 21 世纪的人来说，这种蛋糕仍旧是最佳的胆固醇来源。

约 1860 年，“家中的”磅蛋糕及速成蛋糕

1893 年，《新拉鲁斯字典》把磅蛋糕形容为“家中的蛋糕”，漫不经心地解释着此名称可让人记得这道糕点使用了重量均等的四样主要材料：奶油、砂糖、蛋和面粉。

这种家庭式的传统糕点约在一个世代后才受到正视。现今还是如此，专业人士承认，只要听人说到磅蛋糕嘴角就会微微一扬，但并不会去制作它。

然而，这种过时的糕点若配上杏桃酱和一大碗的巧克力，就能成为家中小朋友的最佳点心。“速成蛋糕”是磅蛋糕的变形，只要用柠檬皮增添香味，并加上柠檬风味的糖衣即可。

1867年，巴尔扎克的挪威蛋卷

首先，我们要说清楚一件事。这里的巴尔扎克是嘉布遣大道上格兰饭店的大厨。这里所谓的挪威蛋卷也绝对不是煎蛋卷，而是一个香草冰激凌球。将冰激凌球放在热那亚海绵蛋糕上，覆以蛋白霜，在炉中以快火烤出颜色后，在端上桌时浇上烈酒并点燃之，冰激凌将完好如初。

据传这位巴尔扎克大厨颇有科学头脑，他想将美国物理学家朗福德关于热传导的研究做一应用。他成功地展示了此番应用，不过却是在巴黎市政府招待参加万国博览会的中国代表团的晚宴上。大体说来，法国人对地理……似乎不那么关心。

1867年，胡杰或塞尔让的千层派

mille-feuilles（千层派）[①] 这个词在1906年被收录进字典里。但在一百年前，一个我们不知是何方神圣、名叫胡杰的人就发表了千层派的食谱，虽然没有获得任何成功。直到1867年，一个名叫塞尔让或梭纽的巴黎糕点师在桶槽街尽头

①即“拿破仑蛋糕”。“拿破仑”音译自其英文名称。一说制作千层派皮的手法源于意大利那不勒斯（Napoli），因与拿破仑（Napoléon）发音相近而被误传。（译注）

开了一家店，将此甜点提供给他的客户后，千层派才开始获得注目。这种用折叠六次的千层酥皮做成的精致糕点，当时一天可卖数百个。

传统的千层派由数层纤薄的千层酥皮组成，酥皮之间有卡仕达酱。表面在涂上杏桃酱后会再加上白色翻糖衣。侧边则覆盖着烤得恰到好处的去皮杏仁。长久以来，千层派上的装饰都使用以打洞钳裁成、另外烤好的环形酥皮。千层派可做成个人独享或众人分食的大小，但始终要在刚出炉时食用之。

1880 年，米歇尔的英式水果蛋糕

据说在 18 世纪初期，苏格兰邓迪城的某香料商人之妻，为了尽快处理丈夫赌博赢来的大批船上货物，创造了橙皮果酱。苏格兰人是不会浪费任何东西的，这些商人想到，可利用已做成蜜饯的橙皮来提升他们传统久藏蛋糕的滋味。久藏蛋糕类似香料蛋糕，深受船员欢迎，自文艺复兴以来就一直以水果干制作，尤其是李子干。这蛋糕也就是 plum cake。英语的 cake（来自古斯堪的纳维亚语的 koeke）就是法语的 gâteau。邓迪蛋糕，就像其配角橙皮果酱一样，成了苏格兰之光。虽然法国这二百年来应该没有人不知道这种蛋糕，但

就是没有任何糕点师傅从中汲取灵感。直到某个名叫米歇尔的巴黎糕点师出现，即兴创作了这道使用化学酵母（当时刚开始普及）来让面团发酵的糕点，并以水果干和水果蜜饯做装饰。米歇尔的茶馆很快就让这种英式水果蛋糕广为人知且深受喜爱，同时为了创造时尚感而保留了其英文称呼。菲利克斯·波坦之子立即将英式水果蛋糕列入自己店里的糕点单中，并相当受布尔乔亚女顾客喜爱："来片英式水果 cake 吧，亲爱的女士？……乐意至极。这杯茶也非常甘美……"

1887 年，古斯塔夫·加兰的"瓦许汉"

在这个年代，古斯塔夫·加兰是非常有名的厨师长，常被外派到各地去制作最豪华的巴黎餐点。他写了很多食谱，直到 20 世纪 30 年代都由"联合商店"出版。他在"近代菜肴"的章节中介绍了"瓦许汉"，但却没有任何凭据可证明他就是这道深受欢迎的美味甜点的创作者。vacherin 这个名字会让人联想到另一个奇迹，瓦许汉奶酪，瑞士人和法国的弗朗什－孔泰人皆主张自己的家乡是瓦许汉奶酪的产地。这种约手掌高度的圆筒形奶酪以牛奶制作，用云杉皮当带子卷捆起来，熟成时要以小汤匙舀起食用。总之，言归正传，甜点瓦许汉以添加了香醋的环状瑞士蛋白霜组成，并在烤炉中以文火慢慢烤干。中间填以香草冰激凌，或像如今名店雷诺特所做的一样，填满摩卡咖啡冰激凌。上头则挤上彩色的掼奶油条纹，再用水果蜜饯或美味的新鲜水果装饰。

1890年，创作者不详的萨朗波泡芙

萨朗波泡芙是以樱桃酒酱汁为馅的大泡芙，形状为椭圆形，糖衣为绿色的翻糖，并在其中一端以巧克力豆为饰。小孩子会以为是青蛙，答案却远非如此。“萨朗波”是古斯塔夫·福楼拜知名小说的书名及女主角名，埃内斯特·雷耶曾以此小说创作歌剧并大获成功。此外，绿色的萨朗波指的亦是迦太基公主萨朗波，与原野中的雨蛙一点关系也没有。奇怪吧?

1891年，无名面包师的巴黎—布雷斯特泡芙

这是最“法式”的糕点，一百多年来人气依然不衰，即使它不高贵气派，也不能用来创造名望。其独到且富才华的发明者甚至不是糕点师，而是某位巴黎郊区的面包师。虽然缺乏证据，但事实极有可能如此！某些人断言那位面包师的姓氏是极具法国味的迪朗，他创作了名为巴黎—布雷斯特的

糕点以庆贺经过自家门前的自行车赛。那是于 1891 年首次举办的自行车比赛，由一名叫作泰宏的无名之辈以平均 16.814 公里的时速首获冠军。不过，这场比赛的路程事实上是往返的，也就是巴黎—布雷斯特—巴黎，全程要 1200 公里，因此我们想，或许仅仅是单程也值得纪念。

这位面包师将自己的作品做成自行车车轮的形状，想当然耳。但谁也说不准，当时他是否加上了轮辐。巴黎—布雷斯特泡芙始终先将泡芙面团做成环状，再用光滑的大型挤花嘴将三圈泡芙组合起来：其中两个套在一起，第三圈跨置于其上，并以大量的碎杏仁做装饰。放入烤箱烘烤时烤箱门要保持微开，这一点非常重要。

将泡芙纵切成两半，填入添加了糖杏仁蛋白霜的奶油卡仕达酱后，把两半泡芙组合起来并撒上许多糖粉。后来变为单程的巴黎—布雷斯特自行车比赛自 1951 年之后就不再举办了，不过巴黎—布雷斯特泡芙到现在仍然是大家偏爱的家常糕点，虽然已经没人记得其名称由来。

1894 年，奥古斯特・埃斯科菲耶的梅尔巴蜜桃

伟大的厨师埃斯科菲耶在当时是伦敦萨瓦大饭店的餐厅主厨。他在回忆录中写道，在这间 19 世纪末世界上最豪华

的餐厅里，“一到晚餐时间，就能见到最知名的海内外人士”。而1894年的某一天，澳大利亚著名歌唱家，女高音内莉·梅尔巴在科文特花园皇家歌剧院演出了歌剧《罗恩格林》，由于埃斯科菲耶主厨与饭店里的常客都很熟，梅尔巴就邀请他去欣赏歌剧。为了表示感谢，这位普罗旺斯人决心为她创造一份惊喜，此惊喜亦成了各大报的热门话题。

“我记得《罗恩格林》的第一幕出现了庄严神秘的白天鹅。我想呈现白天鹅降临的那一刻，以冰块雕刻成的天鹅两翅之间嵌上了一只银器，上铺一层香草冰激凌，再放上若干水蜜桃，最后盖上丝状糖做成的纱。”

何等可惜！现今在小商店中所贩卖的梅尔巴蜜桃已大大不同了。其变质甚至在埃斯科菲耶还在世的时候就已经开始了。在1925年阿姆斯特丹王宫的威廉明娜女王举办的餐会中，虽然呈上了这些有名的桃子，却丝毫没有忠于原作。怒气腾腾的大厨深觉遭到背叛，向所有的媒体澄清：“我的食谱只以柔软且熟得恰到好处的水蜜桃、上等的香草冰激凌及加了砂糖的覆盆子泥组成。任何违反此原则的动作都会损害水蜜桃的纤细，水蜜桃是种精致的水果，更是这道甜点的基底。”

梅尔巴蜜桃在1899年收录于埃斯科菲耶任职的卡尔登饭店的菜单里。他从来不是个糕点师，却是位无所不能的厨师，对甜点也相当精通。

1896年，巴黎咖啡厅的叙泽特可丽饼

未来的英国国王爱德华七世既识肉体之乐，也深谙美食之道。当他还是威尔士亲王的时候，于1896年的某个晚上在蒙特卡洛的巴黎咖啡厅用餐。与他同席的还有一位自称叙泽特的年轻女性。威尔士亲王点了一道膳食总管的私房甜点，希望他受到过事先关照，因为端出来的可丽饼包括了一些看似古怪的材料，但都斟酌得恰到好处，成就了一道美食。无人知晓这配方究竟来自领班师傅还是膳食总管，想象一下：一份橘子汁、一汤匙柑香酒以及……两汤匙橄榄油！就在亲王用餐的期间，材料被静置了两小时，可丽饼因之变得细致、光滑、芳香四溢。对折两次的可丽饼覆以橘香奶油，淋上柑香酒，在这一对佳偶面前以银质平底锅在银质桌炉上慢慢加热。没想到，甘甜的烈酒因过热而燃起火焰，甜点燃烧着，仿佛一场仪式。亲王和那位女子轻声惊叫，后来听说是预先安排好的戏码后就放下了心，愉快地享用起来。当他们询问这令人垂涎的惊喜之名时，膳食总管在威尔士亲王的女伴面前行了个礼。亲王认为是个好主意：叙泽特可丽饼就此诞生。

认为埃斯科菲耶发明了此一甜点的说法大错特错，因为1896年6月21日的晚上他人在伦敦。

20 世纪及以后：最近的过去与现在的瞬时

1914 年 8 月，第一次世界大战的第一波三声炮响结束了美好年代。这时，也才算真正揭开了 20 世纪的序幕。

就在 1901 年，卡雷姆最后的“继承人”，糕点师兼大厨迪布瓦逝世。他可被视为一位中继者。

迪布瓦是连接诸位伟大先辈和自家弟子奥古斯特·埃斯科菲耶的纽带。埃斯科菲耶就是前述梅尔巴蜜桃的发明者，是新时代里的第一位大厨。在其极长的职业生涯期间（超过六十年），根据他自己的说法，他在世界上播下了两千个法国厨艺专业者的种子。但在他以后，找不到第二位能称得上既是伟大的厨师又是伟大的糕点师的人。

迪布瓦出身于詹姆斯和贝蒂·德·罗斯柴尔德夫妇的厨房，这里总笼罩着大师的身影——比活人还具存在感的身影。因此，即使他跟随的是承接卡雷姆工作的弟子汉斯，并非直接受教于大师，其一生却持续受到卡雷姆的影响。同一派系的古费亦然，他将大师的教导具体化，并将厨艺提升至科学甚至几近宗教的境界，让厨艺与糕点制作发展至极致，奢华且装饰意味浓厚，虽然很快就变得不合时宜。

若说卡雷姆热衷于建筑，那迪布瓦则崇尚雕刻。如同大师一样，为了无损于菜肴之完美，他会预先将支架准备好以便于排列。每道热菜都安置在有台脚、边饰及木楔等的台座上，造型极为精美，那时候摩登风格已经开始流行了起来。全部的菜都是由炸面包、粗面粉、米和制作面条的面团做成。有时候，制作装饰便需时数周。

在多数场合中，和卡雷姆的作品相同，迪布瓦的东西虽美但不能吃。老实说，制作时完全是使用可食用的材料，完美的成品却不太适合拿来食用。

在这个居里夫妇发现了镭、布朗－塞加尔创造了内分泌学的年代里，迪布瓦写道："冷的蛋糕、冷的奶酱、塔和甜食自晚餐开始时即以左右对称的方式在桌上排列好，大部分菜肴在整顿晚餐中只是展示而已。如此一来，厨师和膳长必能自由地装饰餐桌，大展才华，让菜肴的装饰能运用适宜。"

这几行字被认为是卡雷姆对迪布瓦所做的口述，节录自其浩瀚的自传著作之一——《艺术烹饪》。自传中还包括了年轻糕点师们的宝典《糕点师及甜点师大全》与《今日的糕点制作》，也和他所有的作品一样再版多次。其中一千两百种经济实惠的家常菜肴食谱直到1962年（并非很久以前的事）都还在出版，但《艺术烹饪》在凡尔登之役后就已绝版。

美好年代巴黎首屈一指的糕点师

那时候，每周日，第三共和国的上流家庭会在早上十点聚集在教会前的广场上，并在十一点时从教会广场上散开。此情景如仪式般标志着礼拜日的两个活动。这两个活动前后间隔一小时，并发生在两个完全不同的神殿中。首先在上帝之殿为灵魂求得救赎，接着前往最佳糕点师的神殿以让五脏庙获得至福。

到上帝之殿去时，戴着手套的手紧紧抱着弥撒经文书，而从糕点店出来时，戴着手套的手指好好地提着用细纸绳包扎好的金字塔形盒子。盒中的巴巴或千层酥将在安乐的家庭气氛中作为晚餐的结束甜点——也就是在吃完烤鸡或烤羊腿之后。

我们说过，自烹饪之初，品尝甜点便是家庭、宗教和社会庆祝仪式的一部分，所有地方皆然。我们也将在后面提及传统糕点。

至于那些公证人之妻常以慈悲的口吻称呼为“老实人”的老百姓，虽然他们家中自制的甜食或塔没那么复杂，在大清早看到祖母或妈妈在厨房桌子上准备糕点的景象也无损孩子们闪耀着希望的眼睛，不过要是手边有点钱，没有什么能比在弥撒后享用糕点店的美食更能提高身价了。

到 1914 年反战社会主义者让·饶勒斯遭人暗杀，向世人宣告 20 世纪将成为人类史上最悲惨的时代为止，糕点师凝聚了前世代的创意和技术，为客人们制作出众多经典糕点，为星期日的盛宴、由大排钟宣告的盛大节庆，以及其他为幸福人生设立标杆的重大节庆，提供了极多样的选择。

从旅行饼干到爱国糕点

biscuit（饼干）一词和其近代词意可追溯到 16 世纪中期，那时它写作 bescuit（两次烧烤）。最初，修道院把烤了又烤的面包分发给穷人或朝圣者，让他们随身携带。之后有了两面烧烤的烘饼，硬得像石头，能长久保存，可说是 biscotte（面包干）的“祖先”，亦是水手和士兵的日常伙食，更是出任务时的必备之物。

然而，17 世纪起，像热那亚蛋糕那样以稍微干涩浓稠的面团做成的、可供众人分享的大蛋糕，如萨瓦蛋糕、磅蛋糕或蒙凯，也被称为 biscuit，理由并不是很清楚。这种习惯流传至今日，我们多半称这些糕点为热那亚比斯吉或萨瓦比斯吉，而不是热那亚蛋糕或萨瓦蛋糕。

1862 年在南特，最早的饼干工厂诞生了，其产品遍及全世界且成了通用名词：petit-beurre（奶油小饼干）。奶油小饼干的形状经过设计，极为简单，易于辨认：略呈长方形，有着锯齿状的边缘，饼上有很多像针孔般的小洞。其面团近似于油酥面团，以面粉、砂糖和奶油制成。

20世纪初期，以往由糕点师手工制作的小型糕点终于也在工厂大量生产了，包括指形饼干、杏仁蛋白饼、猫舌饼、玛德琳、“小修女”、油酥饼、松饼卷、香烟卷筒饼（猫舌饼做成圆筒状）、扇子饼（将松饼折成四折），等等。现今的制饼产业对各国农产食品企业或跨国农产食品大企业来说，都是经营支柱。其重要性对谷物生产和商业来说皆不可小觑，更别忘了大笔的广告预算。

若干世代以来，饼干和干糕点一直佐以点心酒食用。这种优雅的习惯让人想起中世纪有一边将烤面包片浸在酒杯内，一边喝葡萄酒以祈求宾客健康的习惯。烤面包在古法文中为pain toasté，从拉丁文的tostus衍生而来，tostus为动词torrere的过去分词。盎格鲁－撒克逊人则采用此字，成为英文的toast（干杯）。

在美好年代，自制饼干和干糕点是年轻女孩的必备才艺，当母亲请客人喝茶时，女孩便在众人的恭维中红着脸端出糕点让人享用。不久之后，自制糕点成了义务，因为自1914年的秋天开始，得制作糕点包裹寄给战场上的父亲、兄弟、儿子或亲戚。从此以后，画有图案的饼干铁罐也变成了收藏品。

糕点之战

如今的人们并不了解1914—1919年这五年，对所有人来说有多么痛苦难熬。不管对前线的士兵，还是后方的百姓来说，这都是一场身体上、物质上及精神上的考验。或许有人还依稀记得第二次世界大战期间饥馑人民悲惨的景况，但很少有人知道第一次世界大战期间曾进行过严格的食物管制，尤其是砂糖和面粉。同样地，在更久以前，1870年巴黎遭普鲁士围城，那些甚至要吃老鼠果腹的可怕日子，如今也只会出现在小说情节里了。

第一次世界大战结束后的数个月，仍能感受到粮食供应的困难和货币供给的不足，而且越来越明显。但另一方面，自1914年8月宣战到1917年1月20日的三年中，母亲们仍然迅速地完成糕点包裹以送达在前线等候的战士手里，而点心的制造和贩卖也都还算正常。

之后，某些食物的减少及随之而来的价格上涨，工人的短缺及顾客购买能力的下降皆已严重影响到糕点业的经营。1917年1月20日颁布的一条法令强制糕点业每周必须休业两天，即星期二和星期三。

休业法令颁布的四个月后，5月下令禁止以小麦面粉、黑麦粉和玉米粉制作糕点。不含面筋的树薯粉、米、淀粉、豌豆、栗子和菜豆则是准许使用的代用品。从此之后，大部分的面团都不可能制作了，何况也缺乏奶油和新鲜鸡蛋。幸亏在1869年有一位名叫梅杰－穆列斯的人发明了人造奶油，即麦淇淋——拿破仑三世时举办了一项竞赛，“为了取代奶油，以嘉惠海军及贫苦大众”。

直到1918年2月禁止贩卖任何糕点为止，这种以各类便宜油脂形成的乳状物与鸡蛋粉和马铃薯，让天才糕点师得以做出类似美食的东西。

最后，虽然因协约国的胜利而结束了战争，“果酱的贩卖、产品质量及受到认可的材料含量”等相关限制却要到1922年7月才被废止。在那以后，大家终于能享用所有想吃的糕点，享受无忧无虑轻松生活的狂热年代（20世纪20年代）也才正要开始。

歌剧院蛋糕和克利希蛋糕的家族剧

人靠衣装，佛靠金装，不论今昔。此话怎讲？

比如下面这个故事。第一次世界大战期间，当士兵们在奔走于各壕沟分送炖菜的餐车面前排队时，在征用来的庄园中，参谋部的人正坐在美丽的餐厅中享用美味晚餐。这些高级将领肩负终止战争的责任，为了确保国家的未来发展，他们理应享有法国一流厨师及糕点师的服侍。因此，厨师和糕点师像其他人一样被召集过来，在被派遣的单位中担任职务。

名糕点师路易·克利希在整个战争期间都负责服侍福煦元帅。克利希早在战争前数年就已制作出美味的蛋糕，但是否因此才得以在马恩河之役的胜利者身旁得到一个职位，我们不得而知。

1918 年以后，克利希取回在博马舍大道 5 号的店面，并在法令授权可以贩卖糕点以后再度让其顾客饱享美食。1955 年他决意退休，并把财产和秘密食谱转卖给足以与其匹敌的马塞尔·布加。

数年之后，在某次家庭晚餐中，布加端上了自家橱窗内的骄傲，知名的克利希蛋糕。布加的两位连襟也是糕点师，一个是“老科克兰”的店主，另一个是拥有同名糕点店的达卢瓦约。也就是说，这两位连襟可是用专业糕点师的眼光来品味克利希蛋糕的。

隔周，达卢瓦约为其顾客展示了一种名为“歌剧院”的新蛋糕。有人注意到歌剧院蛋糕和克利希蛋糕简直一模一样。但“歌剧院”虽令人惊讶却不至于构成犯罪，因为当时并没有糕点制作的著作权保护问题。

不过，因为时髦的新人糕点师雷诺特买下了一间达卢瓦约在高级地段的店面，为店面换上了新招牌，歌剧院蛋糕马上成了雷诺特的知名创作。克利希蛋糕则始终在布加的店中贩卖。

好几种知名菜肴及糕点也拥有“歌剧院”之名。伟大的厨师在炉灶前比在账簿前更有创造力。在咸味菜肴方面可举出芦笋尖配鸡肝；在甜食方面则有冰糖栗子泥松饼夏洛特以及两种牛奶蛋糊，一为糖渍草莓口味，另一为糖渍紫罗兰口味。而歌剧院蛋糕就像克利希蛋糕一样，是有着一层巧克力镜面糖衣的方形比斯吉，比斯吉则浸过咖啡，而且为了让人能够辨识，在巧克力糖衣上装饰着金叶，写有 opéra 字样。

关于塔坦苹果塔之真实与谬误

第一次世界大战之后，许多事物都改变了。吃饭的方法也变了，尤其是吃的哲学。经历诸多的悲伤和不幸后，生活重回正途，美食亦然。只不过不是回到“战前”，而是回归以简单的幸福做成的美食。激进的料理不再受到青睐，大家只谈回归原点，只谈传统的地方菜肴。美食评论家夏尔 · 布兰说：“昔日的美味重新受到崇拜……没有任何人会对其难以置信的丰富感到怀疑。”而同为美食评论家，又名库农斯基的莫里斯 · 萨扬自 1921 年起便走遍全法国，以进行其《美食法国》的写作，最终完成了一本长达二十八卷的庞大美食年鉴。他在书中“大大推崇地区性的家庭菜肴，而非巴黎名餐厅的精致高雅餐点”。

1926 年，库农斯基在旅行到拉莫特 – 伯夫龙时发现了一家餐厅，由两位未婚的老妇人——塔坦姊妹共同经营。当他在那里吃甜点时，端上桌的苹果塔是他从未品尝也从未听说过的——焦糖化的苹果馅在下，松脆的饼皮在上。有人跟他说这是翻转过来的苹果塔。它有着奇迹般的美味！

一回到巴黎，我们这位喜欢开玩笑的评论家就编造出一则故事，他说，因为塔坦姊妹中的斯蒂芬妮在苹果塔出炉时一不小心让它掉落在了地上，拾起上桌时恰巧上下颠倒了。

在美心餐厅与媒体共进午餐时，库农斯基请这间知名餐厅的糕点师制作此一名为"塔坦"的苹果塔。记者大啖这道加了掼奶油的美味甜点，并盲目地相信了这则故事，将之传遍全世界。就这样，塔坦苹果塔进入了传奇糕点之列。

20世纪还有很多由知名糕点师创作的糕点。它们或许并非全部都很有名，在此也无法一一介绍，只举出几个像歌剧院蛋糕一样评价极高的。鲜奶油草莓蛋糕：用两块浸过樱桃酒的海绵蛋糕夹以新鲜草莓及奶油馅，覆以杏仁糖衣。"萨巴女王"：圆形的巧克力蛋糕，以极轻的杏仁比斯吉面团做成。后面还会谈到著名的德国黑森林蛋糕。世界正变得越来越小。

震撼20世纪的两次世界大战对糕点业打击极大。当然，战争的恐怖无法预料。但本书既然记载了糕点制造者的历史，就不该忽略这个对当代人的幸福有所贡献的职业在当时面临的困难。

或许是因为战争、粮食持续短缺、生活水平低落及随之而来的所有不安，此一时期并没有什么革新可供讲述，但糕点师却在此年代中发挥了惊人的想象力与技巧，在几乎容不下糕点制作的情境中发挥了才干。

另一方面，制品、设备、质量和卫生环境都大大进步了。电力让糕点工厂可以不断地生产，工厂内配备的机器设备若无专业工人的知识和技术则毫无用处。操作一年比一年更精巧的机械需要更多的科学技能，同时也不能丧失糕点制作的才能与精神。多亏了冷冻与加热烹饪技术的不断改良，所有关于烹饪、糕点及果酱的技艺才得以成为技术进步的最大受惠者。

欲望永远填不满的美食爱好者若得知德国索林根有一间顶尖的饼干和巧克力制作学校肯定会大吃一惊。这家“德国制饼中央职业学校”每两年会在科隆举办一次学术研讨会。在巨大的屏幕上可以见到计算机绘制的图像及图表，这场美食奥林匹克的多国代表（雀巢、每食富、卡夫、百乐嘉利宝、瑞士莲、费列罗和吉百利等）发言则以数种语言进行同声传译。其中交换的信息从“防菌的包装概念”到“甲基溴化物替代品的选择”“计算机辅助测量巧克力的表面涂层”等，尽是挑起你食欲的话题！

小小的LU变大了

第二帝国初期，约1850年，在南特，勒费弗尔先生(Lefèvre)邂逅了于提勒（Utile）小姐。他们陷入热恋、结婚、开了一家糕点店并率先批量生产饼干……不仅如此，他们的孩子在成年以后，更让其双亲的奶油小饼干成为法国真正的荣耀。这种简简单单名为LU（Lefèvre和Utile）的奶油小饼干的成功，得益于年轻的路易的天才营销。毕竟LU饼干虽然相当美味，却需要做一场当时的人无法想象的、令人愉快的、异彩纷呈的广告，才好为这个地方性产品打开国际市场的大门。

在小小的LU欢庆一百五十周年时，其各式各样的包装和展示材料已成为真正的民俗艺术品，散见于2003年5月27日的拍卖会上：绘有欺眼画的金属盒、野餐篮、玩具、海报，以及由20世纪最伟大的艺术家（穆夏、布伊赛、卡皮耶洛、本杰明·哈比耶及路易吉·洛瓦等人）所绘制的书刊广告插页。

“法兰西最佳工匠”

很幸运地，即使是迈向21世纪的现在，仍有许多了不起的糕点制作专业人士。即便工具或机械有越来越多的改良，糕点制作的大部分知识仍以个人经验为根基。

一位20世纪80年代的“法兰西最佳工匠”于2000年

获选为“法国制糖暨巧克力学院”的院士。此人是来自勒阿弗尔的糕点师安德烈·布歇。他在一次专访[1]中向加斯东·雷诺特的学校致敬。而在此校中任教的名师即我们前面提过的桑德。桑德是糕点师之王，是卡雷姆一系的继承者及后继者。安德烈·布歇指称，若无这些前辈，就无现今的专业制作水平。这些先驱者开启了一个进步的时代。

我们或许可以谈谈其他的年轻大师，如雷诺特，或媒体宠儿皮埃尔·艾尔梅，或巴伐露之王杜里耶斯，但杂志中的人物专访可能会比我们介绍得还要好。

因此，我们在这里想介绍下几年前刚刚去世的艾蒂安·托洛尼亚。为人谦逊的他是法国糕点业界的最高指导者。托洛尼亚锦标赛每两年举办一次，乃最具才华的糕点师之无上奖赏。安德烈·布歇解释道：“艾蒂安·托洛尼亚是所有人的先知。”

托洛老爹：一幅圣像

虽然如今全世界的同行对艾蒂安·托洛尼亚赞不绝口，年轻的一代糕点师又虔敬地自称为其门生，当年的媒体对他

① Chocolat et confiserie Magazine, n。389, octobre 2002.

却不太在意。而踏入现由其子负责、位于水堡街 47 号的小店时，往往叫人难以相信这里曾是 20 世纪的糕点制作圣地。这间店位于一栋美丽宅邸的一楼，以前是驿站和路易十六的刽子手桑松的住宅。

“糕点工厂”在铺着石板的中庭另一边。其设备以第二次世界大战后的眼光来看甚为现代化，当时，“托洛老爹”还没有干燥箱，他在炉灶的门前做砂糖细工，如此才能利用好炉灶的温度。

托洛尼亚于 1909 年出生于中央高地，一生中大部分时间也都在此度过。与同时代的许多人一样，他在糕点店里当学徒的光景就像他陈述的，“是孩子的苦役监狱”。他的父亲因第一次世界大战而残疾，回到家中后也放弃了肉商的工作。一得到毕业证书，这位梦想成为糕点师的十四岁少年就马上跑去当学徒。虽然当时是 1923 年，而非 19 世纪，但在阅读这位未来的砂糖魔术师那尚未发表、充满生之喜悦的回忆录时，我们的心也紧紧地贴近了这位昔日（仅仅几十年前）的小小糕点师：

> 我在圣艾蒂安的迪巴克糕点铺找到了学徒的差事。在那里开始了我的苦役，是的，我可没夸大，对孩子而言那真是苦役监狱。那时需要当十八个月学徒，当然没

有签约。星期日凌晨两点起床后，一直工作到下午两点。平时则是从清早四点工作至傍晚。只要做了最小的蠢事，或犯了最小的错误，得到的就是几个耳光，不然就是被踹上几脚，相当恐怖。说真的，这对十三岁或十四岁的孩子来说真是太艰辛了。不过在我们之前的世代更让人同情，因为小孩子自十岁起就开始工作了。

……我的老板是个坏老板，但却是个非常好的糕点师。他精通砂糖细工，做出来的花朵在当时而言是相当美丽的。记得当时我站在他后边看着他工作，他知道了我的企图后对我说："别看，你太笨了，永远都学不来的！"可是我喜欢砂糖细工，我被它深深吸引……

如同他所说的，在"终于要做自己的工作"前，小艾蒂安常被恶劣的老板用棍棒殴打，所以逃离店铺是常有的事。他也没忘记不给学徒饭吃的肥胖老板娘……终于到了十六岁，小艾蒂安找到了正直的店主，但他并不是一个好的糕点师，他让小艾蒂安做装饰的工作，而这孩子做得极好！

几年之后，当托洛尼亚打算结婚，在水堡街上开家自己的店时，第二次世界大战爆发了，他的计划被迫中止。他在洛林被俘虏，很快厌倦了战俘营中的饮食，他和里昂名厨保罗·拉孔布一同逃跑，在外流浪了一个月后返回家中，不过疲惫不堪的他既做不了砂糖细工，也做不了掼奶油。

两年后，托洛尼亚再也克制不住，和家人又回到了水堡街上。那家店以前是面包兼糕点店：

……我们再次开店，但有好几个月只能使用面粉，所以只能做面包。我设法取得少量的糖、奶油和几颗鸡蛋，当然不多。我也保留了少许面粉……于是开始了“惊险的杂技”，即使是一个蛋壳也不可任其从台子上掉下来，连一点奶油渍也不能留在大理石台面上，因为一周有三次到四次执行得很彻底的节约检查。我在晚上工作，所以会将蛋糕藏在公寓里。星期日早上，客人会来屋里，我的妻子就在寝室中卖起闪电泡芙和鲜奶油泡芙。[①] 有一天，来了两位检查员，以现行犯将我逮捕。但是他们很宽容，因为我做的事大家也都在做。于是我们私下和解了，我做了一个馅饼送给他们。

……然后，在一段时间之后，生活恢复正常，我可以制作糕点了，从那时候起我便在砂糖细工的技艺上精益求精。……当时我做砂糖细工的机会并不多，我还不是伟大的砂糖细工工匠。我创造了自己的独门技术，因

①正因如此，这段时期里有位女性糕点师成了蒙马特的歌舞女郎。

为没有任何人教过我。

顾客开始为了洗礼、圣餐或婚礼向我订购甜点高塔。我则满心欢喜地尽心竭力进行装饰。

就和卡雷姆一样，托洛尼亚一边热心地跟着老师学习素描及绘画，一边也未曾疏忽日常工作。他自1946年起屡屡获得法国和欧洲或世界性的勋章与奖杯，开启了他原本在世界大战中可能永远被牺牲掉的职业生涯，成为战后第一位“法兰西最佳工匠”。

这些年来，托洛尼亚为世界上的大人物、大使和元首工作。如教宗保罗六世前往印度时在机舱内所吃的点心，那些各色的冰冻花式小甜点装在用砂糖细工做成的黄白色相间的篮子里。黄色和白色则是象征梵蒂冈的颜色。也不可忘记罗斯柴尔德男爵夫人。为了12月12日的接待会她要求用白巧克力做出两个真人大小的裸女，放在由八百朵糖玫瑰做成的床上，而且是一周后就要。由于时间不足，起先拒绝的“托洛老爹”最后只完成了一尊175厘米的裸女。交货时由一辆装了软垫的大车运输，若干摩托车护驾，送到距离巴黎50公里之遥的费里耶城堡。城堡里的机动部队和消防单位也全都随时待命……

那的确是我做过最美的作品。但可让我吃了不少苦头，因为就在宴会之前没多久，几乎是和时间赛跑。

……就是这样了，我多多少少已经说过我的职业生涯了。我每天从早上八点开始工作一直到店里的午餐时间，下午则将全部的时间奉献给砂糖细工……做砂糖细工就像音乐家作曲一样。我非常喜欢。

我现在已经七十五岁了。当然，我感觉到身体已经衰老。不过在工作上可不是，我始终追求新的东西，使用新的技术。我早就厌倦了不新鲜的事物。

……对我来说，我的人生中每一天都会收到的礼物，就是我的职业。我打从心底热爱这份工作。这份工作带给我的不只是快乐。

20世纪的糕点师

在这个狭小的世界里，勤勉的人们充满活力地奔来走去。我们敢说，若圣彼得从天国的门口往下望的话，应会觉得地球像是个万头乱窜的蚂蚁窝。

人们为了工作、读书、娱乐、约会而离开家门，使得外食的机会增加到前所未有的地步，却未因此降低品尝美食的欲望。

自十多年前开始，无论是快餐店、连锁餐厅、我们负担不起的星级高级餐厅，还是飞机、火车、船舶上的餐饮服务，或者宴会的自助式餐点与大卖场中的点心区，皆能为热爱美食者提供风味绝佳的产品，这是因为美味的“现成食品”大规模地生产，所以虽然价格低廉，其新鲜度和质量却没有什么问题。

意外事件较少出现在受严格法规管理的熟食业者身上，大部分的问题通常都出在物流业那边。随着先前提过的技术进步而来的是可将从远处特选出来的产品传输至另一地的冷藏或冷冻运输网络，而依据数据及计划而进行的大量生产，使得各类甜咸味糕点不再是奢侈品，就像熟食一样易得。

用我们曾曾祖父的眼光来看现今的食品技术和制造方法并不适当。且不说味觉上的挑剔，我们现在吃的掼奶油就比阿尔芒·法利埃（1841—1931 年）总统当时所吃的要新鲜且清淡。此外，当时这些人能想象在“家外面的餐厅”里可以吃得到栏果塔和蟹肉迷你三明治吗？就算是以最低价格来计算，以旧法郎、新法郎和欧元来计算，都无法类比。

目前社会学、经济学甚至是美食研究都甚少着墨于所谓的“现成食品”（暂时缺乏适当词汇，姑且这样称之），但我们或许能把未来的糕点师及熟食商提供的产品看得更清楚。而这就像彻底改变服装手工业的成衣一样。

也就是说，将来会有自制的、手工艺的、稀有的、民族的及复古的糕点。然后会有属于小店的、手工的、极精美的、量身定做的、少量并精英的糕点制作——就像高级定制服饰一样的高级定制糕点或艺术糕点，既保守又富实验精神。最后，到处都有可大量生产、可随手购得的糕点，既有质量管控又多样，而且大部分人都买得起。

像这样的糕点产业在20世纪最后二十五年就已经存在了。这种产业在更早前就曾以“糕点师—熟食商”的面貌出现过，其祖先则是在法国革命时期登场的热尔曼·舍韦①，所以Potel et Chabot、Dalloyau或Flo等名店的入口应该摆放他的雕像才是，就像印度餐馆和中国餐馆每天以白米供奉店中的神明一样。

为了清楚阐述我们的意图，可举巴黎地区的一间公司为例。这间公司由一位年轻的主厨蒂埃里·莱斯坎于1991年创立。且让我们暂时将这家中小型企业称作“开心果”。这家企业当然需要搜集并处理信息，此乃经营管理的基本工具，还需要行政管理层、业务人员及高水平的生物学家等。不只如此，在糕点制作的现场，需要水平相当的厨师、糕点师和甜品师团队，在经验老到的主厨的监督下办事。而这位具创造

① Maguelonne Toussaint-Samat, *Histoire de la cuisine bourgeoise*, Albin Michel, 2002.

精神的主厨知道如何完美地去融合那些不可变更、统领此地的规划，也知道如何将最时兴的材料运用在传统产品中，且保有老味道。

无论是供应全巴黎的高级自助餐厅或巴黎以外各地，“开心果”的企业命脉和成功的关键都在一肩扛起质量责任的采购主任身上。

质量如今已成为法国糕点产业的关键词，无论是全手工的还是半工业的。因此，生意好到可出版自己的内部刊物、令人景仰的高级糕点店 Potel et Chabot 从未忘记在许多期的刊物中关心这个问题，使之深入每一层级合作者的心中。

因为有原料的供应、储存、制造和流通方式等各个环节，所以只要质量管理稍有不慎就可能引起卫生上的大灾难。对高级产品来说这种影响将更为严重。总而言之，从货物流通的初期到最后，若要做到卫生第一，务必要根据操作手册一丝不苟地严格执行。

大量生产的糕点师—熟食商只能使用大量购入的原料。比方说，“开心果”一周要使用 600 升蛋。没错，是“升”：将蛋打破，把蛋白和蛋黄分开，再冷冻，然后再用冷冻货车运送到客户手中。有蛋黄集装箱、蛋白集装箱还有蛋白和蛋黄掺混的集装箱。从主厨到工人，每个人都很清楚地知道若干单位的全蛋相当于多少的蛋液制品。

不论是动物性食品还是大部分水果都是如此冷冻与储藏，然后再依工厂的需要“回复室温”。在展售世界各地产品的各式商展中可以选购试吃国内外的所有食材，具有生意头脑的采购主任会以最便宜的价格买到质量最佳的产品，买卖契约则以年度为期。而这些大量生产的蛋糕、甜食或地道佳肴，根据需求，既可是半成品也可是能直接食用的，既可使用真空包装也可冷冻交货。

法国传统糕点

LES GRANDES TRADITIONS FRANÇAISES

EN MATIÈRE DE GÂTEAU & DE PÂTISSERIE

民间与宗教糕点

主显节国王蛋糕，还是国王烘饼？

在基督教的传统里，国王蛋糕标志着1月6日主显节（三王来朝节）的庆典活动。希腊文 epiphaneia 的意思是“出现”，意指远道而来的使节认出了至高基督之国的启示，三位博士（三是象征性的数字）顺服于圣婴基督前向其效忠。波斯语 mage 的意思是“传讲宗教奥义之人”，也就是“有智慧之人”。

主显节国王蛋糕

卡什兰想要延迟庆祝的时间，然后他平静下来想着国王蛋糕，神秘地切开来分送给大家的糕点，仿佛里面隐藏着重大秘密。所有人的眼睛都盯着这个具有象征意义的糕点。传蛋糕时有人建议，每个人都闭上眼睛来取用属于自己的那一块。谁会咬到蚕豆？傻笑浮现在每一个人唇上。

莫泊桑，《遗产》，1884 年

大约与主显节同时，也就是冬至后两周，古埃及人正欢欣鼓舞于尼罗河每年的固定泛滥，那是上天的恩赐；而古罗马人则庆祝着“太阳复活”，认为随着白昼的变长，光明终将战胜黑暗。这时节也是群众大吃大喝、疯狂作乐的古罗马农神节庆。农神节本身则受到了巴比伦新年 Akitu 的影响。

教会把这个日子基督教化了，就像它之前把基督教的宗教仪式直接贴覆在古老的异教传统上一样。于是，圣诞节首先被建立起来。公元 354 年，教宗利伯略定 12 月 25 日为基督诞生日，这一天被认为大概可算是冬至（12 月 21 日）的结束。

关于三王，也就是三博士，只有《马太福音》详述了其造访伯利恒的经过，难以被基督教官方神话学所相信。虽然在接下来几个世纪里，民间传说将之不断美化，但这个节日直到公元 1000 年仍然遭到大神学家的厌恶。他们认为，这日子造成了纵酒作乐与放荡的大吃大喝。

之后，奇妙的人心滋养了宗教感，战胜了教条完整主义。

传统肖像图画从这之中亦汲取了不少灵感。

那么，主显节国王蛋糕或国王烘饼扮演了什么角色？请牢记，古老的祭日传统在集体记忆深处依旧鲜活，这点非常重要。而有着太阳的形象、圆盘状或圈形、美丽又可口的金黄色圆形糕点就这样普及了起来。在中世纪，带有布里欧风味的发酵面团出现得比千层酥皮要早，并依然在法国南部大半省份中被严格保存了下来。

这种点心以及食用前无伤大雅的游戏仍然重复着当年的做法、形态与思想，引领我们回到过去。一个蛋糕意味着不少事物，而吃蛋糕的意味则更多。

大致而言，法国可分成两个部分：南部的奥克语区和北部的奥依语区。因而有两种传统：南部人吃主显节国王蛋糕，卢瓦尔河流域以北的人则比较喜欢吃主显节国王烘饼。

在普罗旺斯和朗格多克地区，人们会用柠檬皮为布里欧风味的环形蛋糕增添香气，并以水果蜜饯装饰，称之为国王蛋糕。在波尔多一带，类似的布里欧风面团则被称作 tortillon（tortil 是男爵的冠冕，非常简单的一个环）。枸橼蜜饯的装饰是必要的，也一定要加上干邑白兰地的香气。在奥弗涅地区，为了节省或道德的缘故，通常以橙花水来取代酒类。

里昂的杏仁奶油馅夹心六折千层酥烘饼在洛林地区只不过是简单的半千层酥。“真正的”巴黎烘饼是掺有杏仁粉的油酥饼。在法国北部和比利时，当地人喜欢加有鲜奶油和冰糖的韦尔维耶布里欧式烘饼。

所有的糕点中都藏有一颗蚕豆，谁“抽”到这颗蚕豆，谁就是那一天的国王。通常，聚会中最年轻的人得老实地将覆盖在餐巾下的糕点交给每个人。“国王”要选择他的“王后”，且向聚会中的所有人进酒。在大部分地区，还会保留“给上帝或给圣母的那一份”，送给一边挨家挨户讨赏，一边唱着歌的年轻人。

布赖地区的讨赏之歌

主人先生，快快 / 切开蛋糕 / 从门口或窗口 / 赏给我们一块。/ 给我们的份越好 / 您的份也会越好。/ 天上的主看到了谁在给予 / 将来祂会偿还。/ 副歌：若您啥都不想给 / 那我们会在您门边撒泡尿。

主显节国王蛋糕与历史

自从 1440 年糕点店从面包店分出去以后，面包店希望能保留制作三王来朝蛋糕的权利，因为巴黎面包公会每年都会将一块极美丽的主显节国王蛋糕献给国王，这个仪式对面包师而言是至高无上的荣誉。糕点师为此深受伤害，恼火数年后决定对面包师提出诉讼。审判的过程极冗长，一直到1718年才做出了禁止非糕点师使用蛋、奶油或砂糖的宣判。

在瓦卢瓦家族统治的时代，巴黎的主显节国王蛋糕被雅称为“格伦弗洛特”，得名于制作它的僧侣。僧侣格伦弗洛特是位业余的天才糕点师，只要亨利三世的告解结束后还有时间，他就会留在卢浮宫的厨房里制作糕点。

格伦弗洛特饼是一种按照波兰人的方式，以啤酒酵母发酵面团做成的大型饼干，这位僧侣对此法并不陌生（亨利三世有段时间曾任波兰国王）。库克洛夫就是从这个波兰系统出来的（见第199页）。为了庆祝主显节，要为七位宾客制作等量的格伦弗洛特饼。八角形的模子可将蛋糕分成八份，其中一份献给上帝或圣母。

在1650年1月6日的前一晚，国王一家人分享的是格伦弗洛特饼还是传统的巴黎烘饼？没有人知道。但就如编年史写的，住在首都的人隔日早晨一醒来，巴黎城墙内“不再有国王，除了蚕豆之王”。究竟发生了什么事？

安妮王后在分发糕点时，发现唯一一颗蚕豆在“给圣母的那一份”里，也就是要分送给贫穷人家的那一份。但卢浮宫内无法接待穷人，王后便宣布她会在隔天弥撒结束时遵照传统布施并分送蛋糕。为了好好准备这件事，她很早就回到房间里。而事实上，这应该是安妮王后的特意安排，好让自己与年轻的路易十四在破晓前离开卢浮宫，逃离巴黎及投石党人。路易十四永远忘不了这一天。

百科全书作者的蚕豆

1770 年 1 月 6 日，狄德罗偕妻子一起在霍尔巴赫男爵的官邸中庆祝主显节。他在自己那一份烘饼中找着了蚕豆。在大家举杯向他致意的当下，美酒给了他灵感，于是我们这位百科全书的作者在吃完蛋糕时写了一首诗：

“在三级会议中，一位君王想要颁布法律给 / 凡有气息的人。/ 而在我的帝国中正好相反：/ 臣民统治国王…… / 作于 1770 年 / 于马桑街的小骑兵竞技场大厦，/ 坐在可爱的妻子身旁 / 手按于真挚之心，手肘倚着桌子。签名：无土地亦无城堡的狄德罗，因一块蛋糕的恩典而成为国王。”

1740 年 1 月，最高法院禁止在巴黎贩卖及食用主显节国王蛋糕。法国正遭遇一场可怕的粮荒，前所未有的气候失常让情况雪上加霜，上涨的塞纳河河水自一个月前就开始阻绝首都的粮食补给。糕点师极为忧心，仅有的一点存粮不得不省着吃。

大约过了半个世纪以后，法兰西共和历第三年的雪月四日。

出乎众人意料之外，国民公会议员尼古拉·尚蓬提出了用“平等烘饼”来取代“迷信的”主显节国王蛋糕的议案，主张拿掉蚕豆的国王蛋糕会更“平等”。此一改革提案最后没有成功。

关于蚕豆的使用，瓷人和瓷人爱好者

富含营养价值的蚕豆在古代是主要食物。但蚕豆形似发育数周的人类胚胎，使得古代希腊的某些宗派，如俄尔甫斯教派或毕达哥拉斯学派主张，蚕豆是未出生就已死亡的婴孩，介于后代子孙（指即将出世的婴孩）和祖先（指已过世者）之间。对他们来说，食用蚕豆就等于吃掉自己的祖先及子孙。因此他们禁止食用蚕豆。

虽然无法否认蚕豆有令人不快的一面，但可保存一整年的优点让喜爱蚕豆的人仍不在少数。再者，蚕豆从春天采收后一直到冬末都可食用，特别适合在年终的农耕仪式或结婚典礼时献作素祭，以祈丰收和子孙繁茂。

除此之外，对当时来说极为重要的是，古人认为供上干燥的蔬菜是与冥间沟通的最佳方式，冥间是已逝者和未来将出生者共同居住的地方，而植物枯死后结出来的种子则蕴含着将要萌发的植物。对埃及人来说，蚕豆田的象形文字意味着灵魂等待重生的地方。

因此，现代（据说在1874年）用小瓷人（据说是萨克森人想出来的）来取代主显节国王蛋糕中真正的蚕豆也不让人讶异了。小瓷人以圣婴耶稣为形象，呈现出襁褓中的婴儿模样。

如今的小瓷人正逐渐演变为富有地方色彩的彩色小人偶，还有“蚕豆”（即小瓷人）收藏家，甚至有可标价上市的交易所。21世纪的高级糕点店亦供应珍贵的宝石蚕豆。

不难想起，各地的人类极早就开始在庄严的抽签场合中使用蚕豆了。并不是说蚕豆随手可得——若真是如此，倒不如使用小石子来得方便——而是与神圣的事物有关。中世纪的某些宗教团体，如柏桑松教务会，在任命主教时便以藏在众人分享的面包中的蚕豆作为媒介。

圣烛节及封斋前的星期二的可丽饼

在冬至与春分之间的2月2日是圣烛节（Chandeleur，从“蜡烛”chandelle衍生而来），这一天，众人会在教堂内手持祝圣用蜡烛并排成仪式行列，以纪念圣婴耶稣在圣殿被献给主，亦纪念圣母的洁净礼（安产感谢礼）。但罗马教会并不承认圣烛节，在典礼历上完全没有记载。

不过，即使没有宗教信仰的人也不会错过这一天的可丽饼盛宴和炸糕。

可丽饼和炸糕基本上用同一种面团制作，是我们最古老的节庆糕点。可丽饼最简单也最原始，如今仍是最受人喜爱的传统美食，虽然我们通常对深藏其中的象征意义不感兴趣。

可丽饼的仪式之歌

在封斋前的星期二，在封斋前的星期二，你可别走 / 我会做可丽饼，我会做可丽饼 / 在封斋前的星期二，你可别走 / 我会做可丽饼，你可要尝尝 / 有狂欢节，明天你可别走 / 今天是圣克雷班节 / 在封斋前的星期二，你可别走 / 我们会做可丽饼，你可要尝尝 / 让你饱到肚胀。

就像前述的主显节国王蛋糕或主显节国王烘饼前辈一样，有着古老历史的可丽饼到今日仍继续标志着种种庆祝仪式，虽然我们不再知晓那些仪式是为了庆祝再生、丰饶、光明，还是为了庆祝太阳战胜了黑暗和寒冷。在用来标记世俗之历以前，食用这种质朴的美食曾经是祭祀奥妙大地的一部分。

自制花边可丽饼

这些要趁新鲜食用的可丽饼像极了瓦片。其配方包含了可在药房买到的葡萄糖，这是每位糕点制作爱好者的必备品，用途多多。应取同等重量的奶油、葡萄糖、过筛面粉及双倍重量的糖粉。烤箱以 180 摄氏度预热。融化奶油及葡萄糖，加上糖和面粉均匀混合。将面团做成一个个约核桃大小的球状，并以适当间隔置于烤盘中。将面团放入烤箱数分钟，奇迹将要出现了！小球摊了开来并逐渐变成金黄色。用抹刀铲起并使之在盘中冷却。将可丽饼以做三明治的方式两两堆叠，中间夹以不甜的掼奶油，并淋上以等重量的加盐奶油及糖粉做成的布列塔尼焦糖。然后就可以津津有味地吃了。

当然，一年中任何时候都可以制作可丽饼或炸糕，但就算在最世俗的人家里，这些季节性传统美食（同时也是具文化意义的美食，若我们认真看待的话）也被热心地保存了下来。但若各地观光局不做点努力的话，“食肉日”（狂欢节，四旬斋第三个星期的星期四，狂欢节期间领着牛做盛大游行的日子等）的民俗意义可能会越来越淡薄。

话虽如此，美食评论家让－吕克·佩提特诺却说得好：“美食没有不带着乡愁的。”（待会儿我们将环游法国一圈，好回忆起各种节庆场合中的重要可丽饼，其中有一些在法国又重新流行了起来。）

还记得，四旬斋（封斋期，从拉丁文 quadragesima dies 而来，意为四十天）从复活节前四十天的圣灰星期三开始，是一段天主教教徒必须遵守的节制饮食和忏悔时期，也是一段洁净期。四十这个数字自古以来就富含象征意义，屡屡出现在各种神话、故事、传说和律法中。

就像是标志着第二十天的四旬斋第三个星期的星期四，在封斋前的星期二（mardi gras，可吃肉的星期二，gras 意指有肉的），也就是四旬斋的前一日，为了鼓励信众的士气，大众娱乐、丰盛酒席和许多逾矩行为在此时都受到了允许。在古罗马时代，在同样的时期里，民众会在 3 月 1 日的战神节狂欢作乐以庆祝春天的来临。这些被社会或宗教禁止的违反风纪之事，对穷人而言，值此新生之际，是对一个更美好世界的期望。

与主显节糕点有两种选择一样，法国还是被一分为二：北部偏好可丽饼，南部偏爱炸糕。有些人针对这点做了进一步推究，认为这种上溯至中世纪的美食区分应是经济原因所导致，与“油脂”的使用有关。

飞舞的可丽饼

在维希的一家餐厅里有专做可丽饼的甜点师。这位甜点师一次可做两份：他两手各拿一个锅，把饼同时抛到空中，并翻面到另一个锅里！左边的可丽饼抛起翻面到右边的锅里，反之亦然。这件事和糖一样令我着迷。于是下午我不出门散步了，并试着像他那样来做可丽饼。可丽饼时常掉在地上或掉到壁炉里，不过渐渐也有成功的时候了。之后，我试着在巴黎的家中制作可丽饼，但从未成功过……

艾蒂安·托洛尼亚，《我的回忆》

在法国，有多少个地区就有多少种可丽饼和炸糕——有各式各样的基本材料、制作方法、装饰、形状、厚度，名称也各不相同。

因此，有皮卡第加入掼奶油的landimolles、香槟区的tantimolles、阿戈讷的chialades、阿登的vautes、洛林的chache-creupés、利穆赞的sanciaux、贝里的crépiaux、加斯科涅的cruspets或贝阿恩的crespets等，但都没有太大的不同，里昂、布雷斯、弗朗什－孔泰或萨瓦那种又大又厚实的可丽饼matefaims在巴斯克地方也称为cruchpetas。加斯科涅的cruchade是用玉米做的，科西嘉的panzarotti里面则有事先用鲜奶煮过的米（只有在复活节时才会做）。

布列塔尼风格的可丽饼和烘饼

在坎佩尔地区的工厂做出来的布列塔尼花边可丽饼极为细致，是种折叠起来的干式糕点，冷食，吃起来口感酥脆。然而，布列塔尼、下诺曼底以及旺代的烘饼却拒绝被当作可丽饼，因为烘饼是为用餐准备的，并非甜点。而且烘饼是用黑麦做的，不要把这两者搞混。

黑麦可丽饼之歌

（一）

傍晚已尽，午夜闭合 / 在颠簸的老旧四轮车上 / 我们正尽快赶回农场 / 白昼在那里等着我们；/ 一阵香味飘了过来 / 加强了我们对热腾腾的好汤及黑麦可丽饼的想望。/ 玛莉冯娜在充满脂香的上等牛奶中[①] / 小心翼翼地倒入筛过的荞麦粉 / 很快地用叉子搅拌搅拌，/ 她用围裙扇扇风 / 干荆豆烧了起来并噼啪作响，把火炉照得好亮

（二）

当下马上 / 在三脚架上 / 放上长柄锅 / 用一块肥肉上油 / 好让这位温柔的农家女 / 既快速又仔细地 / 用小小的无齿木耙 / 将轻盈的面糊摊开 / 再加上一把干荆豆 / 然后，在欢乐的熊熊之火中 / 可丽饼膨胀了起来并变得金黄，/ 还会微微地颤动；/ 不过这位可丽饼女郎一下子就将饼铲起翻转了过来 / 用的铲形刮刀就像是希腊英雄的宽短利剑……

泰奥多尔·博特雷尔（1868—1925 年）

布列塔尼的吟游诗人

①一般都是用水，此处指极丰富的可丽饼。

可以肯定的是，布列塔尼烘饼和“传统的”可丽饼完全不同。布列塔尼烘饼的配方相当简单：荞麦粉、少许盐和水就是全部的材料。千万不可使用鸡蛋，也不需要在烹饪前稍微静置一段时间。因为，就算被当作谷物，荞麦也并不属于禾本科，不含让面团发酵的谷蛋白。

“烘饼（galette，只有一个l）”这个词从地理学的源头看，来自上布列塔尼。上布列塔尼地区说的是高卢语（gallo，两个l）这种方言，而非属于凯尔特语系的布列塔尼语。galette这个词可能是从gallo衍生而来，但少了一个l，原因无人知晓。

虽然被错误地称为“黑麦”，荞麦其实是菠菜的亲属，同属蓼科，原产于中国（但对中世纪的欧洲人而言，东方只不过是一个非常广大的土耳其而已）。适应力极强的荞麦于公元1000年左右被栽种在贫瘠的布列塔尼土地上，此地种不出小麦、大麦，甚至连黑麦都无法收成。不过，荞麦也只能做成粥或烘饼。

炸糕

即便是炸糕，依据其形状、密度（厚实的可丽饼面团或擀薄的发酵面团，甚至仅是静置的面团）、材料，便决定了各地不同的名称。在奥尔良的特产是 rondiaux；在普瓦图是 fontimassons 及 tourtisseaux；在奥弗涅是 guenilles；在旺代、安茹及昂古莱姆则是 bottereaux。但诸如 merveilles、oreillettes 或 bugnes 等名称也随处可见。

从面团上切下来的炸糕可以做成各种模样，也因为面团相当紧实，还可以编成辫子或打个结再炸。但不论是哪种样子都会撒上砂糖才吃。

萨瓦的 carquelins 或 craquelons 会用白酒（当然是萨瓦的名酒 apremont）代替水和牛奶来调和面团。蒙彼利埃的 merveilles 一定要用橄榄油来炸。而深受南法人喜爱，淌着油，满是砂糖，让人吃得满嘴都是糖的著名大块头 chichis frégis 一如其名，一定要用鹰嘴豆粉而非小麦面粉来做，如此才能做出质地柔软顺滑的面团。这种炸糕最初是为圣灰星期三准备的，不过因为大家都非常喜欢，因此变成全年都可在市场买到。

昔日，在阿尔萨斯地区的乡下，母鸡是第一批狂欢节炸糕的受益者，正如加入肉桂和樱桃酒的 jungfrauekieclas；它们则以早熟丰足的产蛋量来感谢农人。

包入水果、蔬菜、肉类和鱼肉等的炸糕并不属于这些“民俗创作”，不过却在很早以前的菜单中就有记载。花朵做成的炸糕在中世纪极为常见，如今也在美食杂志里重新流行起来。最有名的是金合欢和接骨木花的炸糕。

可丽饼（或布列塔尼烘饼）佐以各式各样或咸或甜的配料就算是一道菜，甚至可当作一餐。它们因之成为日常生活的一部分，即使我们在特殊日子里更喜爱它们。在这些特殊场合中，享用可丽饼的乐趣并不全然来自圣烛节的祥和仪式，事实上，圣烛节就像是小型的家族或社交聚餐。

锅柄长到需要二人共持、可在壁炉炉膛中煎可丽饼的煎锅已经不存在了，炉膛亦不复见。也几乎看不到一手握着金币，一手把最先烤好的可丽饼丢到橱柜上以祈求好运和财富的情景了。

在封斋前的星期二和主显节中“募捐”曾经是项传统。有时会特意变装打扮的小孩子和年轻人穿梭在村落的街道中，唱着歌，挨家挨户地大声索求可丽饼或能做可丽饼的材料。

甜甜圈：给所有人的 beigne

对法国人来说，beigne 是一记好“耳光”。而对加拿大魁北克人而言，环状的 beigne 就等于英语中的“甜甜圈”。①

2003 年 5 月，蒙特利尔的《责任报》告知其同胞：从今以后，魁北克省不必再羡慕北美的其他地方了，因为 Krispy

① beigne 在加拿大法语区指“炸糕”，而在法国口语中指“耳光”。法语中常用的“炸糕”一词是 beignet。（译注）

Kreme 公司在蒙特利尔开设了第一间店面。KK“1937 年创立于美国北卡罗来纳州，于纽约证券交易所挂牌”，旗下的 300 间北美店面仅 2002 年便制作了 27 亿个炸糕（一个热量 199 卡路里，脂肪含量为 12 克），生产效率极高。为了让觉得“外出时有甜食可吃，真好”的加拿大人，在超市、电影院及便利商店都能买到 KK 甜甜圈，KK 开设了这间“占地 427 平方米，投资 200 万美元，并雇有 100 多位员工”的店。幸运得到 KK 工作的人必须不断供应冷冻面团，以及“从油中起锅后便一直保持热腾腾状态的甜甜圈”。根据该公司的公报来看，KK 甜甜圈店只需 78 秒就可做出 4936 个甜甜圈，堆起来的高度相当于当地玛丽城广场的摩天大楼。

该公司的甜甜圈（一打要 6.49 美元）使用“新奥尔良的法国大厨开发成功的独家密传面团”制作而成。“制作的秘方不止于此。面团利用空气压缩压挤成形，中间不需刻意挖洞。甜甜圈中央的洞从此退场”。

“本乡中人无先知”，对这位法国主厨来说，他应该很庆幸法国和自己之间隔了一整片海洋。虽说进步不能停止，但 21 世纪的地球村到底会诞生什么样的糕点呢？

圣烛节的普罗旺斯船形糕

3 世纪时伟大的基督教殉教者圣维克多在罗马皇帝令下受尽了所有能够想象的酷刑。他是在马赛宣讲福音而丧命的，理所当然地成为马赛的主保圣人。

纪念这位虔敬罗马士兵的节日定于7月21日，但马赛人、艾克斯人及邻近沿海各地的人全都以2月2日为圣烛节，并在此日大啖小糕点——圣维克多船形糕。

从前，人们在位于马赛旧港口南岸，令人极为景仰的圣维克多修道院前的广场上贩卖这些保证了祝福的船形糕，此地同时也是大海抛回殉道者残躯的海岸。但因这一天的礼拜仪式是“圣母的洁净礼”，所以船形糕的起源和意义让人越猜越糊涂。

没有人知道船形糕和圣维克多之间到底有何关系。同一天还进行着使用绿色大蜡烛以免遭到雷击的祝福仪式。这一天也是公证人的年节聚餐，在宴席中，淋上麝香葡萄酒、最早成熟的卡庞特拉草莓绝不可少，当然还要搭配上船形糕。

圣维克多修道院供奉的黑色圣母除了见证了极为古老的崇拜，亦确实是伊西斯—阿尔忒弥斯信仰的变形。伊西斯—阿尔忒弥斯是一位乘舟的母神，在马赛还有另一尊她的多乳房雕像，极为沉重，或许是四千六百年前由弗凯亚人——建立此城的希腊人带来的。船形糕难道是美味的护身符吗？圣烛节弥漫的异教气息让我们不禁思忖，圣维克多是否就这样白白地牺牲了，所以罗马教会才不承认此一节日。

总而言之，马赛的圣人街是制作橙花口味或茴香口味船形糕的历史圣地。普罗旺斯的艾克斯亦以此糕点自夸。

品尝船形糕时通常会配上一杯卡塔真葡萄酒。卡塔真葡萄酒是用香料和浓缩葡萄汁酿成的，不论是哪家的妈妈都会在桌巾柜内藏上一瓶。

南法的圣枝主日甜点

1585年于普罗旺斯艾克斯举行的省级教务会议宣告，严禁复活节前的礼拜日让儿童携带插有蛋糕和糖渍水果的橄榄枝到大弥撒中。教务会议诚然是白费了时间、口舌及墨水，因为接下来的四百年内，整个法国南部仍然保有此一风俗，直到现在也没有消失。地中海周边的许多基督教国家亦然。

直到第二次世界大战以前（至今仍如此，依地方而定），只要是复活节前的礼拜日，小孩子前往教堂时手里一定会拿着橄榄枝，宛若捧着圣体似的。不过橄榄枝变成了硬纸板做成的小树木，树枝以金纸包裹，叶子也用金纸做成。

糕点店贩卖的圣枝依其装饰糕点的丰美与否而有不同的价格。糖渍柳橙（太阳般的水果）插在顶端，树枝上则挂着各色甜食及环状糕点，通常是茴香风味的“环状小饼干”，在普罗旺斯的阿尔卑斯山地区称为brassadeaux，在凯尔西—佩里戈尔地区则称为tressegos。小孩子们（态度庄重且穿着最好的服装）把挂着美食的圣枝带到教堂中，让神父为他们祝福，以纪念耶路撒冷城的人挥舞着棕榈枝或橄榄枝迎接耶稣的到来。

自古以来，地中海的居民就会铺开树枝以迎接春天的到来。而不论是从前还是现在，虔诚的人都会在教堂前的广场上购买黄杨的小树枝，带回家中，挂在床头的十字架上。至于孩子们嘛，当然是赶快把糕点吃掉！

在复活节，鸡蛋万岁！

即便日期不固定，复活节总是恰巧在春分前后几天，基督徒会在这一天庆祝基督的复活。蛋一直是生命再生的象征。在全世界的基督教国家里，复活节糕点的制作与装饰都大量使用了蛋。这段时间也是产蛋的高峰期。

住在萨瓦、阿登及克勒兹山区的人虽然并不富裕，这一天却绝对不会错过以中世纪古法做成的“黄金汤”，其实也就是煎面包。切片的面包先浸在鲜奶里，然后浸在打散的蛋汁中，接着再炸，最后撒上糖。阿尔萨斯的农民稍微富裕些，会以葡萄干和碎杏仁装饰，做出类似的甜点 crimselich。

科西嘉人素来是复活节糕点的冠军。最典型的当然是萨尔泰纳著名的 cacavellu ——嵌有水煮蛋的布里欧，有时会涂上用植物熬出来的红色或绿色染料。从前的家庭主妇多半利用村子里的面包店烤炉制作这种糕点。curcone 是蛋形的小布里欧，为使其具有光泽，会在烘烤过程中涂上糖浆。

旺代地区的 paquaude 或说 alise（小型的），和布列塔尼的知名糕点安曼卷[①] 一模一样。若要制作一般家庭吃的paquaude，只需混合500克的面包面团，125克的奶油，等量的砂糖粉，2颗蛋和1汤匙橙花水即可。蛋形布里欧要先发酵4小时，然后再用中火烘烤约1小时。顺便一提，旺代人非常喜爱布里欧，有时会做出所谓的超级尺寸来，尤其是在结婚典礼时，布里欧可能重达10磅！

对阿尔萨斯的孩童来说，带来复活节彩蛋的是野兔而非教堂的钟，复活节当天的美味糕点则是以羔羊形状的模子烘烤出来的牛奶面包。此处的羔羊自然指复活节的羔羊，寓意基督的自我牺牲，尽管自公元692年起，君士坦丁堡主教会议即禁止了此一形象。在阿尔萨斯的犹太人社群中也可看到一样的面包，不过是出现在庆祝逾越节的那一天，以纪念希伯来人出埃及前在房门上以羔羊血为记的历史。这种散发着樱桃酒香的糕点以羔羊状的上下双模烘烤，并让面团于事前就在模子中发酵成形。烤好脱模后撒上砂糖，最后插上三色旗当作装饰。

不过，不知是因为想象力贫乏，还是因为所有的东西都已被创造出来了，现今法国的复活节糕点几乎都差不多。最常见的是个人独享或众人分食的萨瓦饼干，以奶油酱汁勾画

① kouign-amann，奶油甜点之意。（译注）

出小小的鸟巢，里面再放入几粒迷你的利口酒砂糖蛋。要不然就是做成半颗蛋形状的大蛋糕，装饰的精致与多寡依糕点店的豪华程度而定。鲜奶油和糖面一直都是巧克力口味，因为没有巧克力就构思不出复活节糕点了。大钟也是甜点师的灵感来源。

至于复活节的星期一，就在不久以前的年代，每个地区都还会献上各具特色的糕点，但对 21 世纪来说，这样的习俗似乎已经属于旧时岁月。现在的孩子应该多参与或从事地方食谱的搜集，使其继续流传下去。

阿尔萨斯的 8 字形饼干

这种用来当作糕点师公会标志的知名硬饼干是中世纪面饼的后代，我们在第 134 页已经提过。其加工过的面团先要放入滚水中煮，然后撒上粗盐及小茴香种子，再放入烤箱中烤到硬。双结或 Ω 字母的形状可能象征着永恒。未婚夫妻应在圣星期五[1]，就像在圣诞节的隔日一样，一起吃 8 字形饼干，以葆爱情永恒。

数年前，法国的家庭主妇与糕点师还能在上半年的最后一个宗教节庆——欢乐的五旬节制作应景的糕点，现在却几

①复活节前的星期五，耶稣受难纪念日。（译注）

乎见不到跟上述复活节糕点极为相似的鸽舍蛋糕（代表着圣灵的糖锭鸽子取代了糖蛋）了。不过，若过节时正逢好天气、周末或节食时期的话，来个冰凉的甜点似乎真的很合适。

圣尼古拉的香料蛋糕和圣诞节的柴薪蛋糕

自公元 354 年后，基督徒便在 12 月 25 日欢庆基督的诞生，拉丁文称之为 natalis dies，12 世纪的法文则借用普罗旺斯语中的 nadal，衍生出 naël[①] 一词。而根据众多传说，4 世纪吕基亚的米拉主教圣尼古拉是航海者的保护者，后亦成为儿童的保护者，纪念日则是 12 月 6 日。我们已经谈论过这位圣人（见第 164 页），也谈过了奉献给他的香料面包，法国东北部的人为了向圣尼古拉表示敬意，会在 12 月初食用极为大量的香料蛋糕。

相当受欢迎的圣诞老人的起源常常引起争论，但因为和糕点没有关系，所以我们不深入探讨这个话题。假如我们相信圣诞老人的话，那并不是我们该担心的。而我们当然相信他！

现今的圣诞节甜点大部分都做成圣诞老人的样子。不过，直到 19 世纪中期，虽然在贝里或维瓦莱等省份仍保有制作人

①现代法文“圣诞节”一词为 Noël。（译注）

形圣诞节糕点的习惯，这些糕点却一如今日的佛兰德斯糕点kerstbroden，是以木偶或襁褓中婴孩的形状出现的，完全无法与圣诞老人联想在一起，可见当时的民间传说中并没有圣诞老人。

同时，传统的布施仅仅是几个小钱或一些传统甜食，如干果、苹果或几块布里欧：

> 让我们歌唱圣诞，我的好太太 / 为了一个苹果或一个梨子 / 为了喝上一点苹果酒

或是：

> 在快乐的圣诞节 / 我的米榭婶婶 / 我从钥匙孔中看见 / 您在吃蛋糕 / 不管是黑的还是白的 / 我要走了……

从中世纪初期开始，圣诞节便是亲朋好友一年一度的欢聚之日。午夜弥撒前的家族聚餐往往呈现了亲情友爱与虔诚恭敬。通常大家会分享特别的蛋糕，例如诺曼底的garot、阿尔代什的炸糕与布列塔尼的烘饼，并等到天上第九个星星出现以后，才开始用餐。

阿尔萨斯及普罗旺斯的圣诞节传统色彩仍然比其他地方更为浓厚。虽然这两个地方大不相同，对法国人而言却都能勾勒出一个真实的圣诞节轮廓：东部是圣诞树，南部则是马

槽（基督诞生的场景模型）。

任何一个如米斯特拉尔一样的南法人都不会忘记为“十三道甜点”（代表基督和十二个门徒）中的“两种牛轧糖”配上“油帮浦”（以橄榄油制作的橙香糕点，典型的普罗旺斯糕点）。

在阿尔萨斯，必定会端上其实是一种香料蛋糕的阿尔萨斯梨蛋糕 bireweck，蛋糕中除了梨子外，还有果干及水果蜜饯。

阿尔萨斯人在欢庆圣诞节时还会将 8 字形饼干分送给恋人及孩童。这种饼干大到可用手臂穿过或挂在脖子上。还有其他为了此一神奇之夜特制的阿尔萨斯糕点：“马纳拉”，做成人形的橙花口味小布里欧，葡萄干则是眼睛；“布列多”家族，各式各样只能在圣诞节吃到的应景小糕点，里面放奶油的叫奶油布列多、放杏仁的叫 schwowe 布列多、放柠檬的则称为 spriz 布列多。从斯特拉斯堡到科尔马，随便问哪一个小朋友都答得出这些糕点的不同名称。

不过在现在，从加来海峡到佩皮尼昂，从布雷斯特到斯特拉斯堡，最受欢迎、最“典型”且是法国特有的圣诞节糕点，应该非圣诞节柴薪蛋糕莫属了。最经典的口味则是栗子及巧克力。

然而近几年来，由于一些无关紧要的理由，像是胆固醇或大腿脂肪团，“清淡的”圣诞节柴薪蛋糕变成了顾客的最爱：不要砂糖、面粉、奶油、鲜奶油、巧克力甚至也不要栗子，时髦的大糕点师们纷纷“炮制”这样的蛋糕以讨媒体欢心，让他们得以拍摄令人惊艳的照片。

为了标志冬至的到来而于家中壁炉使用真正的木柴来生火的这项传统，比圣诞节古老了许多，也比基督诞生更为古老。这个仪式显示出欧洲宗教混杂的一面，那把火不但与公牛神密特拉的崇拜有关，也跟信仰永不熄灭之太阳的凯尔特神话有关。而基督教传统与种种地方迷信，自然而然地也贴覆了上去。

一般而言，果树的枝干及大型树枝要在屋中炉灶里连续烧上三天、七天或十二天（有象征性的重要数字），并由家中最年长与最年幼的人来共同点燃。在进行仪式时，常会在炉膛中洒上油、蜂蜜、酒、鲜奶和圣水。此一仪式里包含了遵守教规之人所有最重要的义务：对火的敬拜、尊敬祖先、维护传统风俗等。

后来，因为中央暖气系统和对流暖气机的出现，炉灶不再被使用，木柴则变成了餐桌上的糕点。柴薪蛋糕有各式各样的做法，会随着不同的外观花样和口味做不同的变化，除了具有独创性，也保存了过去的传统。

不过，就算我们将柴薪蛋糕的发明归功于美好年代最知名的糕点师拉坎，我们也不知道这让人惊艳的发明始于何时，更无从得知这种圣诞节中的世俗欢庆源于何日。有人认为是1898年，有人认为是1899年。既然如此含混不清，那么不如归于传说吧。

社交庆祝糕点

我们已经谈过了，从很早很早以前开始，蛋糕的首要之职便是作为表示敬意和感谢的明证，并在与神祇或与社会的关系之中，标志分享的喜悦。

如同先前所述，这些今日依然存在的特殊甜食，其文化性与节庆性在最初多半源于宗教节日，虽然它们现在大多已和圣诞节一样世俗化了。此外，我们越来越重视所谓的特殊场合或现代社会庆祝活动，如5月的母亲节及2月的情人节。蛋糕越来越被当作不可或缺的东西。托各种节日和销售市场的福，这些日子对糕点师来说也变成了一场庆典。毕竟现在结婚的人似乎越来越少，新生儿洗礼或领第一次圣餐的场合亦随之降低，实在大大损害了甜点高塔的销售。

包法利婚礼上的甜点高塔

为了做圆馅饼和牛轧糖，糕点师傅还是特意从伊夫特请过来的。糕点师傅因为在那地方头一回露脸，所以做起事来小心翼翼。上甜点的时候，他亲自端来一盘能让人惊叫的甜点高塔。首先是底层。那是一块蓝色的方形硬纸板，形成一座有廊有柱，周围还有雕像的殿堂，神龛中则摆满了金纸做的星星。第二层是用萨瓦蛋糕做成的城堡主塔，周围有白芷、葡萄干、杏仁和四分之一柳橙做成的小小碉堡。最后，在最高层的平台上是一片绿色的原野，在那里有岩石、果酱湖以及核桃壳做成的船。一个丘比特在巧克力秋千上荡来荡去，秋千两边的柱子上各有一个真正的玫瑰花球。

福楼拜，《包法利夫人》，1857 年

甜点高塔在 19 世纪脱离了王侯的豪华晚宴而变得大众化，资产阶级无法想象婚礼中没有一个堆叠着层层松脆甜点、以砂糖花朵与绢网丝带做成的蝴蝶结装饰、顶上放着象征新婚爱侣小人偶的甜点高塔。这对伴侣会在来年再一次向糕点师订购类似的甜点高塔，只不过塔顶上换成了摇篮。十年后，为了庆祝孩子初领圣餐，摇篮再变成拿着蜡烛的小人偶。

在那个年代，人们对于再婚时是否订制结婚蛋糕颇感犹疑，但就像维多利亚女王的女官斯塔夫男爵夫人在其教导“礼仪”的书中所说的，她并不建议这么做。今日，每对新婚夫妇都能定做个人化的纪念蛋糕，太过显眼的松脆甜点因此变得越来越少见。新婚夫妻以美式风格，两人一起握着刀子切开结婚蛋糕成为结婚仪式中的高潮与惯例，摄影师也绝对不会错过这一刻。

当今最有名的结婚蛋糕，不用说，当然是英国查尔斯王子和黛安娜·斯宾塞小姐的结婚蛋糕。他们的结婚蛋糕就和婚礼一样受到媒体的极度注目，出自桑德之手，可招待数百位宾客。这个高达3.93米的结婚蛋糕依照英国传统，全部都用砂糖做成。七层平台的每一层都放着待切开的蛋糕，并理所当然地以英式鲜奶油馅做装饰。依照习俗，蛋糕上的糖制艺术品须保留到第一个小孩诞生的庆祝时刻，糖锭做成的花朵则会分送给受邀的宾客。

要做出这样的蛋糕需要很长的作业时间，要做出各部分的草图、模型，并雕刻、铸模，为整体造型勾勒想象好几种版本。珍珠花环是这整件作品中最精致脆弱的部分。

桑德这位不同凡响的人物曾在荷兰女王、比利时的博杜安国王，还有伊朗国王礼萨·巴列维与令人难忘的法拉赫的结婚典礼上大展长才，也曾在瑞典国王的生日中一显身手……这里仅仅举此数例。不过，他最自豪且乐在其中的，还是亲自教导英国王太后制作蛋白霜这件事。

杰尔维兹的庆祝蛋糕

餐后甜点端上了桌。在中央，有一座萨瓦蛋糕做成的庙宇，边上有甜瓜做成的圆顶。圆顶上种着人造玫瑰，旁边有银纸做的蝴蝶正在翩翩起舞。花蕊里放了两粒橡皮糖，犹如两滴露珠。然后在左边，有块白奶酪放在深盘里，右边的盘中则堆叠着受到损伤，渗出了汁的大草莓……

左拉，《酒店》，1877 年

可是，在不讲究繁文缛节的今天，已经不太鼓吹不能完全食用的堆叠型蛋糕了，现代人比较喜欢平坦的蛋糕，只要有优雅高超的鲜奶油装饰即可。

虽然经由各种竞赛产生的冠军糕点师竭尽所能，利用砂糖、巧克力、牛轧糖、杏仁糊及水果蜜饯做成的花朵及缎带，制作出令人难以置信、比真品还美的杰作，巧妙到任谁看了都舍不得吃掉，但他们更乐于向美食爱好者展现真正的蛋糕，每一件都是世界之最，是庄重朴实中的美丽珍宝。

现为法国厨艺学院一员的詹姆斯·贝尔捷是 1997 年托洛尼亚大奖的得主，其精致完美的杰作让桂冠实至名归。他的“卡修佩”在当初固然是为了五十四位宾客而做，但对一般甜点爱好者而言，不能不试试这道蛋糕食谱，用来招待十来位宾客恰恰好。

詹姆斯·贝尔捷的卡修佩

此蛋糕有三层结构：基础为达克瓦兹（含有杏仁粉及/或榛果粉的蛋白霜）和厚厚一层的香缇奶油杏仁巧克力慕斯，接着是厚厚一层的香缇奶油杏仁巧克力酱汁，最后在上面再加上一层可可成分高的炼乳巧克力镜面糖衣。

达克瓦兹：将200克蛋白、100克砂糖粉和280克的杏仁粉打至起泡，装进挤花袋中挤出一个18厘米高的圆形来。以小火烘烤近30分钟。

巧克力慕斯：用4个蛋黄和200克鲜奶做出英式酱汁。趁热将酱汁倒进270克切碎的巧克力（涂层用）中，混以50克奶油和60克融化的杏仁巧克力。待到微温时，加入300克香缇奶油（掼奶油）搅拌均匀。放入圆模中，待冷却后再放到先前已冷却的达克瓦兹上。

杏仁巧克力酱汁：用2个蛋黄和100克鲜奶做出卡仕达酱后，马上混入30克的杏仁巧克力和25克的杏仁糊，并在冷却之后加入100克的掼奶油。置于圆模中，再放在巧克力慕斯上。最后把整个蛋糕放入另一个圆模中，以4摄氏度冷藏。

镜面糖衣：80克不含糖炼乳一煮开，马上倒进100克切碎的巧克力（涂层用）、25克砂糖粉和20克葡萄糖中。以食物调理机搅打后，将糖衣敷在已冷却的蛋糕上，但保留中央杏仁巧克力酱汁的部分，划以菱纹。脱模。再将卡修佩放入冰箱冷藏，约30分钟后即可食用。或是将模子中的蛋糕冷冻起来，在食用前先解冻再脱模。

被遗忘的节庆蛋糕

在巴黎以外的地区，尤其是在乡下，一些标志着社会生活转变的仪式让人想起若干传统美食，为了唤起记忆，我们特别要提到最有名的“新兵”布里欧。每一年，在为已届服役年龄（二十岁）的年轻人所举办的宴会结束时，一定会端出这道糕点来。

由抽签决定的兵役自1905年起改为义务役，直到21世纪才被废止。但对当时的青年而言，兵役具有由男孩转变成大人的象征意义。同村庄或同条街的居民会负担伙食费用，让穿着军服且佩戴徽章的青年在餐会中大吃大喝，以不醉不归表现男子气概。

通常，人们会将一块布里欧留下来，转交给次年的新兵队长，这在当时被称为“面包交接”。

另外还有一些已经消失的习俗：法国北部的婚约糕点cuignet（拉长的蛋糕），这个象征得到允诺的蛋糕必须在圣诞节由新娘（要亲自动手做蛋糕）的双亲赠给求婚者。此时亦是双方家长恳谈的好时机。

在洛林，未婚的年轻女子要做松饼；在布列塔尼，要做的当然是用小麦面粉做成的可丽饼。不过，在这史前石柱之乡，求婚者得在正式提亲时带着母亲或教母做的“求婚蛋糕”。若女子接受求婚，则要回赠完全相同的蛋糕。

至于葬礼方面，在乡村地方的习俗中，甜食通常不会出现在餐桌上。但直到不久之前，在北方省及加来海峡省，在丰盛的飨宴（称为“啃亡者之头”）之后，死者家属会在致哀者回家前赠送发酵面团做成的葡萄干蛋糕。参加葬礼的人在家里将之切成薄片，并浸在菊苣做成的牛奶咖啡中食用。黑色葡萄干象征丧事，赠送糕点则是向为丧家带来安慰的亲朋好友表达感谢。

法国的甜点遗产

介绍法国各地在各种场合使用糕点的习俗真是乐趣无穷。不论是由排钟宣告的重大宗教节庆或社会节日，这片土地上留下来的烹饪遗产中实在有太多美好的事物了，让美食热爱者有理由在一年里的每一个时节，都尽情享受当地的时令特产。虽然这些糕点大部分都极为简朴并依据传统制作，但每一家都有些许变化。

然而，很多糕点却因为秘方无人传承而面临消失的危机，年轻的一代糕点师也越来越无心保存或复兴这些正在失传的食谱。没有什么能够与自家风味的糕点相比，只因我们可从中找回那份记忆里的感动。

在一长串的各地布里欧名单中，几乎已经没有任何一个家庭能做出那种特殊的鲁埃格管状蛋糕了，这种蛋糕曾是鲁埃格地区数百年来的骄傲，现在却得花极长的时间去寻访会制作的老奶奶才吃得到。不过朗德地方的帕斯提斯及萨瓦的圣热尼布里欧却没变，仍然是家中小孩的最爱。至于由热那亚面糊做成，以朗姆酒及香草提味的波尔多的可露丽其实不是布里欧，这种松脆柔软的甜点无法在家制作，因为得有模具才能做出可露丽的独特外貌。

不论在任何时候、任何地方，每个人都可享用的塔

正如我们已知的（见第 141 页），塔是全欧洲最常见的糕点。其历史非常古老，是一种以油酥、千层酥或酥面团饼皮，装入撒上砂糖或酱汁的水果、甜味或咸味馅料的食物。

圆馅饼是由前述放了馅料的饼皮上再覆盖上一层同样面团的薄饼皮做成的。若塔模的侧边甚高，那通常就不是塔模而是圆馅饼模。我们也会使用高边圆环，放在当作底托的烤盘上。

最具代表性的家庭甜点是水果塔，它显示了各省份的四季更迭。家庭主妇并不急着将果园中的上等水果制成果酱，而是做成水果塔。不过从年头到年尾，果酱在制作糕点中都派得上用场，还能给糕点增添色彩。

但是，不要认为所有的塔都是相同的东西。就像是各地的方言有其特殊的腔调，极易辨识一样，每个省份也都有专属的苹果塔。

以阿尔萨斯的苹果塔为例。从前本来和别的地方一样是擀薄的面团，后来在揉制原先的面包面团时，在面粉中加入了奶油来进行改良（在今日，200 克的面粉要用上 100 克的奶油）。

将塔皮铺在圆馅饼模中，放上去皮、去心籽，切分成八等份的苹果，也就是说，苹果片要够厚才不会糊掉。撒上掺入肉桂粉（阿尔萨斯人爱极了肉桂）的大量砂糖后，放进预热过的烤箱中，用大火烘烤 20 分钟，然后将打散的 3 颗鸡蛋和 100 克砂糖、100 克鲜奶油及 1 杯牛奶拌匀，浇在已焦糖化的苹果上。再放入烤箱中烤约 10 分钟，趁温热食用。

贝里或勃艮第苹果塔中的苹果除了要去皮去籽外，还要浸泡在酒或葡萄酒渣中，若无，则使用干邑白兰地。

典型的诺曼底苹果塔口味极为浓郁，“胆固醇”这个词似乎无法被翻译成诺曼底语……

若爱玛 · 包法利（包法利夫人）要动手做苹果塔，她会这么做：以 250 克面粉、2 个蛋黄和 200 克新鲜奶油做成基本酥面团，还要加上一撮盐。在静置面团的同时，她会削 1 千克的“小王后”苹果，一半用来做糖煮苹果，另一半浸在加了一小杯苹果烈酒和 50 克砂糖粉的碗中。接下来，爱玛会在圆馅饼模中铺上擀薄的面团，倒入糖煮苹果，然后再把浸过酒和糖粉的苹果整整齐齐地排好，并用大火烘烤。30 分钟之后，她从炉中取出苹果塔，倒上鲜奶油（100克）、蛋黄（3个）、杏仁粉（25克）、砂糖（50克）及少许浸泡苹果后剩余的苹果烈酒混合物。再以小火烘烤15分钟后，趁温热食用。以上就是诺曼底苹果塔的做法。

没有比普罗旺斯苹果塔更实在的了（成功率很高）。普罗旺斯苹果塔只使用苹果，极薄的塔皮则是用植物油做成（或者不久前都还在使用的，煮沸牛奶上形成的奶皮），很少使用奶油。切成片的苹果撒上糖即可烘烤，出炉后涂上数匙苹果果胶，冷却之后即可食用。前面提过的塔坦苹果塔（见第278页）其实就是翻转过来的普罗旺斯苹果塔。

此外，图卢兹还有一种“费内特拉”杏桃塔。这种塔从前是四旬斋中旬和复活节的美食，更是某种见证：当时人们为了获得赦免，要前往布加郊区的麻风病医院探访病患并表现出怜悯与慈悲等善行，而在接受考验之后，为了庆幸自己还活得好好的且身体健康、心情更轻松，人们会在节庆中大吃大喝一番。因此，被命名为fenetra的杏桃塔不仅是这一天的传统庆祝糕点，也是结束盛宴的糕点。根据诗人米斯特拉尔的说法，此名称来自晚期拉丁文fenetrum一词的黑色幽默，意指“丧礼的餐点”，而非“窗子”。法国大革命以后这项习俗几已绝迹，直到最近，图卢兹的知名糕点师拉科斯特才重新把费内特拉挖掘了出来。他把费内特拉做成花的形状并放在橱窗内展示。拉科斯特的费内特拉在这座玫瑰色之城的各处被模仿，即使现在麻风病患已经不存在了，或许罪恶也已不存在，但贪爱美食之罪却不然。品尝费内特拉已经不再具有宗教性质了，它甚至成为星期日午餐结束时的必备糕点之一。就像奥克语作家弗洛雷所说的："多么棒的费内特拉！在它可怜的一生中，从未见过与自己相似的东西。"

图卢兹的"费内特拉"

将擀薄的油酥面团铺在椭圆形的塔模中。在其上涂一层混以略微切碎的糖渍柠檬的杏桃果酱。覆盖上混合了等量杏仁粉和过筛面粉的微甜打发蛋白。饰以柠檬圆切片及紫罗兰蜜饯。撒上大量的糖，以小火烘烤 20 分钟。

提到宴会，就让人想到 19 世纪末相当有名的美食评论家罗贝尔·库尔蒂纳说过，法国北部数世纪以来一直是受到侵略和蹂躏的边境地区，却也是全国各省中最清楚如何保存方言和庶民菜肴的省份。此说法并不全然正确，不过为了忘记太过漫长的黑暗痛苦时期，主保瞻礼节、狂欢节以及无穷尽饮酒作乐的大规模宴会，可不仅仅是古代的专享。

在法国北部，冬天的传统美食是著名的李子塔。饼皮甚厚且非常营养，以发酵面团制成，就和面包或布里欧面团一样。李子则在等待面团发酵时，浸在内有小块肉桂的糖浆中腌渍。腌料中还可加入一汤匙的烈酒并以文火慢慢收干，趁李子塔尚未冷却时淋上去。

李子在法国北部极受欢迎，通常还会和苹果一起做成糖煮水果，放在用劣质砂糖做成的传统糖塔上，这种糖塔已在前面提过。

甜味蔬菜塔

很久很久以前，法国南部一到冬天就很难取得新鲜的水果，当地的居民因此学会享受另一种美食，甜味蔬菜塔。

因此，从阿普特到滨海的圣玛丽、从桑特到阿尔让河畔莱萨尔克，圣诞节大餐中必备的十三种糕点中一定要有甜菠菜塔，或者从戛纳到芒通的甜菜塔，甚至是德龙及沃奈桑伯爵领地的南瓜塔。

南瓜塔更准确来说应是 tarte au potiron，亦因此被命名为 panat。奇怪的是，南瓜派在美国广受欢迎，却没有南瓜派在美国的起源和传承的相关研究，沃克吕兹和弗吉尼亚之间的移民活动也没有明确的记载，其事实亦无从确认。另一方面，我们也该提到法国北部的名产，南瓜馅李子塔。

虽然都是使用菜叶，但菠菜塔和甜菜塔在做法上并不相同，制作时要很谨慎。

菠菜塔

将极嫩的菠菜挑好洗净。以滚水烫过，沥干并切碎。锅中淋上一些橄榄油，炒菠菜，并加上大量的红糖及擦得极细碎的柠檬皮（1 个）。将甜饼皮做好铺在圆馅饼模中并放入大量的菠菜后，放入炉中以相当大的火力烘烤。如此一来，馅料才没有时间出水。

甜菜塔

这道尼斯经典美食只使用甜菜的绿色菜叶部分。将甜菜的白色边缘全部剥掉。将菜叶放在阳光下晒干。隔日当菜叶变脆时，将之如烟卷般卷起并切成细段。另一方面，用 250 克面粉和略少于一半量的植物油（或用猪油，奶油亦可，若您坚持的话）及打散的蛋做成甜味塔皮。将三分之二塔皮铺在模子中，烘烤至淡色，约 15 分钟。与此同时，把剩下的塔皮切成条状。将切碎的甜菜混以 100 克擦碎的荷兰奶酪、200 克浸过水的葡萄干、1 颗打散的鸡蛋及一小撮盐。饼皮出炉后马上填入馅料，并把条状塔皮交叉铺在上面。将塔放入烤箱中烤 15 分钟。出炉后撒上香草糖，食用前再撒上一些。

玛格洛娜 · 图桑－撒玛，《普罗旺斯的乡村菜》，1970 年

朗格多克的塔家族与甜味肉馅饼

1770 年，身为英国贵族与印度总督的克莱夫爵士来到蒙

彼利埃接受一位医学院教授的治疗，这位教授被视为自拉伯雷以来最好的医生。克莱夫爵士和其随从受到美丽的城市佩兹纳斯的吸引（一百年前莫里哀也时常造访此地），暂居于此，而随从中的一名印度厨师（当然了！）成功地改良了苏格兰美食——甜味羊肉馅饼。总督常常举办印度大君式的盛宴，当地的上流社会人士常常在宴会中大快朵颐。

总督优雅大度地将制作方法传授给了宾客。当总督回国时，一个名为鲁凯罗尔的佩兹纳斯糕点师便在圣约翰骑士街 4 号的店里，贩卖起外观美丽可供一人食用的佩兹纳斯肉馅饼。其滋味让人想起克莱夫爵士家中的好东西：猪油做成的饼皮，肉馅为切碎的羊肉和肾脏油脂、擦碎的柠檬皮并加上粉状红糖。在放入烤炉烘烤 30 分钟之前，还会先撒上少量的砂糖以使之焦糖化。模子的形状像定音鼓，有点类似达里欧的模子。古老的模子上头常刻有浮雕，有时会用金或铜制成，在古董店中往往被当作烟草罐。

小小的贝济耶馅饼需用到奶油做成的饼皮，并在与前述馅料相同的内馅中放入切碎的糖渍枸橼。

博凯尔一地的“帕斯提松”必用粗红糖来做折叠千层酥皮，馅料则是牛肾脂肪混以切碎的枸橼、擦碎的柠檬皮、橙花水。法国南部的人极爱橙花水，将之广泛应用于糕点的制作中。

至于格吕桑一地的甜馅饼则是众人分享的糕点。饼皮和博凯尔的一样，使用加了糖的折叠千层酥皮，包入切碎的冷羊腿肉及肾脏脂肪、擦碎的柠檬皮及粗红糖。这种由两片厚饼皮做成的圆馅饼，饼盖部分因上了蛋汁或牛奶咖啡而呈现金黄色。

形状相同的贝济耶圆馅饼除了糖渍哈密瓜和羊的肾脏油脂、传统的柠檬皮及250克粗红糖之外，馅料中没有任何的肉类。

一般说来，虽然味道偏甜，但这些各式各样却又十分相似的糕点通常被当作前菜食用。

朗格多克塔的名称

在说到“塔”的时候，朗格多克人并不使用tarte或tourte，croustade才是通行的字眼，例如croustade aux poire（洋梨塔）。洋梨塔的饼皮是用猪油做成的，馅料是柯比耶红酒煮圣约翰小洋梨并以肉桂提味。在纳博讷，当地掺有切碎杏仁、美妙无比的蜂蜜无花果塔则可追溯至中世纪。

像面团包水果般的幸福

第二次世界大战期间，阿登省的老奶奶若在黑市拿不到面粉的话，会用面包粮票到面包店换取生面包面团，瓦尔省和沃克吕兹省的老奶奶也是如此。于是，就像每年秋天所做的，她们挑选出上好的榅桲，用围裙的反面仔细地擦好，挖核，取出里面的种子。接下来，这也是最重要的一环，将榅桲泡在水中，然后在中心处塞上砂糖粉且在砂糖里轻轻滚动。接着，她们将摊平的生面团切成四方形，并用四方形的面团小心地将果实包起来，放入平底篮里。然后，吵吵嚷嚷的孩子们便兴高采烈地跑到面包店拜托店家帮忙，以文火烘烤所谓的 pan coudoun（榅桲面包）。面包出炉后总是颜色金黄且香气四溢。

这个食谱也可以应用在苹果和洋梨上。至于面团，则视财力、个人喜好、传统而定，基本酥面团、布里欧面团、千层酥面团都可以。每个省份都这么做，唯一不同的就是名称。

例如在诺曼底，认识或不认识“布尔多”（洋梨或苹果口味）端视住在塞纳－马恩省河右岸或左岸而定。布尔多的基本酥面团是用 1 颗鸡蛋和大量奶油（毫无疑问！）做成的。上诺曼底的“布尔德洛”则更加精致。会先把苹果去皮、去核、涂上奶油且烘烤 45 分钟，面团则使用折叠四次的千层酥面团。苹果烤好以后，则在其中填入用苹果烈酒稀释的果酱（视喜好而定），并放在圆形的生面团上，用油纸包好，涂上蛋汁以烤出金黄色泽。食用前还可以浇上苹果烈酒，来个火焰布尔德洛。这道甜点的热量可不小。被称为“杜雍”的甜点也是如此制作，但用的是水梨。

“克拉芙蒂”的大家族

用水果做成的点心通常没有任何的面团，却内含加了蛋的奶油酱汁。我们因此将这种甜点归类于 entremets。

贝里[①]一地的苹果“古埃宏”可上溯至中世纪，14 世纪知名的《巴黎的家长》作者称其为“波旁塔”。这种塔需要像可丽饼一样的稀面糊，以 2 颗打散的鸡蛋、1 杯鲜酪、1 杯牛奶及 250 克面粉做成。应先将面糊放入圆馅饼模中，再将喜欢的水果摆好。如果使用了樱桃或者小李子的话，做出来的就变成了“米亚荷”。

马孔一地的“塔图庸”做法相同，但随便什么水果都可以拿来用，单独一种水果或综合水果皆可。

古埃宏和塔图庸不该与随处可见、只使用樱桃的“克拉芙蒂”混为一谈。后者在诺昂当地被称为“加利富蒂”。在乔治·桑家族食谱中的加利富蒂，便是女作家的孙女奥萝尔·桑亲笔记下来的。

①法国旧行省，今谢尔、安德尔、卢瓦雷三省地区。后文提及的诺昂位于贝里南端（今安德尔省），是乔治·桑的故乡。（译注）

关于“克拉芙蒂”

clafoutis（克拉芙蒂）也可写成 clafouti。根据字典的解释，这个词汇是中央高地、利穆赞或贝里的方言。19 世纪中叶，由于作家都德、米斯特拉尔及乔治 · 桑的缘故，方言得到了某种程度的关注。根据阿兰 · 雷的说法，clafoutis 结合了两个保存在方言中的古法文词汇：claufir（钉住）和 foutre（打进）。钉子或许就暗示着放在奶油酱汁中的樱桃。

奥弗涅一地的米亚荷是克拉芙蒂的一种，这个名称让人联想起贝里的米亚荷，两者之间应该有点亲戚关系。这种糕点极为简单且富乡村风味，其特别之处在于，樱桃倒入可丽饼面糊之前要先裹上一层面粉，这样它才不会沉到底层去。

和马孔的塔图庸一样，佩里格一地的克拉芙蒂可用手边现有的任何一种水果制作。根据了不起的女厨师兼作家拉 · 马齐耶的说法，在佩里格，所谓的 flaugnarde 首先指的是为了得到一颗糖果、一份礼物或一个亲吻而撒娇的小女孩：“将之扩大引申之后，佩里格人将这种美味的牛奶鸡蛋烘饼命名为 flaugnarde（芙萝涅亚），因为入口即化，‘慵懒’得几乎无法保有原来的形状。”在馅料（100 克砂糖、100 克面粉、3 颗或 4 颗鸡蛋及一杯半特别添加了橙花水的牛奶）中加入去核的李子干和 / 或葡萄干，然后立刻放进热烤炉中烘烤约 20 分钟。

佩里格的“米拉苏”与芙萝涅亚相似，但稍微硬一点，小麦粉中要混入两倍重量的细玉米面粉。

而布列塔尼著名的far（法荷）或farz就和芙萝涅亚一模一样，唯一不同的是在每升牛奶中会加上5匙朗姆酒。far或farz这个地区性名称与farine（面粉）一词同源，来自相当古老的印欧语，并在1799年增列入法语词典。

贝里的“加利富蒂”

取一碟子大小的平模，涂抹奶油待用。准备好长梗黑樱桃，去梗，铺在模底后再加上一层黑樱桃。取一只大盆(gamelle，贝里方言称作terrasse)，放入1杯面粉、1大匙烈酒、1颗全蛋、少许盐以及1颗鸡蛋大小的新鲜奶油，再加上点水做成光滑的面团，并用木匙持续搅打面团约5分钟，以避免面粉结块。将面糊倒在樱桃上。面糊会将樱桃间的缝隙填满，所以必须注意不要倒进太多，免得风味尽失。放进够热的烤炉里，烘烤约1小时。出炉后，脱模，撒上砂糖。放置数小时使其冷却。早上制作的加利富蒂放到晚上享用较佳。或在夜里制作，于隔天早上食用亦可。趁热吃既不美味可口，对消化也不好。两倍的分量可做双层大蛋糕。可保存两天。

克里斯蒂安·桑德，《乔治·桑的餐桌》，1987年另外两种同类甜点见于勃艮第公国国土的两端，可见此公国的富庶及广阔。一是尼维内地方的乡土甜点 flamusse，此乃使用苹果的克拉芙蒂。另一个是在佛兰德斯或埃诺一地的 flamique 或 flamiche，此为奶油酱汁塔，以韭葱为馅，却不一定是咸的。这两种糕点的名称并非来自 flamme（火焰），而是从高地德文的 flado 衍生出来的 flaon（鸡蛋牛奶烘饼／布丁）。

奥弗涅塔因为没有塔皮，所以绝对不是塔。但这种用美味的栗子泥做成的甜点到底为何会取这样的名称呢？我们在加泰罗尼亚可以找到同样内容的东西，但至少有个确切的名称 crema de castanyes（加泰罗尼亚奶酱）：在半升以香草和砂糖调味的热牛奶里，加入由 4 个蛋黄及 20 个煮过栗子做成的栗子泥。以小火煮至浓稠，装在碗里冷却后就可食用。

作为 entremets 的奶酱

加泰罗尼亚人可说是制作奶酱的权威，不论是著名的焦糖布丁，或是放了肉桂和新鲜杏仁的牛奶酱。牛奶酱是阿拉伯—安达卢西亚菜肴的伟大遗产，是从前的占领者留给赫罗纳的修女的。

今日，我们尤其不能忘记著名的香料味加泰罗尼亚奶酱，因为国际性的农产食品公司早已把其工业版本的奶酱满满地塞在超市货架上。

只有真正的加泰罗尼亚奶酱才含有八角，这是其香味独树一帜的秘密。可别把这秘密告诉农产食品公司，因为他们还不知道……就像所有从佩皮尼昂到巴塞罗那的奶酱一样，加泰罗尼亚奶酱因为加了太白粉而变得浓稠，多半单独放在瓶身宽度大于高度的罐子中供人享用。

加泰罗尼亚奶酱

首先，在煮开的半升牛奶中加入 4 个八角、一小块肉桂、切碎的柠檬皮及一根剖成两半的香草豆荚。要用木匙搅拌，不要用打蛋器，否则会起泡。将 4 汤匙砂糖粉、1 颗全蛋和 3 个蛋黄、2 汤匙太白粉加入牛奶中，以文火加热，不断搅拌，使其浓稠却不至于煮沸。注入 ramequin 模具（直径 8 厘米至 10 厘米的奶酪蛋糕圆模）中，冷却后食用。

完全不同类别的炖米自圣路易时代起（见第 147 页），就是唯一能和奶酱一样大受法国人欢迎的 entremets。关于诺曼底芳香四溢的特古勒炖米在奥恩河流域是这么唱的：“要满足口腹之欲 / 应吃特古勒炖米 / 应吃法吕布里欧 / 然后再好好来上一杯。”

吃特古勒炖米能使人强壮起来，法吕则是一种搭配着特古勒炖米吃的苹果酒口味布里欧。特古勒炖米的做法是：在涂上大量奶油的有柄陶锅中加热 2 升的牛奶。当牛奶沸腾之后，放入 25 块方糖和一小撮盐、2 茶匙肉桂及 150 克的长米。充分搅拌后，将米放入烤炉中以文火烘烤至少 3 小时，直到表皮呈金黄色为止，食用前再撒些奶油。

特古勒炖米这种名称令人想起容器。这种炖米与普罗旺斯炖米一样（见第 148 页）古老，不过前者不含杏仁，因为当时此地还不认识杏仁。

知名的勃艮第“里果东”与加泰罗尼亚奶酱很相似，加了蛋，也加了使之柔滑的太白粉，但里果东不用特古勒长米，而是用变硬的碎布里欧与剁碎的核桃及榛果。食用时会将糖煮水果铺在上面，并佐以……想当然耳的……红酒！

世界各国知名甜点

LES GÂTEAUX & LES ENTREMETS D'AILLEURS

享用过法国的美食以后，让我们也来看看法国以外的甜品和点心。但正如那句俗语“眼大肚小”所说，丰富的选择往往让我们错失了来自其他地方的好东西，因为我们绝对无法尝过每一种。虽然十分犹疑要如何取舍……但总而言之，先稍微将眼光放远一点吧。

在这里介绍的甜点都是最知名的，是由各个国家的资源、地理和气候的条件以及社会和宗教的习惯所产生。但各国人的偏好亦很重要，不尽然依据以上条件来决定。

对一位美食旅行家来说，查访私房菜的秘密既是义务也是乐趣。如果觉得气味相投的话，被访者往往都会信心满满地知无不言。而这也是我们将要透露给你们的。

此外，认识他人最好的方式就是在餐桌上，在单纯地享受端上来的美食时。

马格里布，甜点之母

基于以上原因，我们的旅行决定就从位于法国对面，与法国关系深远的马格里布三国——摩洛哥、阿尔及利亚和突尼斯开始。自古以来，此地的菜肴一直因其甜味特征而受到重视，更是欧洲大部分菜肴的母亲，而其阿拉伯—安达卢西亚源头，则至少有一千年以上。

我们在这里暂不提这三国的特色甜点，先谈谈马格里布文明的共同烹饪艺术。不论是这三个兄弟国的哪一个，其灵魂和性格都呈现在烹饪技术上。

毫无疑问，这三个国家的共同联系是普遍偏好非常甜且香气浓烈的食物，原料则选自当地的农产：蜂蜜（每个地方都使用蜂蜜）、粗面粉（或粗或细的硬质小麦粉）、少量奶油和大量橄榄油、新鲜水果（榅桲、无花果，特别是柑橘类水果，如柠檬及柳橙）或干果（椰枣、葡萄干、核桃、松子以及大量各种形态的杏仁）、香气强烈的香料（橙花水、肉桂、茴香或八角、番红花，但极少使用香草，巧克力及可可也不太被当作香料使用）。也非常喜爱使用种子（西瓜、芝麻、小米、开心果、花生）和果酱，当然还有鸡蛋。

“羚羊角”

马格里布最知名的甜点“羚羊角”，并不难做。裹上等量杏仁糊和糖粉的小香肠，以橙花水及肉桂调味后，卷成新月状，掺奶油及橙花。在锅中煮20分钟后马上浸泡在极热的橙花水中，然后赶紧滚上粗糖或冰糖。或者在生杏仁糊外滚上芝麻，煮好，放在上了油的盘中。

以前用山羊奶，现在各地都使用低温杀菌的牛奶或保久乳。各类乳制品或由工厂制造，或以手工制成，但没有使用鲜奶油的习惯。地中海沿岸各地（从前和现在都处于阿拉伯影响之下）能烹调出极为多样化的甜点。那些高热量点心并不一定在餐后才端出来，因为即使是贫穷人家的伊斯兰信徒，也非常喜欢吃这些甜食。

在整个北非地区，所谓的甜点、糕点或甜食并不一定仅在用餐时享用，因为依其丰富的营养价值而言，它们对一顿正餐来说是多余的。实际上，各类果酱或饮料，如咖啡、茶、果汁，以及冰镇过的水或苏打水等才是用来招呼客人的，是一种友情的象征、好客的表现，人们会和路过的人和特意来访者一起分享。

一旦遇到社会和家族（在这个地方不用说当然是指大家族）的喜事或宗教节庆，就是吃甜点的好由头。甜点在家里分享，也从这家分享到那家。大多数的点心都会被妥善保存下来，家中母亲为了在客人到访时能端出一盘好点心，总是非常注意。

如果主人预先知道有访客的话，就会端出一大盘热乎乎且黏糊糊的炸糕来，这在北非可说是最上等的款待。摩洛哥和阿尔及利亚的环形“斯芬吉”和北美洲的甜甜圈一模一样，不过前者整个涂满了黏稠的蜂蜜。

在突尼斯，每天都会吃一种名为“布里克”的炸糕。这是一种用手拿着吃的传统食物，手边的食物都可夹进咸味布里克中，特别是蛋。而可在路边购得的甜味布里克上则布满了碎杏仁和开心果，还有一层又厚又浓稠的蜂蜜，只需把面团好好折起来，浸泡在蛋白霜中，再用大量的油去炸，然后撒上细砂糖，趁热食用。

在法国，大家都很清楚布里克面团的样子，如棉布般细薄，圆盘状。因为到处都有卖，几乎不会在家里做。

但在摩洛哥，相反地，伟大的女性烹饪者到现在还制作一种和布里克面团相似的“瓦卡”面团。只要将薄薄的瓦卡面团以灵巧的手法堆叠十次，并在铁板上烘烤、撒上肉桂和砂糖，就成了如空气般松软的千层酥饼“帕斯提亚”。若要做“布里瓦”，则需将面团切成细长的带状，缠在小牛肉碎肉面团或牛奶炖米面团上，油炸之后再撒上细砂糖。阿拉伯料理对千层酥和甜味肉类的喜爱不分高下。此类千层酥亦屡屡在甜点史中出现。

德国丰富的甜点文化

既丰盛又多变，德国美食拥有悠久的传统。就像那些大国一样，德国的菜肴同样具备多种面貌。德国北部面向北海，寒冷潮湿，邻居们（比如对食物同样吹毛求疵的荷兰、波兰和斯堪的纳维亚半岛）的影响力透过各个港口传入而影响到当地的烹调。在德国中部，祖传食谱巧妙运用了乡村的有限资源，发展出能长时间炖煮的各类甜咸味加工食品。德国南部拥有丰富的飞禽野味，也拥有葡萄酒和啤酒，因此每个人都具备活泼又浪漫的气质，也与邻国奥地利一样爱极了甜点，虽然还无法与奥地利匹敌——毕竟奥地利是无与伦比的糕点王国。

果树栽培（苹果、洋梨、洋李及樱桃）是德国农业的精髓，几乎在各个地方都能收成的水果造就了前述那些甜咸兼具的德国菜。不过，有名的樱桃汤、接骨木果实汤、被称作荷兰汤的苹果汤，以及在北德汉堡使用鳗鱼及杏桃做出来的令人惊讶的水果浓汤，这些水果汤都不是甜点。而把苹果当作蔬菜使用的菜肴更是不计其数。

德国人爱极了蛋糕，也随时都可以吃蛋糕，不管是在家里自己做，去糕点店买，还是在啤酒屋里点一份。每个城市和乡村都有著名的糕点：首先是拥有无数做法的塔，再来是庆祝用的大型饼干，如德累斯顿极甜的“史多伦”面包[①]。这种在油酥面团中加上杏仁和水果蜜饯做成的甜点，圣诞节时

① 19世纪时创于名店洪佩迈尔，该店于20世纪50年代收归国有。

连在法国超市都相当畅销。还有吕贝克的杏仁蛋白饼、纽伦堡的香料蛋糕，以及柏林的年轮蛋糕，一种在卷成树干状的布里欧上装饰含有肉豆蔻和肉桂香味的杏仁的糕点。

然而，没有哪个能比得上获得国际评价（远至美洲！）的黑森林蛋糕。虽然不知道是谁发明的，不过不管阿尔萨斯人或奥地利人说些什么，它一定是来自同名的“黑森林”地区。这种使用了大量蛋和奶油的海绵蛋糕会加入面粉一半重量的可可粉。做法：做两个相同的蛋糕坯并浸在樱桃酒糖浆中，然后把用白兰地浸渍的整颗樱桃混以掼奶油做成一层厚厚的夹馅，在蛋糕表面涂上掼奶油，撒上削成片的巧克力。最后别忘了摆上樱桃。黑森林蛋糕应冰镇食用。

在典型的塔中，还应该提到大黄塔，但也不能忘了苹果塔。苹果塔是一种使用混合了杏仁蛋白饼的厚油酥面团做成的塔—蛋糕。在德文里，Torte不一定是指塔（tarte）或圆馅饼（tourte）。一句人人皆知的维也纳谚语这样告诉我们：“Torte是圆形的蛋糕，而所有的圆形蛋糕不见得都是Torte。”

奥地利，糕点的乐园

大多数美食家都说，维也纳的糕点是世界第一的。这是毋庸置疑的事。约五百年前，皇帝腓特烈五世一声令下，一家面包店制作了圆形小面包分送给所有儿童，面包皮上还画着一个十字。而如今不分年龄，谁都可以品尝这种皇帝小面包。

维也纳的面包店、糕点店和糖果点心店从中世纪开始就已享有特权，职业公会也很早就非常有组织，甚至远比法国和英国来得更早。其香料蛋糕工匠的存在亦早于法国。而诸如此类的职业公会全都掌握着独占权。

糖果点心专业工匠只可以做焦糖、杏仁糕点、夹心软糖和饼干。当知道有巧克力这一样东西之后，很快地，巧克力专业工匠的团体也随之兴起。至于面包店，要懂得区别用白小麦粉掺黑小麦粉制作面包的专业工匠和只用上等小麦粉制作白面包的专业工匠。虽说如此，即使是后者也无法专精于皇帝钟爱的所有小面包或蛋糕。总而言之，法国人所说的viennoiserie（维也纳风格的糕点），几乎和维也纳的历史一样古老。

据说，一位姓名不详的厨师长因为手边的鲜奶油不够宾客享用，为了增加分量，才想出了搅打鲜奶油的主意。没人知道这项奇迹发生的日期，因为没有人能够想象一个掼奶油不存在的年代！维也纳人不能一天没有掼奶油。以下景象在维也纳绝对不稀奇：顾客将汤匙伸进侍者预先放在桌上的罐中舀取掼奶油，在巧克力、咖啡或蛋糕上再加上一层。有人甚至会直接舀出掼奶油来吃。各位观光客！好好观察你的四周。你们会发现维也纳到处都放有这东西。

维也纳有1500间以上的糕点甜食店，通常每一个小时就会用掉数百升的掼奶油。而维也纳还有1000间咖啡厅和1000多间餐馆。早上去工作以前、午餐时间、傍晚五点以后，甚至在观剧散场时，整座城市的人都匆忙地赶往自己喜欢的店去吃蛋糕。不仅如此，他们还会一边接手机一边吃蛋糕。这些事若非亲眼所见恐怕难以相信。

你一定知道这句格言："告诉我您的饮食，我就知道您是什么样的人。"这座充满魅力、才智及艺术的都市早在维也纳会议前就已拥有好几世纪的传统美味糕点，只要在此停留片刻，便能了解这种群众营养学对人心的影响。而从统计上来看，维也纳的糖尿病患者也不少于其他地方。

18世纪维也纳最有名的糕点店是德梅尔糕点店，距今已有二百年历史。发迹于城堡剧院正对面的德梅尔糕点店在开业之初，便在店家和演员化妆室之间建立起某种长期的供应关系。如今，剧院的小型博物馆里还收藏着当时的送货车。

剧院一散场，所有的人都会前往优雅的糕点店，再一次让自己处于上流社会交际圈中，挤在许许多多盛着冰激凌的水晶器皿或摆着松脆炸糕的银盘前。炸糕被取名为狂欢节炸糕是件奇怪的事，因为其实每天都吃得到[1]。

德梅尔糕点店不久后就成为宫廷指定的糕点供货商，这样一来大公们随时都可以吃到美味的糕点。不过，另一种说法是，伊丽莎白皇后（茜茜）过世以后，将届晚年的弗朗茨·约瑟夫皇帝与城堡剧院的年轻女演员坠入了情网。尽管有记者的紧追不舍，年轻女演员每天仍于用茶时间在后台以密传的库克洛夫来款待皇帝。

每到圣诞节和复活节，德梅尔糕点店的橱窗俨然成为仙境，不过这间糕点店在一百五十年前曾有噩梦般的遭遇，当时还成了国家的重大事件。这就是所谓的萨赫蛋糕事件。

萨赫蛋糕事件

1832年，在维也纳，外交活动极为密集。起因是拿破仑垮台之后，欧洲重建迟迟没有进展，奥地利宰相梅特涅便接连不断地与各国外交官和君主进行会商。为此，其首席主厨弗朗茨·萨赫受命每天构思出新的糕点。终于，萨赫灵光一现，把所有的材料混合在一起，制作出面团中拥有等量面粉和巧克力粉的大型蛋糕。这种做法前所未有，连卡雷姆都不敢这么做。萨赫蛋糕获得了前所未有的成功。隔天起，维也纳人的热门话题只剩下这种梅特涅亲王的蛋糕。

①在传统风俗中，若女子将半个炸糕交给男子，则表示其求婚已蒙应允。

弗朗茨·萨赫为了将此奇迹商品化，开设了自己的店铺。他结了婚，有三个小孩，在皇帝一直想发展的市中心盖了一幢旅馆，赚了许多钱。欧洲各地有钱的美食家来到蓝色多瑙河畔，吃着有名的巧克力蛋糕，聚在萨赫的饭店中。一楼的餐厅和茶馆供应一碟碟的大块芳香蛋糕，宾客则舒舒服服地窝在圆圆软软、像天使屁股般的“掼奶油”靠垫里。

然而，传到第三代时，萨赫家族接连不断地遇上灾难。萨赫的孙子爱德华遭遇资金困难，为了迅速解决问题，他将专利证和授权将 Ur-Sachertorte（萨赫蛋糕创始者）字样以牛奶巧克力写在蛋糕上的执照，出售给了德梅尔糕点店。接着还发生了另一件不体面的事。制作蛋糕的秘方出现在了汉斯·斯克拉赫的《维也纳糕点店》一书中。

蛋糕的实际所有人萨赫饭店，因其特制糕点遭剥夺而控告德梅尔。萨赫饭店宣称：德梅尔贩卖的蛋糕是用热的杏桃橙皮果酱作为覆面，然后再铺上一层巧克力镜面糖衣。萨赫饭店的蛋糕则是像第一代弗朗茨所做的一样，将蛋糕上下两段切开来夹入杏桃橙皮果酱。德梅尔做的蛋糕是赝品，不符合原版。

审判持续了七年以上，围绕此审判在维也纳有着两极化的言论。萨赫饭店告尽了各层级法院直到最高法院宣判其胜诉，但结果蛋糕同业工会转而支持德梅尔。最后，萨赫饭店不能禁止没有夹杏桃橙皮果酱的“萨赫蛋糕创始者”。为与之对抗，萨赫饭店推出了扎扎实实夹入杏桃橙皮果酱的“自家萨赫蛋糕”。

各位要做的事是造访这两处圣地，边吃边做比较。无论在这一家还是在那一家，别忘记添上不可或缺的掼奶油。不论是哪一间店的结账柜台，女售货员都会将外带蛋糕用烙画木盒包装好，让萨赫蛋糕安适地踏上旅途。

制作萨赫蛋糕时要用加了巧克力的海绵蛋糕，并在圆模中烘制。冷却后把蛋糕切成上下两半，中间夹上杏桃橙皮果酱。加上巧克力糖衣之前，也可涂上杏桃橙皮果酱，将两种版本合而为一，让美味更上一层楼。再强调一次，一定要配上掼奶油。

奥地利还有另外一种经典糕点，林茨蛋糕。这并不是维也纳的糕点，而是林茨的糕点。这个多瑙河畔的历史城市做出了这种以肉桂风味的油酥面团加上杏仁粉或榛果粉，再涂上覆盆子果酱的精美糕点。有的林茨蛋糕只使用杏仁或榛果做馅料，并以巧克力提味，用作果酱涂层的基底。不过不管是哪一种，在烘焙之前，都必须以细长的条状面团在蛋糕上组成格子状。

因为无法列举出奥地利所有的糕点，所以至少要在结尾时做一结论。若说萨赫蛋糕是维也纳糕点王国的女王，那继承王位的公主就是一个令人愉快的奇迹。这奇迹以蛋白霜与掼奶油做成，布满了糖渍花朵及水果蜜饯，形状为涡卷、蔷薇或阿拉伯式草花。它是一阵微风、是穿了舞会礼服的蛋糕，而其名称也名副其实，极具美好年代之风韵——西班牙微风。

简直就像首维也纳华尔兹舞曲的标题。

但为何是“西班牙”呢？当然是为了向维也纳的骑术传统致敬。神圣罗马帝国皇帝查理六世于1730年创立了维也纳西班牙马术学校，以训练奥地利大公查理二世约于1581年引进施泰尔马克地区的安达卢西亚骏马，如今这里以训练利皮扎白马闻名。

游遍天涯的千层酥

奥地利哈布斯堡家族的帝国自1867年起即冠以奥匈帝国之名，直到1918年。对奥地利来说，和其“邻居”说不上有强烈的牵绊，共同经历的一段历史也就这样仓促告终。而这个邻居，便是从来就只想做“匈牙利”的匈牙利，期盼自由的匈牙利。

由于位于欧洲中央，这个国家自古以来即受到旧大陆各个民族的入侵。游牧民族无论是从东边到西边，或是从北边往南边，总是取道匈牙利这条捷径。

匈奴人、马扎尔人，然后是土耳其人，不时有各种民族为了各自的目的地而占据匈牙利的国土，特别是14世纪初到18世纪末。可以想见，这些游牧民族也沿途留下了不少属于各自文化的饮食痕迹。

从遥远国度带来的糕点

> 现在的匈牙利菜与我们远祖翻越喀尔巴阡山时所带来的已经有很多差异。……然而，现在的匈牙利菜的确还保有从前的痕迹。从中也多多少少可得知一二亚洲菜肴，来自那些祖先居住过的亚洲之地。
>
> 卡洛利·昆德，《匈牙利食谱》，1997 年

因此就像所有穆斯林军队经过的土地一样，在匈牙利也可见到用千层酥皮面团制成的糕点。这种面团比纱还薄，可来回环绕在各地的传统馅料上。这类糕点看起来都很相像，但也多变。虽然来源相同，但因采用者不同故名称各异，如“姆吉扎”“瓦卡”“布里克”“布里瓦”等。

我们在马格里布已见过这样的糕点，同样地，在地中海沿岸的所有国家，或是以前被阿拉伯人占领过的国家都见得到这些糕点。因此，法国西南部的帕斯提斯是普瓦捷之役后摩尔人所遗留下来的。此一糕点在摩洛哥称为“帕斯提亚”，同样有许多的干果和松子，极甜。

15 世纪后半开始统治希腊四百年的土耳其人，则用蛋和油做出了轻盈的面团，名为“尤夫卡”。这种面团可做出不同的千层酥，知名的有咸味或甜味的“比雷吉”或“布雷克”，或碎核桃和肉桂馅的 bubul yuvasi（夜莺之巢）等。

在希腊、伊斯坦布尔或雅典被称为“费洛”（意为“树叶”）的知名面团，现已成为工厂大量生产的产品，可用来制作在近东或埃及也很有名的“巴克拉瓦”及“卡塔尔菲”。装饰这些美食的手法大致相同，不过，卡塔尔菲有时会涂上掺了融化奶油的杏仁糊，放入烤箱烘烤后，再浸入糖浆或滚烫且几乎焦糖化的蜂蜜中数次。

希腊的“巴克拉瓦”和“卡塔尔菲”

在涂上奶油的烤盘内，层层叠上 6 片“树叶”面团，一次 1 片，每片都要大方涂上融化的奶油。在最上层的面团上撒 1 磅碎核桃或杏仁，半杯细面包粉和等量糖粉，半茶匙肉桂和等量磨碎丁香。再覆盖上另外 6 片涂了奶油的面团。用刀尖在上面划出菱形。洒上少许玫瑰水或橙花水，烘烤约 1 小时。冷却之后，淋上热腾腾的糖浆。糖浆应用 2 杯糖、2 杯蜂蜜、2 杯水及 1 颗柠檬的果汁做成。搁置几小时之后，切成菱形上桌。

卡塔尔菲的面团为宽条状。可包裹前述馅料，不过要在馅料或在糖浆中加入柳橙汁。

匈牙利甜点的荣光

德国有名的苹果卷是一种苹果修颂（馅饼）。这种苹果修颂使用的千层酥面团类似于“树叶”、布里克及其他千层酥面团。不过它并不是德国糕点，也非奥地利出产，虽然德梅尔糕点店的银盘自开业以来已不知端出了多少苹果卷。

无论放不放苹果，Strudel 这个词都无法还原其匈牙利根源。匈牙利早在德梅尔第一代店主抵达维也纳前四百年就在制作这种糕点了。证据是匈牙利人并不认识 Strudel 一词，而这个德文词原本意指激流中的旋涡。

这种食物在匈牙利语中的名称是“黑泰什”，馅料有甜有咸，可依各人喜好添加苹果或干果——苹果和干果至今仍深得土耳其人和希腊人的喜爱。而尽管匈牙利是蜂蜜的大产地，黑泰什却完全不使用蜂蜜。油脂则是猪油。匈牙利人断言，使用匈牙利小麦做成的黑泰什，其谷蛋白含量为世界之最。

匈牙利人把糕点和菜肴视为国宝，极度重视，他们甚至用甜点或菜肴来颂扬匈牙利最杰出的人物，如音乐家、文学家或诺贝尔奖得主。一直非常受欢迎、切成块状的巧克力蛋糕“里戈·扬奇”便是为了纪念 1927 年去世的茨冈人（匈牙利吉卜赛人）乐团团长。当时，这位音乐家因诱拐比利时希迈亲王之妻、美国亿万富翁之女而震惊了全球新闻界。

最有人气的黑泰什使用了巧克力和朗姆酒的掼奶油为馅，并冠以卡洛利·昆德之名。昆德是匈牙利极具现代风格的博古斯（法国大厨）。直到第二次世界大战前，匈牙利的捷波德糕点店和维也纳的德梅尔糕点店都一同分享着桂冠荣耀。

最后，若不提及在巴拉顿湖附近开店、被视为国宝级人物的著名糕点家伊斯特万·瓦加就太不公平了。瓦加的香料蛋糕完美无比，除了以古式木模制作，还用七彩糖制图案及镜面糖衣做装饰。匈牙利是香料蛋糕的天堂。

布里克、黑泰什、苹果卷及帕斯提斯的面团

家庭主妇买的是像“树叶”面团那种大量生产的工业产品，不过专业人士总自傲于其如宗教仪式般的制作过程。

无论是在马拉喀什帕夏的宫殿中，在卡兹诺伏糕点店，还是在德梅尔糕点店或捷波德糕点店，面团都要薄到可以看到报纸上的字，也要光滑、柔软。面团要事先做好，才能在使用前先静置一段时间。构成面团的是250克高筋面粉、1杯水、1茶匙醋、1个蛋黄、猪油或牛油（视各地习惯而定）。然后，双手戴着手套或扑上面粉的师傅，会在撒上一层面粉的大桌中央郑重地擀开面团，一旁的助手则绕着桌子将面团轻轻拉至身前，直到它如同透明的丝绢，而且不能有任何破洞或撕裂之处。接着，依照各地习惯涂上奶油、猪油或植物油。然后用剪刀剪下装饰所需的大小，再卷在糕点上。有时候，在烹饪中还会涂上油脂。所有的过程一定要完美完成，因为没有后悔的机会。

强求亚洲的千层派？

在公元1000年左右，土耳其人在中亚过着游牧生活。他们与蒙古人和满族人属于同一种族。10世纪时，某些部落分裂出来，在近东地区附近定居下来并渐渐地伊斯兰化。定居在小亚细亚的土耳其人建立起土耳其帝国。其他的土耳其人则抵达其现在仍居住的地中海周边以及欧洲的中心地域，直到18世纪才撤出。

在这期间，在亚洲，蒙古人不断威胁中国的边境，我们将因此看到中国菜对土耳其菜和蒙古菜的影响。另外，也别忘了中国自古以来与南亚和西亚其他地区就保有密不可分的关系。

加德满都的千层派

“亚玛利”是种由米粉团展平且卷成圆锥状的尼泊尔食物，中间或填塞着某种用芝麻和蜂蜜做成的牛轧糖，或填塞着混合了奶油和砂糖的新鲜奶酪。烹调方法则是以蒸气蒸约15分钟。这种糕点是有典故的。就和在维也纳一样，亚玛利来自从前某位加德满都国王希望让儿童享用甜点的心意。

这位鸯输伐摩（光胄王）于11月满月之时颁旨，下令每家最年轻的已婚女子须为亲族中年满六岁、十二岁及十八岁的男孩制作亚玛利。男孩们不仅可享受甜点，还要在脖子上挂上用与自己岁数相同数量的亚玛利做成的项链。

别理会异国菜肴餐厅菜单上的餐后甜点，事实上，在亚洲并无所谓的餐后甜点，传统的点心就是小吃。有用展平的面团做成的卷类点心：米粉做成的 cha gio 和 nem（越南春卷）、小麦面粉做成的 hun tun（中国馄饨）、尼泊尔亚玛利……大部分馅料是剁得极细的肉类和蔬菜，有时则装入甜馅。这令我们想起这趟由北非直到此地的旅途中所遇到的各式甜点，正好逆着扩张之路而行。

中国的“枣泥馄饨”将橙味枣泥包卷了起来，有点像希腊的卡塔尔菲，但枣泥馄饨两端须密封再下油锅炸。总是得有些改变吧！

中国的节庆糕点

近百年来，中国人定居在世界各个角落，他们在各大都会中建立起中国城，住在那些极易辨认的街区里。通过电视，无人不知每年 1 月底的中国新年是如何庆祝的。这节日极其热闹，有时候还会颇为激烈。除了黏糊糊的甜点、做成爆竹状的纸包糖果、枣香四溢的蒸米糕外，实在难以举出其他有特色的糕点。

中华文明基本上仍是农业文明。在为期十来天的新年佳节中，为了每一种滋养人类的自然元素，每天皆会举行庆典。

分门别类的话，有家畜日、五谷日、水果日、蔬菜日等，最后一天则颂赞能够带来丰收的好天气。

至于厨房之神：在厨房深处的神龛中供有雕像或画像，画中那位身着华服的富态男性，人称“灶王爷”。这位神祇正月不在人间，因为祂得上天庭对玉皇大帝报告这家人一年当中的所作所为。为了让祂说好话，人们会在肖像的嘴唇上涂点蜂蜜。为了灶神的返天之旅，还会把糖果、食物，甚至是灶王爷骑的马的饲料，通通都烧给祂。在灶神不在的时候，厨房中会点亮一盏灯好让祂知道回来的路。过年尤其不可碰触菜刀和所有锋利的工具，就连肉铺老板也不例外。另外，过年期间很难买到食物，一切都得事先准备好。

相反地，农历九月的第一次满月、收割结束后的中秋节则是丰收之节，亦是女性的节庆。因此中秋节是个属于糕点的节日，商店的橱窗中尽是甜食。每户人家都会展示自己最漂亮的东西——各式各样的物品、衣服，甚至是小孩子的玩具。人们互赠灯笼以及里面放着四个月饼的美丽漆盒。

月饼

14世纪，在蒙古人的暴政下，北京贵族阶级的日子过得晦暗不明。连在自己的家中，他们也不敢抱怨或批评时政，因为蒙古人的奸细渗透到了每个贵族的家中，以刺探谋反的阴谋。某年，这些贵胄的妻子想出了一条巧计。将近中秋节时，这些勇敢的妇女把起义的消息藏在烤饼中，她们将烤好的饼分发给所有准备起义的人。这样，在约定的夜里，每个参与起义者都知道在何地何时揭竿而起。带着狼牙棒、菜刀及砍刀的谋反者，战胜了毫无准备的蒙古卫戍部队，也因此开启了将中国从蒙古统治中解救出来的大战。中国妇女对自家的月饼极为自豪，她们保留了在家中自制月饼的习惯，而非到商家购买。

艾米莉·哈恩（项美丽），《中国菜》，1973年

这种在炉灶中烧烤而成的美味糕点有如硬壳馅饼，约橘子大小，极甜，面团使用了某种像荞麦的浅灰色特殊面粉，是一半油酥一半基本酥饼，饼中的馅料则有蛋黄、蜜饯、干果、辛香料……甚至还有肥猪肉！在奠祭祖先的供桌上月饼堆叠成金字塔状，周围还会放置其他同样摆成金字塔状的供品与水果。

从前制作月饼的模子底部有双喜字样的浮雕（脱模后字就在上面），但有一段时期是红军的五角星。如今，糕点店和工厂制造的产品已取代了自制糕点。

当然，中国还有许许多多的糕点，虽然在餐厅中不太容

易找到。但在餐厅里可找到甚受欢迎的“拔丝苹果”，即苹果炸糕。还有用杏仁糊及混以猪油的面粉制成的杏仁饼，饼中有个杏仁，烘烤前还会先用蛋汁涂一层上色。

除此之外，其他甚受历代皇帝喜爱，如今因工厂大量生产而变得便宜的糕点还有“签饼”。其实也就是在小小的可丽饼中塞入一张小纸条，上头写着建议（对未婚妻要慷慨点）或预言（将要远行）等字句。这种对折起来的新鲜可丽饼相当酥脆，就像布列塔尼的可丽饼一样。

不过对中国人来说，最有看头的甜点仍非八宝饭莫属，这道甜点在他们眼中是十全十美的食品：将掺了糖的糯米蒸好，放入模子中，再加入一层层的枣泥和红豆沙，倒扣在漂亮的盘子里，并用八种水果蜜饯装饰，其中当然有枣子，樱桃也是不可或缺的。淋上以杏仁精增添香味的糖浆后，即可上桌。八宝饭不仅是不可不吃的甜点，还能够带来好运。

比利时糕点，传统之乐

比利时是个 1831 年才建国的年轻国家，但它是由和西欧各国同样古老的“地区”合组而成的。尽管有这些历史的偶然，比利时各地仍因其自古以来的类似饮食习惯而联结在一起。这也是何以就连恺撒大帝，都早已注意到这些地方的人民对其共通文化的强烈认同感。

比利时的地方糕点和菜肴一样直接来自民间。这些糕点如同当地的人民，简单朴实，无须复杂精细的调理手法。若是为了大型节庆举办的盛宴而制作的特殊美食，则分量相当充足，但不会故作姿态。

在列日一带，有一则用当地方言述说的小故事，中世纪味甚浓：“在主日学中，神父问道：‘小列奥波德，您来说说，大家怎样庆祝圣诞夜？’小列奥波德答道：‘神父，吃荞麦可丽饼来庆祝啊。’”

甚受喜爱的可丽饼“布克特”源自佛兰德斯，因为荷兰语的 boekweit 就是指荞麦粉。这种甜点常以朗姆酒来增添香气，食用时会撒满葡萄干（在佛兰德斯常常使用）及糖粉，并佐以一杯煮过的葡萄酒。虽然这是一种家庭式点心，但在午夜弥撒前也可在教会附近的市场买到。小孩子往往会要求买可丽饼来吃，列日的父母则以传统的拒绝方式，推说好几百年以来商人都是在锅中吐口水而不用奶油或猪油。在家中做出的第一份可丽饼用手背抛到橱柜上，就这样一直放着，最后可用来治疗黄疸和牙痛。不过，不知是要做成糊剂，还是要……勇敢地直接吞下去？

同样的可丽饼还可以在图尔奈、尼韦勒和那慕尔找到，但名字却是“弗里昂德”，而且是在诸圣节时食用。另外一种国民点心是在新年吃的肉桂松饼，瓦隆语称之为 strème（来自拉丁文的 strema，“压岁钱”），算是种年节习俗。虽然在特定的日子非吃不可，但一年到头都吃得到，无论是自制还是买来的。

不过，毫无异议地，比利时最具代表性的糕点还是塔。在列日，曾有段时日把塔称为 doreye。因为实在太喜爱了，18 世纪的列日市民曾经把它当作政治象征。当时这城市由两个党派分治，两党互取绰号，互称对方为“吃塔者”或“吃香肠者”——香肠是圣诞节的特别菜肴之一。毕竟这两种食物象征比蒙太古家族和凯普莱特家族的徽章更能引起话题。

blanke（意为“白”），也就是米塔的特别之处在于，将香草和肉桂口味的牛奶炖米填塞在发酵面团做成的饼皮中，炖米中还混合了切成小块的蛋白杏仁饼。

在韦尔维耶，米塔被飞猫兄弟会当作徽章。这个著名秘密社团的会员都披着白鼬皮绲边的白色斗篷，戴着绿色丝绒的贝雷帽。他们的使命在于让比空气还重的东西飞起来，以使韦尔维耶的药剂师萨侯雷阿的名声永存。萨侯雷阿在 1641 年时想让猫飞起来，却以失败收场，毕竟当时尚未发现氦。此外，在韦尔维耶主教就职时也会吃米塔，喝黑咖啡。

不过，别想在行李箱没塞满“斯贝库罗”的情况下离开比利时，这种极有名的扁平饼干松脆可口，在每个市集都可买到，亦可见于德国的巴伐利亚。斯贝库罗之于糕点，就如同“撒尿小童”之于布鲁塞尔人。斯贝库罗常被视为香料糕点的一种，面团中使用了肉桂、丁香及粗红糖增添香味，且毫不吝惜地使用奶油以让舌头享受独特的溶化口感。生产斯贝库罗、如今已传承数代的名店丹多伊更早已成为历史纪念性建筑物。

伊比利亚半岛的朴实糕点

糕点制作是种艺术，西班牙人和葡萄牙人以这种方法颂赞信仰，也以这种方法表现乡愁。朴实无华的假象掩饰了背后极为丰富的制作手法：蛋和糖的大量使用。是因为从前摩尔人的占领和昔日为数众多的犹太人社群才让这两地的人那么喜爱甜食吧？我们提过此地优越的中世纪甜食（见第68页），伊比利亚半岛的炼糖厂与威尼斯的炼糖厂彼此竞争，海上香料之路的快帆亦然。

对于这一点，我们可以说，西班牙人和葡萄牙人对于美食及吞噬海外各地的贪婪是一样的。异国食物的色彩和香味令人难以抗拒，充满奇想的产品因此得以从简简单单的原料中萃取出最绝妙的部分。尤其，别忘记在很久以前，是他们首先在欧洲的土地上栽培出了原产于亚洲的柠檬和柳橙。

1米长的油条

西班牙人爱极了他们在墨西哥发现的巧克力。不过早餐用的巧克力则让他们更加欢喜，因为他们会配上西班牙的地道油条一起品尝。若不亲身体验此一习俗，是没办法真正认识西班牙的。油条是一种将近1米长的炸糕，用掺了蛋的泡芙面团制成，非常有营养。天一亮，在街上的摊子或面包店都可买到热腾腾的油条。也可自制。重要的是要有适当的工具：大型的金属灌注器，底部有个口径1厘米的挤花嘴，上部有个能拆卸的木质活塞。把几近液状，香草、肉桂或橙花风味的面团装在灌注器中。用活塞密封，拿到滚烫的炸油上方，挤出香肠状的面糊，面糊会在炸油中盘卷起来并因热膨胀。用漏勺将油条取出，趁热放在白色的布上，这很重要。如此周而复始直到面团用尽。油条要马上吃，撒上糖粉，浸在巧克力中食用。

虽然伊比利亚半岛并非产乳区，但从比利牛斯山到直布罗陀海峡，含乳制品的甜点却位居美食之首。焦糖布丁真的是这两国人民的点心。各式各样的牛奶炖米，无论使用杏仁与否，很早以前就已广为人知；穆斯林在欧洲其他地方食用以前，就将这种亚洲谷物带到了安达卢西亚。不过奇怪的是，葡萄牙人一直到15世纪才使用米。在土地贫瘠的加利西亚（位于西班牙西端，葡萄牙的“上方”）就算是再微不足道的庆典，大家都会享用“炸牛奶”：外松脆内滑润，除了牛奶和米之外，还有其他必要的材料，一些美味却简单的材料，一小块肉桂和一些擦碎的柠檬皮，可让牛奶炖米变得浓稠的3个蛋黄、玉米粉和面粉。将香浓的牛奶炖米平放在四方形的模子中冷却后，切成砖块状，浸在2颗鸡蛋打散的蛋汁中，再裹上细面粉油炸。炸好后趁热撒上糖粉，若是富裕人家还会加上肉桂以增添香气。为了不浪费蛋白，食用时会佐以加了糖的发泡蛋白。

葡萄牙，柳橙的第二个故乡

哥伦布在第二次航海时，将橙子从里斯本带到了美洲。他把第一株橙树种在新世界的西属海地。这些来自葡萄牙的橙树宛如现今的太空飞行员般受到悉心的呵护。结果，从波斯到费赞，阿拉伯世界不再称柳橙为naranj'，而叫作bortugal（在伊朗则为porteghal），到现在还是如此称呼（同样的情形发生在罗马尼亚，因其曾为土耳其殖民地），虽然文学上的阿拉伯语比较喜欢称之为tchina，因为大家认为最高贵的事物应该都是从中国来的。

玛格洛娜·图桑－撒玛，《食物的历史》，2013年

值得庆幸的是，位于马德里东北，两个卡斯蒂利亚（新

卡斯蒂利亚和旧卡斯蒂利亚）之间的瓜达拉哈拉并非只以西班牙内战闻名，此城还拥有西班牙名点——醉蛋糕：肉桂口味的海绵蛋糕浸润在马拉加酒过半的焦糖风味糖浆中。虽然纯粹主义者对加上掼奶油的现代派做法颇有微词，但这种做法其实无可厚非。

旧卡斯蒂利亚的阿维拉城有种非常有名的特产叫作圣特蕾莎的蛋黄球。不过，这种甜蛋黄球看不出和圣特蕾莎有何关联。圣特蕾莎是 16 世纪伟大的加尔默罗会修女，神秘断食的信徒。

在加泰罗尼亚，人们始终将苦黑巧克力当作香料，在烹调炖牛肉、龙虾及嫩炒野兔时使用。巴利阿里群岛至今仍非常喜欢甜（鳗）鱼糕，虽然此道菜肴并不属于主菜间的甜食或餐后甜点，却是中世纪菜肴源于阿拉伯—加泰罗尼亚—安达卢西亚的见证。

在 14 世纪和 15 世纪的欧洲宫廷中，加泰罗尼亚厨师的评价甚高。1324 年，有位侍奉英国国王的加泰罗尼亚厨师还撰写了一本食谱书，名为《圣救主之书》。

因此，六百多年来，“芙劳”（可译成法文的 flan，“鸡蛋牛奶烘饼”）一直是伊维萨岛上的复活节美食。相当具有现代风味的芙劳，其材料与做法在西班牙最古老的中世纪食谱书中便已有详细的记载。这种塔是真正的美味，特别是趁热食用时。

巴利阿里群岛的“芙劳”

用 200 克面粉、少许盐、4 汤匙软化但未融化的奶油（从前用的是猪油或植物油）做出油酥面团。加入 1 个打散的蛋和 1 茶匙茴香酒（从前使用捣碎的大茴香或茴香种子），2 汤匙冷牛奶。将面团滚成球状，置于阴凉处。接着制作馅料。将 4 颗蛋、150 克糖粉及 3 汤匙蜂蜜搅拌好，加入 250 克鲜酪或凝乳、15 片切碎的薄荷及 1 汤匙茴香酒。将面团摊在涂了奶油的塔模中，倒入馅料，放入烤箱中，烘焙将近 1 小时。须随时注意。当芙劳变得金黄且鼓起时即可出炉。放至稍微冷却后再撒上糖，并用数片薄荷叶装饰。

至于环状的加泰罗尼亚小甜点“罗斯奎尔”可说是西班牙的代表甜点，虽然跨国的大型制饼产业将这种甜点塞满了法国、西班牙纳瓦拉省及全欧洲的超市货架，但一直到 19 世纪时，罗斯奎尔都还是在家中就可制作的点心。做法则代代相传。这种入口即化、极甜（用蜂蜜与砂糖，现在是葡萄糖）的比斯吉的正式做法是，在面团中和入搅碎的熟蛋，烘焙后再加上蛋白霜。

葡萄牙爱鸡蛋

从家常菜中诞生的西班牙点心使用了大量鸡蛋，直到现在，养鸡农家的收入都相当丰厚。但在葡萄牙，鸡蛋的使用量绝对要更多。葡萄牙甚至有只用鸡蛋做成的甜点——当然还加了砂糖。

在葡萄牙的甜点中，沿海的贝拉省那惊人的鸡蛋“七鳃鳗”几乎与当地的高级葡萄酒一样远近驰名。从其他文化记录来看，鸡蛋“七鳃鳗”可说与古老的科英布拉大学历史相当。若想制作这种历史级名点，最好求助于大受欢迎的专家，通常也就是说话像连珠炮似的老太太。

8 人份的甜煎蛋卷材料不只是准备 6 颗全蛋及 18 个蛋黄而已，还要另外再准备 1 颗全蛋与 5 个蛋黄。为了模仿盘起来的七鳃鳗，煎蛋卷会做成开放式环状。遇上大型宴会之类的场合，制作这样奇特甜点的过程本身就已经是种奇观，更何况还必须一再地重复。

一面把第一份鸡蛋与蛋黄打散（不可搅拌过度），一面把蛋液一匙一匙地加进用汤锅煮沸的糖浆中。照这种方式做出几十个小小的蛋花团后，用漏勺舀起，像画鳗鱼那样“画”在耐热的盘子上，盘子需一直处于极热的状态。

第一份鸡蛋全部煮好以后，将 100 克去皮切碎的杏仁加进糖浆里，让糖浆再次沸腾，离火，将剩下的蛋打好加进锅中。再以文火加热，把糖浆收至浓稠但不可煮到结块。将此份糖浆顺着汤匙背面倒在“七鳃鳗”上，最后在鳗鱼头的地方放上两颗小小的巧克力当作鱼眼睛（绝对需要），并用刀尖划出鳞片与尾巴。

若要制作另一种在阿连特茹地区的阿布兰特什一地大受欢迎的鸡蛋甜点蛋丝，虽然方法相同，过程却更加复杂，而且需要男性专业人员熟练的技术。鸡蛋甜点蛋丝是把玻璃高脚盘堆成金字塔状，以黄色瀑布般的蛋丝将之覆盖后，饰以糖渍水果而做成的。与前者的做法相同，在糖浆中加入打散的蛋汁（12 个蛋黄与 2 个蛋白），接着倒入开有四个大洞的过滤器具并使其流出，做出互相缠绕的蛋丝后，便能挂在堆叠起来的高脚盘上，形成从高处流泻而下的瀑布。

阿连特茹地区的“夏卡塔尔”虽以相同方式做成，却是在圆盘上堆成环状，再覆上如棉花糖般细柔的焦糖。

至于知名的圣诞节的圆形香料小面包虽然同样是黄色的，却是因为材料中有南瓜肉、玉米粉和肉桂，实际上完全没有用到蛋。

不列颠教我们的事

在本书中，曾对约在五百年前为我们发明了午后休憩片刻的英国女性致上谢意（见第 25 页）。她们不但在下午端出称为 tea（茶）的饮料，还配上了品尝 sweet cakes（甜点）

的仪式。从那时起，几乎所有的英国人都一定要喝茶，并有如举行仪式般地，吃着各种搭配殖民地饮料的甜点。从过去到现在始终如一，让英伦三岛更加充满了魅力。

文艺复兴时期的英国家庭主妇把这种宛如国教般的喝茶习惯向同胞传扬了开来。而就这样，在经过数个世纪后，五点的“下午茶”俨然已成为英格兰的象征。

但是，若不配着传统美食一起享用，喝茶也就没什么乐趣了。反之，要是传统美食还是“大不列颠制造”的，当然就完美得让人无话可说。虽然过去放在家庭甜点台上的多是些苏格兰乡下的朴素甜点，但这事早已被抛诸脑后；这些朴素的甜点在伊丽莎白时代，与玛丽·斯图尔特（女王）一起离开了苏格兰高地，来到英格兰南部。

请记得，我们一直强调百姓的糕点是女性文化的一部分，亦是女性文化的印记。而英伦三岛的传统糕点显示，在某种程度上，比起别的国家，英国最早拥有女权主义者。这是偶然吗?

恐怕不是。说起来，不但英国最伟大的君主都是女性，我们也在此认识了第一位撰写食谱书的女性，以及第一位女性职业厨师。

英国的传统糕点不只佐以下午五点的红茶，也会出现在早茶时间。这里指的早茶并不是只有饮料的醒脑茶，而是指早餐。至于在下午更晚时、当作晚餐吃的点心下午茶一般来说都相当丰盛，原因在于女王的多数臣民把这当作一天最后的餐点，接下来的夜晚就只是看电视打发时间而已。正式的下午茶中不只有前述的甜点、果酱，且多半以包有肉类、鱼肉或奶酪的小型馅饼等咸糕点作为开始。

一直到 19 世纪 30 年代，这种很晚吃点心的习惯在上流社会仍相当普遍。我们在简・奥斯汀的小说里看到，作为女主角的乡绅之女常常要忍受无聊的社交下午茶。伦敦的名流会在午后喝点茶并等到八点才吃晚餐。原因是，乡下为了节省照明用的蜡烛，必须早早就寝，但在都市中，水晶吊灯让整个晚上都亮如白昼。

到了 19 世纪末，由于铁路与灯油的使用，乡村生活，尤其是上流社会的周末乡村生活变得大为风行，当作晚餐的丰盛点心因此获得了较崇高的地位。上流社会的人在愉快的户外散步后往往饥肠辘辘，吃一顿丰盛的点心并省略晚餐，便可把晚上的时间花在玩牌或听音乐上。但不管怎样，下午茶都保留了便餐的内涵。

不用说，最常见的甜派自然是苹果派。英国产的小型苹果简直是为了苹果派而培育的。果皮上有红色与黄色斑点的考克斯苹果，硬而多汁，又甜又酸，再加上猪肉就是道完美的下午茶甜点。这种传统就同甜肉馅饼（见第 335 页）一样来自苏格兰。柠檬派则是“老小姐”的最爱，每个人都有自己的配方与做法，很多人拿这道派参加在教区主保瞻礼节中举办的制派比赛。大黄派的制作更是精巧，因为要覆盖上格子状的面团，在格子之间通常会流出鲜奶油来。食用时一定要撒上迷迭香砂糖——混入迷迭香粉末的砂糖粉，才能端上桌。

“派”的语源

盎格鲁－撒克逊人把法文的tarte直接翻译成英文的tart，拿掉了后缀的“e”。但是他们几乎不用这个老气的词汇，而喜欢称之为pie。这相当于法国人所认知的tarte，甚至往往是tourte（见第336页）。事情就是如此。英国的习惯或英文的词汇不见得总是与法国的一致。话虽如此，pie的语源为何，又该如何解释这个词？这个词是从古老的盖尔语而来，指的是放在教堂主祭台上的大本弥撒书pighe。应该是很久很久以前，某个以贪嘴闻名的教士在望弥撒时，把某样体积庞大的东西放在僧袍底下却被人家看到了吧？结果他拿弥撒书当借口。其实，派就是厚酥皮做成的三层圆馅饼：上层的酥皮、中间的填馅以及下方的酥皮。亦因如此，便有了将馅比喻成弥撒经本的习惯，特别是使用那种千层酥面皮时。

历史悠久且通常来自苏格兰的小型糕点有bun（加入葡

萄干的圆面包，切开涂上新鲜奶油趁热吃）和crumpet（迷你可丽饼）。crumpet在化学酵母（泡打粉）发明前是用天然酵母（现今做面包用的酵母）制作的。泡打粉现在亦用于制作马芬蛋糕和司康。从前的苏格兰人会把三角形的司康饼用火烤来吃。

在英国或法国乃至美国，到处都有卖制作马芬蛋糕的套装，也就是加了果干、巧克力或各类面粉等的盒装材料。

传统的马芬蛋糕

若无马芬蛋糕的专用模具烤盘——像玛德琳一样的专用模具，可使用小干酪蛋糕模来代替，小塔模的高度不够。而盎格鲁－撒克逊人的衡量标准当然是以茶杯为准！将1杯细砂糖粉、1杯半的面粉及半包泡打粉混合在一个大碗中。加入1颗打散的鸡蛋、半杯植物油（或分量稍少的融化奶油）及半杯牛奶。放入搅拌器中混合以使面团变轻。倒入涂了奶油的模具中，放入预热至210摄氏度的烤箱中烘烤15—20分钟即可。

英国最有名的甜点，“约翰牛”的美食象征，自然非布丁莫属。布丁不能称作糕点，因为它不含面团，正确地说是不使用派皮，因此是与法国人等拉丁语系民族无缘的食物（怎么可能在一年前就开始做圣诞节吃的东西呢？）。就算偶尔会吃到（带着犹豫），应该也不知道这是怎么做出来的（是用脂肪或骨髓，加上果干做成的吗？）。不管怎么说，总之是完全不了解这种点心的材料与做法。不安之后就是冷淡，甚至是轻蔑，就像对待所有我们不明白的事物一样。

pudding（布丁）一词本身就引来了完全错误的认知。布丁的历史极为有趣，因为人种学、语源学及食谱通通被它结合在一起。有些法国人将之与法文的boudin（血肠）类比，认为它是在英法百年战争时被英国人夺走的，也有可能相反。事实上，这或许也是条线索。

过去，也就是三千年前，世界各处都有像凯尔特人那样“正在发展中”的民族，他们几乎没有烹饪用具，在烹煮时，常把刚宰杀的动物的肠、胃或膀胱清洗干净，塞入肉，再放进添加了香料植物或根茎类蔬菜的汤锅里。那些内脏就像这样被当作袋子（盖尔语中称为poten、podin、put或pud）来使用。

在伊丽莎白一世登基以前，这种叫作puding或是poding的烹饪法就已越过了位于苏格兰与英格兰边境的切维厄特丘陵，以bag pudding（袋子布丁）之名在英格兰流传了开来。或许苏格兰人特别讨厌同义叠用，尤其是英语的同义叠用，也或许是为了摆脱英语的影响，他们采用了clootie dumpling这个词汇。苏格兰语的clootie意指“布”。我们因之察觉，在苏格兰拿布袋来装 dumpling（捏成小球状的面团），要比新鲜内脏来得方便，又容易取得。

直到 1675 年才有证据可以显示，他们把有名的李子布丁（以李子干与肾脏的柔软脂肪做成的布丁）装进布袋里，用平底汤锅烹煮。

从此时期开始，布丁的食谱呈现多样化，使用了各类谷物，有米（加入苹果与柠檬的维多利亚布丁）、弄碎的面包（加入大量果干或糖渍水果的苏格兰布丁）、面粉（约克夏布丁）、面包粉（圣诞节布丁），甚至使用饼干或海绵蛋糕（源自维多利亚时代的内阁布丁或公爵夫人布丁），等等。也使用各类油脂，通常是动物性脂肪，例如，肾脏脂肪（李子布丁）、牛髓（苏格兰布丁）、从烤牛肉上取下的油脂（约克夏布丁）。

日常蛋糕与特别蛋糕

虽然圣诞节蛋糕与圣诞节布丁一样都属于传统点心，不过圣诞节蛋糕可以吃到 1 月 1 日。在一般的意义上，英文的 cake 相当于法文的 gâteau，但其外观、材料及做法等方面的规范却大相径庭。某些糕点是为了特定场合而制作，如圣诞节蛋糕、结婚蛋糕、生日蛋糕。其他种类糕点则得名于特色，如海绵蛋糕（法文为 mousseline“细薄柔软的平纹布”，而非 éponge“海绵”）、巧克力蛋糕、同等分量材料做成的磅蛋糕

（pound cake，法文为 quatre-quarts）。别忘了还有饼干类，可追溯至 13 世纪的燕麦饼干或很快就可以做好的苏格兰油酥饼。而 pancake 就是可丽饼。

三种几乎没什么不同的特别蛋糕：English cake 或 Christmas cake，Irish cake 和 Scottish cake 几乎相当于法国的 cake（英式水果蛋糕）。法国的英式水果蛋糕深受邓迪蛋糕的影响。这种蛋糕在第二帝国初期甚受法国人的喜爱（见第 264 页），或许是因为拿破仑三世年轻时流亡英国的缘故。

邓迪蛋糕的做法相当明确：在如同热那亚蛋糕般的奶油面团里加入泡打粉，放入糖渍水果及葡萄干，上面再撒上杏仁碎片。倒入长方形的蛋糕模具烘烤，模具内侧铺上硫酸纸。

圣诞节蛋糕虽然可以使用相同的面团，只要在面团里加上香料和酒即可，却得做成圆形扁平的大蛋糕。出炉后涂上杏桃果酱，再用杏仁糊完全覆盖整个蛋糕，其上再厚厚地覆上一层称为 glace royale 的蛋白糖面[1]，并以刀尖将其挑直竖立。而作为圣诞节不可或缺的一环，最后得再装饰上糖渍樱桃及枸骨冬青叶。

---

①将蛋白和冰糖混合打发，以覆盖或装饰蛋糕。

卡仕达粉

在19世纪中期，有个名叫阿尔弗雷德·伯德的英国化学家为他那位无法食用蛋类食品的生病妻子发明了一种粉末，以淀粉、玉米为基础，加上香草的香味，并以黄色色素上色。若将粉末以牛奶化开，就可得到类似卡仕达酱（custard，法文为crème pâtissière）的东西。不过，卡仕达粉要等到第二次世界大战期间才获得家庭主妇的青睐。如今，这种代用品已司空见惯。以鸡蛋和面粉制成的custard是从古法文croustade转变而来的，仅指用来制作达里欧一类糕点的馅料。

cake一词（至今瑞典人还称之为kaka）是维京人带到泰晤士河畔的。与法国北部的couque一样，cake也来自极古老的印欧语源，cou...或co...的意思为烧、煮（在拉丁文为coquere，德文为Küche，荷兰文为koeke，英文为cook）。不管怎样，通过烧煮而食这件事就和这个世界一样古老。

圣诞节布丁

圣诞节布丁绝对是在圣诞节当天才出现，但却早在圣诞节之前就已制作完成。布丁的制作要在圣诞节的三周前，甚至因为可以用冰箱保存的关系，在一年前制作也可以。在开始制作之前，要先准备和桌巾一般大小的白布：棉布或麻布等用久而柔软的白布，上面不能开洞，而且一定要非常干净。在面布上撒上面粉，摊平放好。

取500克牛肾脏的脂肪切成小块，一定要把肉和血管清除干净；250克糖渍水果（尤其是柑橘和樱桃）切碎；125克细长的杏仁片（不用杏仁粉）；2颗柠檬的皮切成同等碎粒。将这些材料与500克面包粉、125克过筛面粉、25克肉桂粉、25克四种混合香料、半个刨过的肉豆蔻及一小撮盐混合在一起。另外，以300毫升牛奶、5大匙朗姆酒或白兰地，以及2颗柠檬的果汁，稀释8颗打散的全蛋，再加上一小撮盐。

将之倒进最先混合好的材料中充分搅拌做成面团，再以撒过面粉的布巾包裹成球状。之后，随着各个家庭的传统做法，或是将包裹面团的布绑紧，放进盛有四分之三之量滚水的锅中烹煮，或者是以大砂锅将水煮沸，把面团放在蒸锅中以大火隔水蒸4—5小时。不管是哪种方法，当水因加热的过程而变少时，都必须将热水补足。

经过4—5小时后，取出面团包袱，在打开前先冷却，之后放在阴凉处直到食用时。在圣诞节的早上，将之加热至室温，然后在晚餐前花两个钟头蒸好。脱模，装到大盘子中。

在布丁上插上枸骨冬青叶的树枝，淋上极热的朗姆酒或是白兰地酒，点燃火焰，上桌，并佐以奶油白兰地酱汁。

看，就像这样子，做圣诞节布丁一点都不困难。

苹果奶酥派及乳脂松糕：家庭的点心

游学时寄宿在英国家庭的女孩子在回国时，不仅希望能说一口流利的英语，也希望能完美地做出一种名叫crumble（苹果奶酥派）的美味苹果甜点。说起来，制作这种甜点也是学习英国生活方式的一部分。

一如其名，苹果奶酥派在过去是利用弄得细碎的剩面包，以及英国一年四季都不缺的苹果做成的。这种甜点在非常非常早的年代就被发明了出来，其名称crumble来自古斯堪的纳维亚语，表示“弄得细碎”这一动作。

如今，制作苹果奶酥派就和制作油酥面团的要领一样，运用指尖把等量的奶油块（尚未融化的）、面粉、砂糖粉混合做成面团，将苹果削皮去心后切成四等份，排在已涂上奶油的浅盘上，再在上头放上刚刚做好的面团，用烤箱烤约30分钟。就这么简单。不过，讲究美食或专业一点的话，通常会用冰冷的英式酱汁或掼奶油搭配滚烫的苹果奶酥派食用。

乳脂松糕的历史可追溯至英国海盗（伊丽莎白一世非常倚重他们）最活跃的时代。那时已有所谓的“海上饼干”，一种如铅块般又重又硬的烘饼，是水手远渡重洋数月的基本粮食。据说，水手长为改善水手的饮食，把这种饼干浸在热的水果甜酒中使之柔软，若有可能，再涂上卡仕达酱、鲜酪（母牛或母羊也会上船）或果酱等。

到了18世纪，拜著名食谱作家汉娜·格拉斯小姐所赐，乳脂松糕进入了市民的生活，奇迹般化身为美味无比的甜点，而且还被放在精美的高脚盘中端出来，充满了奢华感。做法是将萨瓦比斯吉分成小块，洒上雪利酒，覆以草莓果酱，加上英式酱汁，然后堆上山一般的掼奶油，上面再满满地撒上烤过的杏仁即可。其外貌形状让人无法不想起糖渍水果面包布丁或夏洛特。

1850年左右，乳脂松糕受到了西伦敦名流的热烈欢迎。尤其是，大家都知道的，这道甜点常常端上白金汉宫的餐桌，是维多利亚女王的最爱。

乳脂松糕是一道豪华的甜点，能让人一战成名。但它实际上不过是东拼西凑起来的，在制作上不需要什么特别才能或特殊的甜点天分。只要一点点巧思，把食橱或冰箱里的材料放进去就行了。

意大利没有餐后甜点，但是蛋糕好吃

在意大利有种像乳脂松糕的甜点很受欢迎，大家都毫不犹豫地称它为“英国风”美食。但若将这种英式酱汁夹馅蛋糕与乳脂松糕相比，就会发现它其实完全是另一种不同的东西。

而且，制作英式酱汁夹馅蛋糕可是个大工程。意大利妈妈们在烹煮佳肴上虽是无人能出其右，但在大餐之后端上桌的，却只有水果一类的东西。

实际上，在意大利，蛋糕就跟entremets一样，是白天另外找时间吃的，意式冰激凌与雪酪也一样。意式冰激凌造就了意大利的荣光，尤其是西西里的冰激凌。我们之后还会再提到。

意大利糕点是世界上最棒的甜点，集轻巧与豪华丰富于一身，从不吝于使用糖渍水果、杏仁糖霜，以及砂糖制成的精巧装饰。因此，即使每位妈妈绞尽脑汁为家人提供美味的菜肴，对于重要的节庆甜点，她们还是会去自己认为最好的糕点店订购。美味的蛋糕在特别的纪念日里绝对不可或缺。

制作英式酱汁夹馅蛋糕比制作乳脂松糕要来得复杂许多。首先，需要一块轻量的萨瓦比斯吉，以面粉混以太白粉制成。脱模后放在铁架上，等待8小时以后，横切成3片。接着，每一片得先淋上掺有意大利利口酒或马拉斯加酸樱桃酒的糖浆，再满满涂上加有朗姆酒的香草奶油。这至少必须要用6个蛋黄、50克牛油、等量的面粉以及许多用马拉斯加酸樱桃酒或朗姆酒腌渍过的糖渍水果。然后，将切成圆片的蛋糕夹着奶油重叠起来，组合成一个完整的蛋糕，之后整个覆上奶油，用刮刀厚厚地盖上蛋白霜。

最后，在够热的烤炉中将蛋白霜烤至坚硬，但不要过热。食用前必须先在冰箱里放 6 个小时后再享用。此外，意大利甜点另一个深具独创性的新发明，则很像冰激凌，是一种名叫 semi-freddo 的半冰冻甜点。

奶油巧克力冰糕

西西里也许是喜好美食的意大利最讲究美食的省份，亦曾是整个意大利半岛的美食之源。两千年来，西西里屡屡成为其他民族的殖民地，不只是所有的地中海民族，在十字军抵达前，这里也被诺曼人统治过。每个民族都留下了自己的饮食痕迹，西西里则从中选出优秀的，使之更完美。

与其他意大利人不同，西西里人对甜点的态度积极热情。因此他们有许多美味甜点，远远超过了各大节庆所需。为数不少的甜食是萨拉森人占领时期的遗产，尤其是 gelato（冰激凌）、sorbetto（雪酪），还有提拉米苏类的 semi-freddo（半冰冻甜点）。提拉米苏大家都略知一二，冰激凌与雪酪则请见冰激凌的相关章节。

不过，我们得特别提及真正的西西里奶油巧克力冰糕。这是一种使用乳清奶酪制作的半冰冻甜点，不可以跟有着糖渍水果夹心，以开心果及巧克力冰激凌做成的“简单的”cassata gelato（冰激凌奶油冰糕）混为一谈，跟罗马地区的 gelato di ricotta（乳清奶酪冰激凌）也不一样。啊，分辨它们多么困难！

ricotta（乳清奶酪）是以纯牛奶，或以牛奶混合山羊奶或羊奶制成的奶酪。柔软、口感细绵、微带酸味。不论是新鲜 ricotta 或是有咸味的干燥 ricotta，都常常被用于菜肴或甜点中。

在过去，清凉的奶油巧克力冰糕是西西里的复活节应景甜点，而轻柔绵软的意大利蛋黄酱则在各种场合都尝得到——请抱着酱汁流淌得到处都是的心理准备，尽可能在温热时享用。若是相信名称隐含的意义，据说意大利蛋黄酱还有提振精神的功效，就像提拉米苏（意指“让我变得强壮”）一样。但这两样东西也不是不能一起吃就是了。

提拉米苏，恋人的糕点

意大利糕点的又一项荣耀年龄很浅，据说大约创作于1970年，诞生在罗密欧与朱丽叶的城市维罗纳。其奇特的名字 tiramisu 的意思是“让我变得强壮”，奇怪吧？

提拉米苏是一种 semi-freddo（半冰冻甜点），是以冰凉而非冰冻的状态供人享用。在意大利，制作提拉米苏的馅料时须使用始终以细棉布袋包裹的马斯卡彭奶酪。而在法国，如果没有马斯卡彭奶酪，可使用尚未熟成、非常新鲜的圣弗洛朗坦奶酪。酒要用苦杏酒，迫不得已时可使用玛萨拉酒。玛萨拉酒使用晒干的葡萄酿制而成，在意大利以外的地方也极易寻得，在西西里则有两千年以上的历史。

长方形的模具内侧衬以白纸，将18块浸过20毫升浓缩咖啡及2汤匙上述酒类的指形饼干铺好，指形饼干若用萨瓦比斯吉自然更佳。将3个蛋黄及2汤匙的酒与马斯卡彭奶酪一起搅拌好后，再拌入打发紧实的蛋白霜，混合后倒在饼干上面。将甜点覆盖好，放入冰箱内冰镇24小时。食用时应快速脱模并撒上可可粉。

玛格洛娜·图桑－撒玛，《玛格洛娜的厨房》

西西里的奶油巧克力冰糕

制作诀窍与乳脂松糕相同。先把前一天预先做好的海绵蛋糕横切成1厘米厚，再将切得更碎的750克ricotta奶酪混以同样切碎的200克糖渍水果。加入100克苦味可可粉、250克砂糖粉、6汤匙马拉斯加酸樱桃酒。将另外6汤匙酸樱桃酒浇在蛋糕上，并将四分之三的海绵蛋糕铺排在蛋糕模底部，模具内侧须事先铺好白硫酸纸或胶片。将刚才混合好的馅料倒入模内，上面铺上剩下的海绵蛋糕。用手掌压紧，覆上混有鲜奶油的融化巧克力作为糖衣。放入冰箱30分钟使其凝固，将纸或胶片从蛋糕模中取出，再度放入冰箱，经过数小时后，脱模即可食用。

蛋黄酱的秘密在于，每一人份需使用1个蛋黄加1汤匙砂糖粉，打到变白起泡后，徐徐注入2汤匙玛萨拉酒持续搅打，并放入平底汤锅中（锅内的水须事先温热至微滚的程度），继续打出泡沫以让酱汁逐渐变厚，量成为原来的三倍时，盛放在用热水烫过的高脚玻璃杯中，尽快上桌。

要把意大利的甜点讲完必须出一本专著才成，最后只再举出米兰知名的panettone（果料面包）。这种加了糖渍水果与葡萄干的布里欧一开始只在复活节或圣诞节早餐时食用，如今每天早上都可能出现在餐桌上。还有，我们也得提及有苦杏仁、柳橙、巧克力等口味的杏仁蛋白饼，还有果仁饼、修颂、炸糕，等等。

神圣的俄罗斯节庆甜点

无异于其他以希腊正教为主流的国家，直到现在，复活节仍是俄罗斯最重要的节庆，也依然为个人生活与社会生活带来诸多影响。在宣告复活节前夜结束的午夜弥撒之后，各个家庭都会尽其所能地摆出最丰盛的餐点。而这一顿豪华绚烂的餐点，可以说，道尽了数世纪以来将俄罗斯塑造出来的所有民族，包含了曾经来过俄罗斯或从他处移民定居下来的各个民族之美食传统。

其中，与本书相关的是这席盛宴中的附属品——鲜酪蛋糕“帕斯哈”。此甜点的起源可追溯到鞑靼人，他们在公元1000年左右将凝乳（小牛胃袋中自然凝结成的东西）带进了俄罗斯。

鲜酪在这数千年来都是制作糕点的基本材料（见第83页）。不过很明显，鞑靼人使用鲜酪的方法与现今的帕斯哈传统制作方法有很大的差别。

每年的准备工作依惯例自圣星期四开始，也就是那场盛大晚宴的前两天。在这一天，需预先制作十来位宾客分量的糕点，因此得准备两大张方方正正的细棉布，以全脂牛奶制成的凝乳则至少需要1千克。这种凝乳的脂肪成分甚高，就像在法国东部极新鲜且尚未熟成的圣弗洛朗坦奶酪。女性掌厨者（俄文为marouchka）会将凝乳切块，压实在铺有细棉布的过滤器中，把布的四角合上完全包裹住凝乳，盖上盘子，上负重物，放在瓦罐上，置于冷凉处12小时以将水沥出。与此同时，要将一大把葡萄干完全浸在半杯伏特加里。并把奶油从冰箱中取出，使其在隔天早上前回升至室温。

圣星期五，将变软的奶油用叉子压碎，再度压缩凝乳将水挤出，移至大碗中与奶油充分混合。再以小火隔水加热，加入3个蛋黄、125克砂糖粉、香草精、1个柠檬（磨碎皮与柠檬汁搅打），接着再加入糖渍水果、浸在伏特加中的葡萄干，以及 1 杯鲜奶油。

持续搅打，煮至浓稠但不可煮滚。加入掺有奶油的奶酪与 1 杯杏仁粉，继续搅打，将锅离火并放入冷水中冷却。接着，将前一天准备的第二张布铺在夏洛特模或库克洛夫模中，瓦钵或洗净的花瓶有时也很适合。将材料倒入其中，包裹好。像前一天做过的那样，把布的四角合上，叠上盘子与重石，放在室外的雪中或冰箱里。不能放在冷冻库，因为虽然要让帕斯哈冷却下来，但不能让它冻结。

圣星期六，在晚宴开始前才将甜点从冰箱中取出，或从室外搬进来，取下重石与盘子，揭开布巾，倒扣在另一个盘子上后，将所有的布巾取下。接着用糖渍水果装饰帕斯哈，以纵向分两色排列。在甜点上以西里尔字母画出 H 与 V，即罗马字的 X 与 B，意指传统用语 Hristas Vasdres（基督复活）的首字母。

另外一种每天都吃得到的俄罗斯传统糕点是“瓦图西卡”。这是一种在油酥面团做成的塔中，填入与帕斯哈几乎完全相同的东西，加上打泡至白雪状的蛋白，以大火烤 30 分钟做成的点心。

“纳雷斯基”也是非常好吃的点心，是种用可丽饼面团做成的油煎薄饼，可填入自己喜欢吃的东西，甜咸皆可。

“布里尼”则是以混有面粉的荞麦粉发酵面团做成，是一种厚而小的可丽饼，在融化的猪油中烹煮，佐以熏鱼或鱼子酱，与酸奶一同食用。

俄罗斯人泡茶的方法也与英国人不同，他们使用一种名叫“萨莫瓦”的烧水壶，一整天随时都喝得到茶。喝茶时可佐以上述糕点，或与各式各样的面包、小塔、炸糕、松饼、做成 8 字形的布里欧等糕点一起享用。

Prijatnogo appetita!（祝您胃口大开）可绝不是出于好心的祝福。

美洲各式各样的美味遗产

北美洲的早期移民大多是农人或工匠，小康人家甚少。自 16 世纪起登陆的法国人、英国人和西班牙人在满满的期待中，把他们自己的习惯、传统和身边的财产通通一同携来。而在接下来的数世纪里，其他来自全欧洲，没有什么财富的逃亡者也加入了移民的行列。接着，是从故乡密林中硬被强抢出来、比最身无分文的人处境还要糟、极其绝望的无数黑奴。最后，自 1850 年有了铁路之后，大批贫穷的亚洲劳动者也不断地涌入。

虽说目前还没有独特的纯粹北美菜肴（上帝将为我们保存这种菜肴，直到……至少下一个千禧年！），在新世界北半部所见的各式菜肴既反映了每个社群所保存的祖先传统，也反映出普遍的文化适应性，无论该适应性是无意识的，还是主动创造的。此外，新移民不得不使用那些让美洲印第安人这数千年来得以生存的当地物资，否则将无以为继，新的食材也因此进入他们的习惯中，并延续下去。

懂吃的魁北克人

最早移民到魁北克的居民大多是法国西部来的人，他们依循故乡的做法快速顺利地开发出“本地市场”。就和法语一样，魁北克人相当珍视这项文化和美食遗产。而这样的影响，尽管是乡巴佬式的，却保留了某些已成为传说的过往痕迹。

不过，就如我们不该忘记17世纪新法兰西的人们创立了世界上最古老的美食俱乐部“好时光协会”，我们也应该知道，在魁北克社会里，纵使是在城市中，直到第二次世界大战之后，皆依循着17世纪和18世纪的简朴观念：怜悯、勇敢及节约，一如在此地负责教育了十五个世代的天主教神职人员。

因此，17世纪中叶创立蒙特利尔圣母修会的玛格丽特·布尔朱瓦于1982年封圣时自然大受欢迎。从这片“美丽之省”的历史来看，宗教活动教育出了此地的大部分女性，特别是在深受务实的魁北克人喜爱的家政与烹饪方面。

就因如此，在拉诺迪耶地区被若利耶特修院的修女抚养长大的蓓尔特·桑荷葛雷决定将一生投注在烹饪上。她以自己的方式成为民众心中真正的偶像。蓓尔特修女广博的烹饪知识，近半世纪的经验，与世界上最杰出的大厨们的相遇与学习，都把她带往了蒙特利尔厨艺学校。今日，她的食谱已宛如圣经。再通过电视，蓓尔特修女的声音早已传到了魁北克最偏远的地方。

而说到大北方，不能不提一下雪花蛋。这道世界知名的点心是用牛奶烹调的蛋白霜球，食用时要佐以英式酱汁。蓓尔特修女则想出了所谓的巧克力雪花球，一道现今看来理所当然的美味甜品，当时却没有人想过要这样做，非常奇怪。只要用牛奶做出巧克力酱汁，再用巧克力酱来煮蛋白霜球即可。这并非哥伦布的鸡蛋，但却从此而出。

本名为莫妮克·谢弗里耶的莫妮克修女在修院学校毕业之后就成了蓓尔特修女的门生，之后更成为合作伙伴。她担任过加拿大肉品协会厨艺学校的校长，且是专业的烹饪记者。她的食谱都是魁北克的代表性家庭糕点。

莫妮克修女的胡萝卜蛋糕

将半杯（100克）奶油融成鲜奶油状。加入1杯砂糖（200克）和3颗鸡蛋，边搅拌边逐一放入。混入刨好的胡萝卜丝2

杯（400 克）。除此之外，将半杯（65 克）浸泡过水的葡萄干和半杯（100 克）格勒诺伯核桃撒上面粉待用。在上述混合好的材料中再加入以下材料：2 杯面粉（300 克）、1 茶匙小苏打、2 茶匙化学发粉、1 茶匙肉桂粉、半茶匙肉豆蔻刨丝，以及撒上面粉的葡萄干和核桃。在面包模中涂上奶油且撒上面粉，加上面糊。以 160 摄氏度烘烤 1—1.5 小时，需在旁照看。

莫妮克 · 谢弗里耶，《莫妮克的菜肴》，1978 年

食谱中分量以茶匙和茶杯来表示，法国读者则可能会惊讶于其刻意指定的“格勒诺伯核桃”。在法国，所有人都知道这才是真正的核桃。美洲人虽然进口了这种核桃，却向来偏爱使用美洲薄壳核桃，也就是密西西比盆地原产的核桃科山核桃木果实。椭圆形的美洲薄壳核桃风味佳，价格也便宜。

在糕点中使用胡萝卜的做法在美国路易斯安那州也看得到，可能是被“征服者”（英国人）放逐的阿卡迪亚人从加拿大带去的。胡萝卜有甜味，经常代替南瓜作为点心的甜味来源。

小苏打的使用早在一百年前就开始了。不过，为了强化价格较昂贵的化学酵母之效力，几乎不使用做面包用的（小麦）面粉。莫妮克修女食谱中的糕点常以玉米粉，亦即“印度小麦”为底。

之前提过，早期移民过着非常辛苦的生活，常常很快就

用尽了库存的面粉和种麦。许多编年史中都记载着，天生好客且纯真的原住民，将欢迎的礼物和餐点送给有着“苍白脸庞”的人，也让入侵者得以认识这种金黄色的大种子——玉米。美洲大陆从北到南，有多少个原住民部落就有多少种玉米的名称，这些名称皆有“我们的生命”之意。在白人抵达时，北美原住民认识 29 种玉米，而从得克萨斯州到南美最南端的火地岛，玉米种类更多达 79 种！

可是，大约在路易十四在位末期，来此地与担任士官或行政官的丈夫会合的少数贵妇却因“印度小麦”而对总督比安维尔发动绝食抗议。这位总督规定新到者必须上烹饪课，以学会使用当地粮食。总督在日记上记载着“她们向着魁北克大主教咆哮，说他以请她们享受流奶与蜜的应许之地为借口，将她们从家乡诱骗到这个偏僻之地”[①]。那时候，在美国南部还有 ashcake（在灰烬中烤成的玉米烘饼）和 hoecake（放在长柄镰刀扁平部分上面烤成的玉米烘饼）。

魁北克欧卡保留区的莫霍克族使用蒸气来烹调印第安式的玉米布丁。圣劳伦斯河畔的“布丁”拼法则为 pouding，传承自苏格兰毛皮商——今日蒙特利尔上流英语社群的祖先。这种所费不多、富有营养、使用材料也简单的糕点不但食用

① Alice Morse Earl, *Home Life in Colonial Days*, Macmillan edit., New York.

方便，还可随手做成各式各样的形状。

美洲印第安布丁“阿尼许那贝－孟达曼－帕克维吉冈”

将 3 杯面粉、$1\frac{3}{4}$ 杯玉米粉、1 茶匙小苏打、1 茶匙盐、$3\frac{1}{3}$ 杯牛奶、2 杯枫糖浆及 $\frac{3}{4}$ 杯新鲜且柔软的玉米粒混合在一起。将面团置于有盖，涂了油的盘子或陶罐中。在有盖的小锅中放入一个锅垫，将陶罐放在锅垫上，将水注入锅中直到陶罐的一半高度。将盖子盖紧蒸 3 小时。时间一到，将陶罐取出，打开盖子，静置 20 分钟。用刮刀将粘在罐边的布丁铲离，倒扣以脱模。配上奶油，冷热皆宜。①

贝尔纳 · 阿西尼威，《经典印第安食谱》，1972 年

已不在世的著名美食专栏编辑，加拿大广播电台的贝尔纳 · 阿西尼威是阿尔衮琴人。他住在渥太华和蒙特利尔之间马尼沃基的荒芜河畔，且收集了很多食谱。他在书的序文中写道：“即使政府和传教士尽了一切的努力，我们照样有所进展，我们的食谱也一样。千万别以为我们要等到雅克 · 卡蒂埃（发现加拿大的法国人）到来后才知道什么叫作锅，况且我们早就有了盘子和陶罐。”

虽然我们没有教导当地人什么是锅，但我们传授了“布

①印第安人使用玉米油或葵花油，欧洲人使用奶油。

丁”。美洲原住民极为喜爱布丁，毫不迟疑地用自己的食谱作为交换。

同样地，森林中的浆果，如蓝莓和小红莓、草莓和覆盆子大大丰富了馅饼的装饰。而如今，不必再一大早赶到森林去采集果实了，不管去哪一家便利商店，花上3加元，里头尽是冷冻艳红果实的小小纸盒就可轻松到手。非常方便，只可惜已经不剩什么香味了。

枫糖浆

既然枫树的汁液自太古时期就是加拿大人的糖，似乎也就没有必要再问为什么枫叶会是加拿大的象征了。答案早已经在问题里。

枫糖浆可以做出一长串蛋糕、甜食、舒芙蕾、果冻、果酱、利口酒和开胃酒，英语系住民称它为“黄金糖浆”。想当然耳，枫糖浆是从原住民那里学来的，它曾是早期移民唯一的甜味来源，今日则是真正的学习宝库。枫糖独特的风味让魁北克莱肴得以拥有自己的特色，枫糖奇特的魔力则让人在闻到它深具草本植物特色的芳香时，特别容易产生幸福感。

枫糖浆和废糖蜜

与悬铃木（法国梧桐）甚为相似的糖枫生长于北美东北部，尤其是魁北克地区。每逢春季，在树干上做出切口并收集无色的树液后，将之煮至浓缩，首先会得到金黄色的糖浆，然后是纯糖。冷却后的枫糖可模塑成面包状或磨碎成颗粒。

介于糖浆和糖之间的浓稠糖浆经急速冷却和离心器处理后会变得极为黏稠，以“枫糖奶油”之名大受欢迎。著名的枫糖浆糖果则是将煮了又煮的枫糖浆滴入铺满白雪的盘中做成的。枫糖浆糖果的制作和品尝都是在“糖屋”里举行，那时亦是欢聚的时刻，大家不仅吃吃喝喝，也在林中歌唱。

废糖蜜事实上和原住民一点关系也没有。相反地，它是16世纪后由移民们自安的列斯群岛引进的，因为当时甘蔗已经遍布安的列斯群岛各处。废糖蜜是甘蔗制糖（19世纪以后用甜菜）后的剩余物，长久以来一直是蔗糖的经济代用品，之后，甜菜的栽种让各地都能制作出更加便宜的本土废糖蜜。

废糖蜜极为营养，因为内含矿物质和含氮化合物。古人凭经验得知这点。为了熬过漫长的严冬，“营养丰富又美味”的菜肴再理想不过，废糖蜜甜而微呛的味道因此非常适合传统点心，也很适合魁北克的乡土菜肴五花肉炖蚕豆。不过所谓的“蚕豆”其实是四季豆。同样地，老魁北克人从不称废糖蜜为mélasse（法语），而称ferlouche或者是farlouche。

废糖蜜塔

将半杯枫糖、5大匙玉米粉及¼茶匙盐在锅中混合好，慢慢加入1杯半水混合均匀。加上半杯废糖蜜、1杯葡萄干、1茶匙橙皮屑及1撮肉豆蔻。将混合物以中火煮至透明且浓稠。离火放至微温。将之倒入已烤好的塔皮中。将塔放入冰箱冷却30分钟。食用时佐以鲜奶油。

来自塞西尔·格龙丹－加马什《昔日的菜肴》中老祖母们的回忆。此书乃为资助退休老人，由魁北克圣玛丽的圣母护佑养老中心出版，该中心由魁北克退休鞋商路易·比洛多于1919年创立。

魁北克最知名，或说全加拿大最有名的女性烹饪者是出生于1904年的洁安·帕特诺德（婚后冠夫姓伯努瓦）。洁安本来是醉心于烹饪的优等生，在蒙特利尔大学以优异成绩毕业后，她前往巴黎索邦大学完成了食品化学的博士课程。之后，洁安婉拒指导教授爱德华·德波米安为她安排的大学教职，返回魁北克创办了一所厨艺学校，并在雅克·卡蒂埃抵加四百周年之际开了一家古风餐厅。学识渊博、善交际、热爱美食、辩才无碍，身为人妻又为人母的伯努瓦夫人留下极为可观的作品，有书籍、文章、讲座、访谈及电视节目，数量高达数百万！为此，受人推崇的料理人理查德·比齐耶指出“这国家中的每一个人以前吃洁安·伯努瓦的菜，现在、未来也都还会继续吃她的菜”。这是我们在提到魁北克糕点时一定要强调的一点。试问，世界上还有哪个国家的国民会如此推崇一位女性烹饪者？

洁安·伯努瓦的枫糖浆奶油塔

我常将这种美味的塔做成以掼奶油点缀的小塔，当作正餐及开放式自助餐的甜点。

融化2大匙奶油，加上等量的面粉搅拌均匀。将2个蛋黄加上1杯枫糖浆和⅓杯水打好，加入奶油和面粉的混合物中，隔水加热并不停搅拌。加入半杯切碎的格勒诺伯核桃，使之冷却。将馅料倒入事先烘烤好的塔皮中，塔皮可以是一个直径20厘米的塔皮，或是6个小塔皮。为了多点变化，可将核桃撒在塔上而不加在馅料中。

若要做枫糖戚风塔，则需将2个蛋白打发起泡，加入上述已冷却的馅料中再倒入塔皮里。

分量：4—5人份。

洁安·伯努瓦，《我的家庭菜肴》，1979年

魁北克人，无论是土生土长的还是定居已久的，对于厨师的重视和情感可谓相当与众不同，这点从报刊、电视广播、出版物中便可见到。这些专家的文化和能力与中等消费者颇

为一致，因为他们知道不仅要尊重“新法兰西”的烹饪遗产并使之开花结果，也要展开双臂欢迎前来敲门的现代美国和各色异国菜肴。看起来总是那么年轻的大厨里卡多·拉里维就是其中的明星级代表人物，其好手艺烹饪出的菜肴色香味俱全，而图文并茂的杂志令他声名大噪。

典型的魁北克糕点和魁北克菜肴一样，多半属于自家制作，商品化一直不明显。新移民们仍心系故乡的传统美食。大都市中并不缺少来自其他地方的食品商，其中自然也有时髦昂贵的法式糕点店，顾客也不见得全都是从法国过去的居民。

另一方面，苏格兰人詹姆斯·麦奎尔在蒙特利尔英语区的高级地段开了一家绰号为 Passe-Partout（万能钥匙）的咖啡店，店内提供旧式手工面包和蛋糕。蒙特利尔各大学的民俗学及人类学系可是用极认真的态度且带着极大的乐趣来研究这些菜肴和糕点的，教授及学生成群结队前往店中大快朵颐。可想而知，这地方是实习的最佳场所。

美国的特质与同构型

若将路易斯安那州（1699 年起属于法国，直到 1803 年波拿巴割让给美国为止）的地方风格，或新墨西哥及南加州的浓郁西班牙风味排除在外，共组联邦的五十州将很快便能把来自旧世界的数百万移民融合成一个全新、独特且充满生机的国家。

新到者通常要花上两个到三个世代才能彻底美国化，然而他们也不曾忘记自己的根源。在最保守的农业地区中，始终有人心系过往的身份认同。那些生活习惯与宗教崇拜紧密相连的社群，特别是犹太教、伊斯兰教或佛教，其社群在任何城市中都非常团结一致，美食是其信条，也依然受到相当程度的重视，因为宴客可以让社交关系更为紧密。也由于各社群女性（母亲）保存与传承了传统的糕点，人们在节庆的餐桌上才得以再次见到那已失落的祖国。“自制”仍是家庭主妇的骄傲，但在每一个稍具规模的城市里，至少都可以找到同乡经营的杂货店，让人再次与过往连接起来，不论是经由食品的来源，还是经由食物本身。

另外，在移民初期，为了不让自己感到脆弱，来自同一地的人会聚集在某一最适合其心理或能力的地方，以创造出一个聚合力极强的移居地，也因之形成并凸显了某种以当地资源及主要社群传统而产生的特殊饮食风格。

阿米什人的美食责任

以宾夕法尼亚州的情况来说：18 世纪时，来自荷兰、瑞士、波西米亚、摩拉维亚、德国及阿尔萨斯等地的移民群聚在一个新教的宗派中——德语系的阿米什人。不久后，他们被称为宾夕法尼亚的德国人，之后又变成了宾夕法尼亚的荷兰人。阿米什人是遵循《圣经》教训的卓越农民，爱好和平，宗教信仰热忱。他们与进步、电话和骑马等为敌。他们是刻苦的工作者，尽管使用的是另一时代的工具。阿米什人的座右铭是："拼命工作的人，胃口最好。"他们的厨艺根本就是真正的民俗艺术品。就和阿米什人本身一样，他们的菜肴简单、新鲜，且对身体有益。

阿米什人的食谱拒绝使用度量单位，仅以比较的方式来表达："约核桃般大小、约苹果般的重量、做个祈祷的时间"，等等。像打蛋器那样的工具仍在使用。他们最喜欢的菜肴是汤，每天不可或缺，无论哪一餐都有。任何材料都可以做成非常美味的汤。

至于糕点，可将其看作一种祈祷的形式，借此来感谢上帝所创造的美味食物。在圣诞节和封斋前的星期二尤其如此，德文名为 Fastnachts[①] 的球状肉豆蔻炸糕多到不可胜数。

每一天，或是一天中的任何时刻，阿米什人都不能没有派。妈妈们除了准备当日所需的分量（一次6—8个），甚至还会做出次日的分量。这样不论是早餐、午餐（通常在田里），还是晚餐，都吃得到派，就算深夜肚子饿了也可以立刻

①狂欢节，指封斋前的星期二。（译注）

吃到。

阿米什的家庭主妇可以把所有东西都做成派。即使食物储藏柜空空如也，她们仍会制作没有任何馅料的派 rivel pie：以 1 杯面粉（小麦或玉米）、半杯砂糖或废糖蜜、半杯奶油和现成的香料混合而成。

主妇会事先烤好圆盘状的派皮，保存备用。当派皮出炉时，如果可以的话，她们会用 1—2 汤匙的废蜜糖在上面描绘出美丽的图案。

阿米什人还有葬礼派：1 杯浸过水的葡萄干、1 杯半砂糖粉、1 颗打散的蛋、1 个柠檬（榨汁、取皮），再加 2 杯水混合好，隔水加热约 15 分钟并不时搅拌。冷却之后，将馅料倒入已事先烘烤好的浅色派皮中。在派上饰以细带状面皮交织成的格子状派皮。放入烤炉，将派皮烤至金黄色。这种派好吃到让人不愿强调它的原始目的。

最常见的派是苹果派，因为苹果是阿米什人最喜爱的水果。

苹果被用在各色甜咸味菜肴中，还可制成苹果酒和多到可供全美国牛饮的苹果汁。

不过，有项“宾夕法尼亚的荷兰人”的名产就是真正的社会现象了，也就是美国人的共同美食：苹果奶油。阿米什人拥有苹果奶油的专卖权。这道美食甚至还给某部好莱坞电影以灵感。

由“宾夕法尼亚的荷兰人之乡”供应的大量苹果奶油并非来自工厂，那样的制作方式是种罪过。这道美食完完全全以手工制作而成。在秋季的某一天，全村都会动员起来，把这一天视为假日般、以幸福的心来完成这件工作。所有的邻居会围成一大圈，带着刀子将堆在村舍中央的一大堆苹果削去果皮。然后用木柴升起旺火，架上大锅，把苹果和必要的材料一一加入。年轻人以两人一组的方式轮班，用极大的木铲子不停地搅拌。当苹果奶油完成时，村子里的人接下来要做的事，就只剩下在冬天来临前选个结婚的好日子了。

苹果奶油和苹果奶油塔

首先将2.25升苹果酒煮开收至一半。与此同时，将4.5千克苹果削皮，切成薄片放入浓缩苹果酒里。以小火加热时用木匙不停搅拌，直到苹果开始呈现糊状。加入2杯砂糖粉、1茶匙肉桂粉、2杯玉米糖浆（可用废糖蜜或枫糖浆），边煮边搅拌，煮至这些苹果奶油滴在冷碟子上时呈现糊状。离火，不时搅拌直至完全冷却为止。最后，装在已消毒过的广口瓶中。

若要制作苹果奶油塔，将半杯苹果奶油、2颗打散的鸡蛋、2杯牛奶和2杯砂糖及香料（若需要的话）混合好。填进预先已烘焙好的（颜色尚浅）塔皮中。以中火烘烤约35分钟。

墨西哥，极喜爱甜食的亡者

意大利的喜剧作家哥尔多尼让其剧中人物说了这么一句话：“巧克力和发明巧克力的人万岁！”当然，我们要感谢阿兹特克的伟大神明克查尔科亚特尔让古墨西哥人认识了如此受人喜爱的巧克力。不过，基于最新统计，我们惊讶地发现，墨西哥并未进入可可的12个主要生产国之列，其产量甚至不及末位的巴布亚新几内亚。更让人更惊讶的是，中美洲的传统糕点竟然没有任何一种使用巧克力。在危地马拉没有，在墨西哥也没有。玛雅人和阿兹特克人的子子孙孙直至今日，仍然将可可视为饮料。这项神的恩赐在加泰罗尼亚风的炖肉中被当作香料使用，其做法只有一种形式，就是浓郁的西班牙式酱汁——黑酱。

墨西哥的甜点主要以盛产于此一低纬度地区的热带水果做成，不过也使用进口苹果。虽然北部地区有密集的畜牧业，但乳制品的生产仅够乡村地区消费。而且若不是为了做玉米饼，几乎没人愿意栽种谷物。

墨西哥的“穹哥斯”

萨莫拉（米却肯州的城市）的穹哥斯是很受欢迎的凝乳，由牛奶或山羊奶制成，有极强烈的肉桂风味。肉桂虽然并非此地的原生植物，但在这香草、花生及辣椒的祖国中却随处可见。前墨西哥驻巴黎总领事，同时也是作家、画家和美食家的费尔南多·德尔帕索在其充满热情的食谱中，为我们描述了他美丽妻子索克萝的做法：

“为了制作穹哥斯，索克萝在可放在火上加热的搪瓷器皿中，先将5滴凝乳酶和1升牛奶混合，再在室温中静置一晚。到了早晨，她轻轻地将凝乳切成大块，撒上1杯（约150克）糖，并倒入等量的肉桂。不可搅拌凝乳。然后她以极小的火将之加热2小时或3小时，直到糖浆成形。”

费尔南多·德尔帕索，《墨西哥菜的甜美与热情》，1991年

“卡黑塔”，有名的牛奶酱

这种美妙又浓稠的鲜奶油焦糖是墨西哥人发明的。当拿破仑三世“炮制”出一个短暂又灾难连连的墨西哥帝国时，前比利时公主，任期短暂的墨西哥皇后夏洛特曾说卡黑塔是她最喜爱的甜点。这道甜点会用葡萄酒或香草来为极甜的山羊奶增添香气，并用小火煮了又煮，直到变成焦糖为止。在欧洲，卡黑塔仍然是杂货店陈列架上最昂贵时髦的食品。

但是，就像城市里的墨西哥人，我们也可以在没有山羊的情况下制造出极受欢迎的卡黑塔，花费低廉。只要有一罐炼乳即可。

事实上，20世纪初gringo（中南美洲人对欧洲人的蔑称）就已将炼乳介绍给革命家萨帕塔的同胞了，他们可以很轻松

地利用这东西做出一道真正的美食。只要将未开罐的炼乳放进一锅水中滚上3小时即可。很重要的一点是，水要一直盖过罐头，不然罐子就会爆裂。最后只要让罐头冷却下来就大功告成了。

若先制作法式可丽饼（拿破仑三世的军队所留下来的食谱），然后在饼上涂满撒有烤过的碎花生的卡黑塔，就完成了一道非常有名的甜点。在墨西哥，大部分甜点都会使用炼乳，甜味炼乳或一般炼乳都有。cacahouète（花生）则一如其玛雅名称，是此地的原产。

亡者面包和蛋糕

所谓的“亡者之日”（亡灵节）是11月1日和2日，也是墨西哥最大的节日。墨西哥人认为，现在的人类是由阿兹特克的最高神祇克查尔科亚特尔之血，混以祖先的骨头和血而诞生的。死亡带来新生，而生命又必将走向死亡。墨西哥的哲学和社会学在哥伦布到来前早就以此神话为基础了。而在今日，每个人都还继续保有祖先流传下来的思想，并掺杂了由西班牙人传播的、最怪异的天主教信仰。因此，亡者之日之所以如此特别，便在于它完美呈现了当地各阶层人民的文化大杂烩风貌。

这种在过去极为血腥野蛮的庆祝生命循环的仪式，如今已成为与亲朋和祖先共享幸福和美食的欢乐场合。墨西哥人有张极爱吃甜食的嘴，其嗜甜程度就像他们嗜食最辛辣的辣椒一样。

在11月1日这一天，大家都会上面包店购买状似骸骨并撒有砂糖的小型面包，名为亡者面包。这种面包象征着由死亡而生的生命。因为面粉来自各类谷物，意即植物在土壤中分解后又重生而出。

家庭主妇会制作其他极甜的点心以在家中供奉死者。在装饰着花边或优雅纸饰的祭坛或桌子上，摆放着死者生前的照片，照片之间摆上饮料，并有死者生前最喜爱的菜肴，香烟或香水等。

糖制供品

1563年，在已福音化的墨西哥，塞巴斯蒂安·德阿帕里西奥神父在现今墨西哥城附近的卡雷阿加庄园中，建立了使用供品纪念逝者的习俗。

这种方式传播得很快，不但变成了民族传统，还催生出了真正的砂糖艺术，因为这一场合需要制作各式各样的甜食。18世纪的亡者之日就已经产生了无数的创作。1777年，胡安·德维埃拉记下了他的所见所闻："制作甜食的花费超过5000匹索，糖锭变成了各种鸟类、美人鱼、绵羊、花卉、酒壶、瓮、床、棺木、主教冠及戴上帽子的金黄色男男女女。……每个街角的摊子上都摆满了糖制的玩具，就连最穷苦的人都会买糖玩具给小孩。”

传统延续到了今日。用糖锭做成的无数雕刻精美的雕像，有各种动物、日常生活用品及宗教器物。……糖制的死者头颅是墨西哥制作者偏爱的主题。每逢亡者之日，他们会模塑出头颅并在凹陷处添上鲜艳的色彩。

M. P. 贝尔纳丹与 A. 佩里耶－罗贝尔，

《糖之大全》，1999 年

人们也会在墓地中举行宴会，墓地则用气味强烈的金盏花做装饰。但不论是在家里或在墓地，庆祝活动都是以亲朋好友互相交换礼物或食物作为开始。在追念死者之后，畅饮了龙舌兰酒的乐队会用木琴演奏传统乐曲。音乐不但能够助兴，还能让人沉醉在生命的欢愉之中。同样地，酩酊大醉并不会受到谴责，而是像分享美食一样，被视为增强社会凝聚力的集体行为。

最美丽的亡者之日庆典是在瓦哈卡城与中央谷地其他城市的萨波特克人庆典，以及在米却肯州的帕茨夸罗族庆典。不过，为了替这趟跨国甜点之旅做一结尾，让我们引用德尔帕索领事所说的话：

“我们在大城市里的其他墨西哥人虽然失去了许多传统的东西，但对这些祭典并不完全陌生：我们与同胞们一起分享喜悦和悲伤——喜悦是因为虽然我们为死者哭泣，但我们对他们在世之时的追忆是件喜悦的事，而且大家在这天的白天也好，晚上也好，都会一起分享食物。我们为死者准备食物，在坟墓前奉上水果、饼干、玉米饼和巧克力；也为活人准备食物，有被称为亡者面包的美味面包，用砂糖和杏仁牛轧糖做成的头盖骨、大腿骨、胫骨以及棺木。不过太阳底下无新事，我得对自己的说法略有保留。我们想起卡洛斯·索拉在《甜之赞歌》中叙述，12世纪在那不勒斯的亡者之日，大家已会把淋上糖浆的糖骨分送给亲戚朋友。没有什么能比吃掉糖制头颅更能够象征生者的强烈爱意了。因为正如读者所知，每个头颅的前额都会标上食用者的名字。还有什么能更优雅更幽默地表现出生命战胜死亡，这种不可能但根深蒂固的愿望呢？还有什么能比吃掉自己的尸骨更好？……而这尸骨又有糕点般的香甜……”[①]

①出自《墨西哥菜的甜美与热情》。

吃冰激凌的乐趣

AU PLAISIR DES GLACES

虽然有人不喜欢糕点或其他任何甜点，但对冰激凌甚至是雪酪不感兴趣的人肯定不多。确实，在品尝冰激凌时会有享受美食的快感。

我们甚至不需追寻如普鲁斯特般的感性，只要试试魁北克儿童享受美食的小诀窍：仅仅把切块的柳橙放在窗台的积雪上或家中的冷冻库里即可。一定会有好消息的！

谁晓得是什么样的奇迹，让因寒冷而升华的鲜奶油酱汁，变成了大人小孩品尝时的无比喜悦？即使是现在，若无中场休息时间的“爱斯基摩冰激凌”（涂抹上巧克力的棒冰），电影亦将失去魔力。假使（美国的）杂货店里没有“圣代”和“香蕉船”这两种在1944年从悲惨的旧世界中冒出头来的东西，作为欧洲解放的特殊荣誉奖品，人们又该怎么办？虽然冰激凌并非源自美国这件事，几乎已被人遗忘。

雅克·塔蒂导演的电影唤起了吾辈法国人对孩童时代海边“冰激凌小贩”的三轮送货车的回忆。不过在当时，我们只知道“顶”着“香草、草莓、咖啡、巧克力或开心果”口味的薄脆松饼卷筒冰激凌，若要奢侈一点的，就来个两种口味的双球冰激凌，让贪爱美食的舌头轮流轻舔。

说到这里，就要提到有一位名叫伊塔洛·马尔乔尼的意大利糕点师傅在1896年放弃了可盛装冰激凌的圆锥状松饼卷的专利，这种卷筒可让人在“露天的环境中品尝冰激凌”。

冰激凌的历史

其实，冰镇的甜点早在两千年前的欧洲罗马帝国时期就已经制作出来了。当时大家对这类冰凉甘甜的高价点心并不陌生：从阿尔卑斯山及亚平宁山出发的牛车队，把用麦秆、毛皮、布袋包裹的冰块及挤压成冰的雪，运送到罗马的集市去，为了不让冰融化，只要冰一卸下，都会先放在水井里。

每逢夏天，尼禄皇帝便以轧碎的水果、蜂蜜和先前储藏的雪，混合成冰品来宴请宾客，整个上流社会也竞相仿效。皇帝的家庭教师，一位爱发牢骚的老人家塞涅卡极力谴责如此奢侈的生活，让自己落得被邀请到祭坛自行结束生命，不得缓刑的下场。

不过，中国人早在两千年前就已发明出冰激凌调制机的基本原理：他们在盛装果汁的容器外边放入储藏的雪并混以硝石。也就是说，硝酸盐除了可让水温上升到沸点，也可让水温下降到结冰的程度。据传意大利的雪酪就是依照马可·波罗从中国带回威尼斯的技术制作而成，这使意大利命中注定成为 gelato（具冰激凌与雪酪双重意味）的专家。

把水果压成果泥状或榨汁就可以做成 sorbet（雪酪）。但这还不是冰激凌。sorbet 这个词来自土耳其语的 chorbet，该词则是阿拉伯语 chourba 的变形，意指“含有果粒的饮料”，也是 sirop（糖浆）一词的词源。要等到 15 世纪后半叶，意大利人利用中国的方法来制作雪酪时，冰激凌才算问世。

自然而然地，我们不免推断是凯瑟琳·德·美第奇将冰镇饮料的风尚带到了法国。冰镇饮料离开了特权阶级的餐桌，在 17 世纪和 18 世纪咖啡厅蓬勃发展时，随之普遍了起来，专业人士也陆续登场。与在名门望族家中任事的艺术家相反，当时的糕点业者尚未在这东西上动脑筋。布瓦洛像塞涅卡一样（这次没有性命之危）在《可笑的饮食》（讽刺诗，第三集）中大大地嘲笑这样的迷恋：

> ……不过，到底是谁会这么想：真倒霉，/ 连冰都没有：没一点冰！老天！在炎热之夏！在 6 月！我真是一肚子火，/ 这不像样的宴会真是气死人，/ 我已有二十次想要离席……

在刚从土耳其威胁中解放的维也纳，一名曾为战俘的男子于 1684 年开了一家非常成功的“咖啡厅”，一连串类似的店铺也横扫全欧。当然，大家在咖啡厅中是以维也纳的方式来品尝的，不论是黑浓的摩卡，或是有着鲜奶油奶香的咖啡。但是，“跟在威尼斯一样”的咖啡冰激凌——起初是以冰激凌调制机做成的咖啡雪酪，然后是用天然鲜奶油或加了咖啡的鲜奶油为基础做成的柔软冰激凌——则大获全胜似的穿越各国国界。

何谓冰激凌调制机？

冰激凌调制机有手动式及电动式，前者要转动装有冰激凌的容器，后者是用机器桨叶在容器里不断搅拌冰激凌，让空气得以拌入材料中。如此一来，冰激凌的质地将充满泡沫，冻结时的冰激凌结晶也能保持极其细小，让冰激凌非常滑顺。若仅仅是冰冻起来，只会形成坚硬的一大块。市售冰激凌含有化学乳化剂或安定剂，以便让冰激凌维持凝固并柔软的状态。

然而，在1660年的巴黎，一位机灵的西西里年轻人普罗科皮欧·戴伊·科尔泰利已经因为在家中贩卖土耳其咖啡而赚了大钱，接着他在户外开起了最早的咖啡厅。在被明镜及金箔围绕、舒适又快乐，可以用合理价格品尝咖啡并享受奢华气氛的店里，顾客们在19世纪末发现，最美味的“维也纳式”冰品并不一定是咖啡口味的，而是巧克力这种使人愉快的新美味。菜单里提供了80种不同的冰激凌和雪酪！顺便一提，自1673年以来，王室法令仅仅授权给所谓的清凉饮料制造商制造和贩卖冰激凌。之后，在1720年，已成为普罗科佩的普罗科皮欧被委任为承办香缇·孔代亲王城堡盛大宴会的负责官员，并凭借其多年经验创造出了掼奶油（法兰西之岛地区的特产）。这种甜点还能冰镇成冰激凌，被称为香缇风冰激凌。香缇这名字至今也仍然与掼奶油联系在一起。

之后，大约在1774年，巴黎的卡佛咖啡厅为了让人觉得好玩，提供加入蛋、用模子塑形、以蜜饯或图片装饰的冰激凌，并称此乳制品为“冰酪”。接着，1779年，各大报报道了这家店的“利口酒冰酪”广受顾客好评。

梅农的布尔乔亚风冰酪

若可以，取半升特浓鲜奶油或其他上好产品，1 demi-septier（约0.14升）牛奶，1个蛋黄，375克糖。将材料煮沸五或六次，离火，加入少许如橙花水、甜莱姆或柠檬之类的香精，接着倒入白铁模中，准备冰镇。将模子放入大小相称的桶中，先在桶底放入碎冰及一把盐或硝石，接着继续在桶边加上冰块和硝石，直到顶端。当奶酪结冰且要准备食用时，取一小锅的热水将模浸于其中，冰酪即可脱模，放入大碗中，须即刻食用。

梅农，《布尔乔亚女厨师》，1774年

18世纪后半叶，中产阶级也能在家中制作冰激凌，多亏各式各样的食谱不断出笼，例如梅农的食谱，便让人看到具有丰富烹饪经验的妇女也能在家中制作冰激凌，手动冰激凌调制机在富裕人家和统治阶层的王公家中一样普及。同一时期，英国有名的烹饪作家汉娜·格拉斯（1708—1770年），在她的《甜点全才》一书中也发表了一种冰激凌食谱。但她同胞的反应并不热烈，英格兰在冰激凌的战场中败下阵来。

从冰块的保存到冰块的制作

从17世纪的最后二十五年至19世纪，就像古罗马人、中国人和巴格达人一样，巴黎人保存压实的雪或天然冰块，法国各大城市亦然。现今在巴黎南边仍有个由采石工人挖掘而成，位于曼恩河屏障外的地下冰窖区作此用途。

接着，由科学加持的工业文明总算让制作冰块这种奇迹变得可能，而且几乎是实时的。首先，法国工程师费迪南·卡雷（1824—1900年）成功地制造出能够制作冰块的机器，并在1859年的伦敦万国博览会中进行展示。而直到20世纪60年代末，工业制冰业者仍然在制造大冰棍，并在每天早晨以旧皮袋裹住，运到住家或商店中。在当时，商家会把碎冰存放在妥善隔离的“冷藏柜”中，以存放食物和饮料，或是制作冰凉的甜点。一个世代之后，几乎所有家庭里都有冷藏库与冷冻库，它们成为不可或缺的居家设备，也是食品制造业及餐饮业的必要设施。

1798年，那不勒斯出生的知名咖啡贩卖商兼糕点业者托尔托尼发明了冰激凌饼干和冰激凌炸弹，这两种食品因为不被当作饮料，也就让托尔托尼合法规避了清凉饮料制造商的问题。作为高级筵席甜点的冰激凌炸弹会用模子做成圆筒尖头形，并叠上一层层的鲜奶油或水果蜜饯。

当然，卡雷姆的天才使冰激凌更美味且更有看头。他的冰激凌立刻被誉为完美的咖啡口味甜点。其水果口味冰激凌更因丰富的鲜奶油、无比滑腻的口感和以模具制作而出众。

就如同我们在前面说过的（见第263页），挪威蛋卷是在第二帝国末期构思出来的，起初是大餐厅用来吸引顾客的点心，之后普及于资产阶级的家中，当时巴黎也才刚有瓦斯烤炉及瓦斯烤肉架。

这期间英国奋起直追。多亏了大量到来的意大利移民在各大城市的街角流动贩卖 one penny licks，也就是小纸盒冰激凌（通常水比鲜奶油多），让人得以悄悄舔食——或多或少有点偷偷摸摸地，程度则依据各自的社会阶级。不过，同样的情形自1840年起在美国也见得到。1846年，一位名为南希·约翰逊的家庭主妇发明了手动式冰激凌制造机，使用起来比一般冰激凌调制机更方便。十一年后，工业控制了冰激凌制作领域。不久，约1885年，德国人卡尔·冯·林德发展出具备压缩机的家用冰箱，对于令美食普及的工商业之飞跃发展，贡献极大，虽然这发展因为第一次世界大战而放缓了脚步。

美好年代巴黎最好的冰激凌店

“亲爱的阿贝尔婷，我并不讨厌冰激凌，且让我来为你定做。我自己也不清楚这要在普瓦黑－布兰诗、在荷芭泰，还是在丽兹订购……总之，我会去看看。”

普鲁斯特，《女囚》，1923年

在2000年来临之际，法国人一年的冰激凌消费量为6升，英国人是8升，而美国人是16升。冰激凌制造商对于21世纪的来临极为乐观。进步的脚步不会停滞：他们开发出了更加轻盈的冰激凌。

这就是所谓的glace foisonnée（膨胀的冰激凌）。借由注气法将空气注入工业冰激凌调制机内准备冷冻的材料中，增加冰激凌的体积，减少每1升的营养价值及卡路里。每两球传统冰激凌的热量有100卡路里，但轻盈的冰激凌只有50卡路里。而约于1990年出现在美国的酸奶冰激凌有70卡路里的热量，比传统冰激凌有更丰富的钙质。布里亚－萨瓦兰会怎么想呢？作为其《味觉生理学》结尾的“穷乏之歌”确实可用来述说当今的情况：“罗马的有钱人榨取全世界人的财富。在您那么有名的餐厅里既瞧不见懒人的美食——令人垂涎的肉冻，也看不到冰爽得能对抗酷热时节的各式冰激凌，我真为您感到惋惜。”

香蕉船及圣代

香蕉船及圣代皆于20世纪50年代登场，当时是杂货店概念欣欣向荣的时代。两者皆大受欢迎。一如点餐单上的文字所述，这两种“杯装冰激凌”都是美国的产物，其组合的缤纷色彩点出了当时的装饰精神。每个世代的儿童总将之视为美食的最高峰。

Banana Split（香蕉船）的意思是“剖成两半的香蕉”：在长形的器皿中放上三球口味各异的冰激凌，其上放着蛋白霜，剖半的香蕉置于周围。将巧克力酱或覆盆子酱淋于其上，再以掼奶油、杏仁或烘烤过的榛果果实、刨丝的巧克力或水果蜜饯来装饰。圣代（Sundae）源自周日（Sunday）的家庭点心，其名称像是孩子拼错字的结果（或许是故意的）。

手动式和紧接着的电动式冰激凌调制机在新世界里快速地普及开来，女性报刊发现家庭主妇受到诱人的美食插图的吸引在家里自己做这道甜点，因为它们大致上不过是用在任何一家超市都可以买到的产品装配而成。香蕉船亦是如此。

若要自行做出美味可口的圣代，可用自制或自家附近买回来的冰激凌、各式各样的水果罐头、柑橘皮果酱或果冻及糖浆，再淋上掼奶油（自制或罐装喷挤式）。圣代通常会用特大号的容器来盛装。

蛋糕上的樱桃：果酱及蜜饯

LA CERISE SUR LE GÂTEAU:

DE LA CONFITURE & DES FRUITS CONFITS

虽然普罗旺斯的占星家诺查丹玛斯的“小册子”，著名的《论果酱和化妆品》第一页提到“即使是对女性”之类的话，但我们或许可以添上更佳的措辞。当时他已经晓得果酱有丰富的热量且可以用糖来保存吗？

果酱自古以来被当作点心食用。在人类于9世纪左右知悉砂糖以前，果酱是用蜂蜜或无花果、葡萄等极香甜的水果制成[①]。早在诺查丹玛斯在书中畅谈果酱前，这种食品已经存在。他的书在二十年间再版十次，是当时的畅销书籍。直到19世纪，除了填装圆馅饼以外，糕点师几乎不使用果酱。但接下来，卡雷姆与他同代的糕点师在各种地方使用果酱，以便装饰为数众多的甜点和蛋糕，使之更加完美。

制糖和制造果酱的飞跃发展

诺查丹玛斯在1555年仍然提供了每种果酱的三种不同制作方法：第一种方法使用砂糖，公认此法比其他两种优越许多；第二种方法使用蜂蜜；第三种方法则使用浓缩葡萄汁。但这些制作方法在《法国的果酱制作者》或其他17世纪的书籍中却见不到。虽然砂糖的替代品不

①在第二次世界大战期间，这些无须用糖的食谱被重新发现并启用。

曾完全消失——法国某些地方的乡村到20世纪中叶时都还在使用浓缩葡萄汁，当时的作者却可能认为其读者群所属的社会阶级已不再使用这类替代品了。在16世纪及17世纪，砂糖使用量的大增可能也是为了让甜味和咸味分别清楚，而制糖最新技术的出现则有助于此。

让-路易·弗朗德兰，

《法国厨师》序文，1983年

果酱，国王的享受

凯瑟琳·德·美第奇的天文学家乔凡尼·巴蒂斯塔·卡瓦乔利的名声已被人遗忘，他在1550年出版了《制造各种果酱的方法》一书。奇怪的是，1557年，王后的另一位占星师卢杰里也出版了《令人尊敬的皮埃蒙特人，亚历克西老爷的秘密》并大获成功。这书和诺查丹玛斯的小册子一样，谈论的是果酱和化妆品。其中惊现意大利式酱汁里混合了果酱、美容用品及魔法。让-路易·弗朗德兰指出，这些著作填补了1600—1650年书店中的厨艺著作空缺，唯一例外是1610年由比利时的大师朗瑟洛所写的《厨艺入门》(见第85页)。

制作果酱的原则

糖是保存果酱的基本要素。做法是应使用同等重量的糖和预备好的水果。若糖的量不足，或者是煮的时间不够，果酱会有发酵或发霉的危险，因为水果中的水分没有充分蒸发出来。若糖的量太多，浓缩的果酱会结出糖晶。煮得太久会让果酱变成焦糖且变质。学做果酱的生手应参考一份好食谱以得知烹煮各种水果的规定温度和时间。

路易十四在位时，尼古拉·德博内丰在其《法国园丁》中对果酱甚感兴趣。1652年，《法国厨师》的知名作者拉瓦雷纳写了《法国的果酱制作者》以为补充。之后，《膳食总管》于1657年出版，而17世纪末，《王室的果酱制作者》经过增补后成为《完美的果酱制作者》。

给蒙福的读者

此书意在满足若干亲爱的读者的期待及热诚，即使是对求知若渴的女性亦是如此。大家都喜欢倾听有关最新事物的话题，且在食品收藏橱中收进世界各地若干种类的果酱，为让身体得到完全放松。只有本书能让人通晓保存各类水果的方法。从果园采摘回来的水果若不防止其腐坏变质的话，无法长期保存，因为有的水果水分

> 过多，而有的过干。制作果酱能防止水果腐坏，且使之甜美。如有必要，与其食用大量其他食物，不如吃上一些果酱对人体还有益。
>
> 普罗旺斯萨隆的医生米歇尔·德·诺斯特－达姆为亟须精致食谱者所准备，使用蜂蜜、砂糖及浓缩葡萄汁等方法制作果酱的卓越且极实用的小册子，1555年

法国国王路易十三不仅是业余的烹饪高手，也是甜点专家，特别是果酱。1642年，当他在卢浮宫的厨房里制作自己冬天要吃的食物时，得知了前宠臣桑克－马斯侯爵被处决的消息。国王的吊唁之言甚短但相当合宜。那时，他晃了晃搅拌果酱容器的底部，淡淡地说了一句："桑克－马斯的灵魂跟这锅底一样黑。"

路易十三之子延续了其父对果酱的喜好。编年史学家详尽地向我们述说路易十四"伟大世纪"的王室宴会光华——素来以盛放在大银盆中的柑橘酱及果冻作为结束。王公贵族不再自制果酱，因为在凡尔赛宫里就能吃到用国王的菜园和温室栽种的水果做成的美味果酱。温室里甚至还培育菠萝，当然，是用来做果酱的。

醋栗冻

醋栗冻和樱桃冻的做法相同。首先将这两种水果榨到最后一滴汁。两种果汁中樱桃汁较为浓厚，每品脱[①]樱桃汁至多需要0.75斤的糖。醋栗汁只需半磅糖，因醋栗冻要吃酸的。它对病人极为合适，可清洁口腔，甚至能让最颓丧的心欢乐起来。然后将两种果汁煮至浓稠，稍稍冷却，即可食用。果冻在一天内无须加盖，但需放在污物及灰尘无法企及之地。覆盆子冻的做法同樱桃冻，草莓冻亦然。

L.S.R.（罗贝尔），《烹饪的艺术》，1674年

19世纪，果酱已大众化，像从前的国王那样拥有果园甚至是温室的资产阶级家庭，特别喜欢以果酱的方式来保存水果。“下层”人民若能力许可，也会利用“篱笆下的果实”以及森林中的黑莓、野蔷薇果实、蓝莓等，制作既实惠又含有丰富维生素（当时的人当然还不知道维生素）的果酱，甚至连巴黎外省的吝啬资产阶级也不排斥。巴尔扎克在描述葛朗台家族的早餐时，提到的用来涂抹面包的果酱就是这类果酱。

根据《Quid年鉴》报告的消费统计，20世纪末在法国的果酱年消费量是每人2.5升。但在家自制的数量无法查证，仅

①在巴黎为0.93升。

知应该是增加的，看看美食杂志及书籍的畅销就可知道。

水果蜜饯

放在蛋糕上的樱桃总是樱桃蜜饯。

依照大小，将整颗或切块的水果，甚至是植物的茎、种子、花或根，放入微沸的糖浆中熬煮后，几乎都能照原来的形状将其保存下来。这个方法关键在于依次将水果放入越来越滚烫的糖浆中，使糖分能渐渐取代果肉中的水分，让水分在果肉不会变形、变硬或煮烂的情形下，慢慢地蒸发掉。

若阿拉伯人是公认的蜜饯与果酱的发明者，那么人们知晓制作蜜饯及果酱已有数世纪之久。但别忘了，古希腊罗马时期的人就曾使用蜂蜜来烹调水果。

在东方，在罗马，在中世纪的全欧洲都不陌生的蜜饯，很快便在果园遍布的法国南部成为名产。1680 年，官方编年记载在当时尚未成为法国领土的尼斯，萨瓦的安东亲王在欢迎其兄，萨瓦公爵的继承者加布里埃尔时，根据尼斯市政府档案处所载，赠送了“最上等的蜜饯六盒”作为礼物。赠送蜜饯成为欢迎王侯造访的当地传统。

“房间蜜饯”与“法官的蜜饯”

除了水果蜜饯，中世纪的上流社会也食用许多用种子和辛香料做成的蜜饯。我们这些现代人不必感到惊讶。对21世纪的消费者来说，中世纪的上等佳肴显得难以消化，主要原因在于，当时的菜肴通常是为了宗教祝圣，为了摆场面充高雅，或为了遮掩肉和鱼的不新鲜，总是大量或过量使用香料。另外，也为了舒缓经常性的肠胃及膀胱灼热感，并消减口臭，不只需要用糖来让“排尿顺畅，疏通肾脏和膀胱，软化宿便”，也要使用具“湿”性的甜味香料来除去有害的体液，也就是莫里哀说的 peccnates。

当时的做法是在“用餐之后”，端上这些香气扑鼻，对嘴巴和肠胃都很温和的糖果，来帮助消化香料味已经相当浓厚的丰盛菜肴。在《玫瑰的故事》中，这些“在餐后食用的美味辛香料”是用种子做成的，例如将茴香、大茴香、芫荽的种子放在砂糖中熬煮或一再熬煮，由此得出焦糖糖果，这也是糖衣杏仁的前身。富裕人家会将掺有浓烈香料的水果蜜饯，甚至是辛辣的生姜含在嘴中来代替当时近似果泥的果酱。但不论是用哪一种方法调理食材，都是为了节省砂糖的使用。

当时的大富豪会将此类甜点装在精美的小盒子中送给客人，让他们带回家后，能在自己的房间里于就寝前嚼上一些。这样一来，睡醒时口中就还黏糊糊的。这也是“房间蜜饯”之名的由来。

至于“法官的蜜饯”一样是用水果和辛香料做成，由诉讼人或受审者赠予法官。这原来是案件诉讼胜利时的答谢礼，后来几乎没有人不在这件事上花心思，于是这些谢礼得在合议前送达。而从双方都收了赠礼的法官，终结审理时便会敷衍了事。法官还会将蜜饯转卖给香料商，从而得到相当可观的额外收入。法国大革命的首要任务就是废除“法官的蜜饯”，并让司法顺利运作。正义女神竟因美食而瞎了眼！

当时还会以花朵做成蜜饯，蔚蓝海岸是鲜花的盛产地。图卢兹早在数个世纪以前就以其知名的紫罗兰蜜饯为荣，这种蜜饯装饰在蛋糕上，既赏心悦目又芳香四溢，让人不忍心大口吃掉它。不过，毫无疑问地，上普罗旺斯省的阿普特至今仍然是蜜饯和果酱的最大产地。

事实上，大部分糕点店的“自制”蜜饯都来自在阿普特填装的大型罐头。要么把腌渍水果的糖浆沥干；要么再熬煮一次，适当干燥后裹上一层薄薄的糖衣使之更为美观，然后再包装起来。这个小秘密跟制作质量无关（价格上肯定有差别），但是在品尝的同时，是不是也该问问所谓“自制”的意思为何？

几世纪以来广为人知的糖栗子，在 19 世纪末成为阿尔代什省的工业产品。如果吃过阿尔代什的糖栗子，肯定不会想吃别的地方的。

1882 年，人工丝绸的发明为阿尔代什地区的经济带来毁灭性打击，是阿尔代什糖栗子拯救了地区经济，降低了养蚕场工人及天然丝工匠的失业率。

阿尔代什省除了栗树林以外没有其他资源，一位来自普里瓦名叫克莱芒·福吉耶的人为了帮助“同胞”而大量生产糖栗子。之后为了把产品推销到世界各地，他还想出使用银色锡箔纸来包装的法子。银色锡箔纸也很快被巧克力制造业者采用。

没多久，阿尔代什的栗子不敷福吉耶的生产，他开始从西班牙及南意大利（卡拉布里亚地区）进口栗子。不过，杜林的制果商也开始大量生产糖栗子，此时，糖栗子已成为不可或缺的圣诞甜点（瓦尔省及科西嘉岛森林出产的糖栗子也非常美味）。

喜爱美食的读者们，为了对这趟甜点之旅有您陪伴表示衷心感谢，也为了让每一天都是圣诞节，我们送您一颗虚拟的糖栗子，作为一份再见之礼。

参考文献

1. Desrousseaux Alexandre, *Mœurs populaires de la Flandre française*, Lille, éd.L.Quarré, 1899.

2. André Jacques, *L'Alimentation et la cuisine à Rome*, Les Belles Lettres, Paris, 2009.

3. Apfeldorfer Gérard (sous la direction de), *Traité de l'alimentation et du corps*, Paris, Flammarion, 1993.

4. Apicius, *L'Art culinaire*, Paris, Les Belles Lettres, 2017.

5. Bailleul Nathalie, Hervé Bizeul, John Feltwell, *Le Livre du chocolat*, Paris, Flammarion, 2001.

6. *Banquets et Manières de table au Moyen Âge*, Presses universitaires de Provence, Aix-en-Provence, 1996.

7. Benoît Jehane, *Ma cuisine maison*, Montréal, Les éditions de L'Homme, 1979.

8. Bernardin Marie-Paule et Perrier-Robert Annie, *Le Grand Livre du sucre*, Paris, Solar, 1999.

9. De Bonnefons Nicolas, *Les Délices de la campagne*, Paris, 1654.

10. Carême Antonin (à propos de), *L'Art culinaire au XIXe siècle*, catalogue de l'exposition, Mairie du IIIe arrondissement de Paris et Orangerie de Bagatelle, Paris, 1984.

11. Carême Antonin, *Le Pârissier pittoresque*, Paris, 1828.Extraits choisis et présentés par Allen S.Weiss, Mercure de France, Paris, 2016.

12. Chauney Martine, *Le Pain d'épice de Dijon*, Paris, Christine Bonneton, 1978.

13. *Chocolat et Confiserie Magazine*, édition de la confiserie, Paris.

14. Denuzière Jacqueline et Brandt Charles-Henri, *Cuisine de Louisiane*, Paris, Denoël, 1989.

15. *Dictionnaire des Symboles*, Paris, Seghers, 1974.

16. Dubois Urbain, *Grand Livre des pâtissiers et des confiseurs*, 1883.

17. *Cuisine artistique, étude de l'école moderne*, 1882.

18. *La Pâtisserie d'aujourd'hui, école des jeunes pâtissiers*, 1894.

19. Dumas Alexandre, *Mon dictionnaire de cuisine*, Paris, 10 18, 2017.

20. *Fabliaux français du Moyen Âge*, éd. P. Ménard, Genève, Droz, 1979.

21. Feibleman Peter S., *American Cooking: Creole and Acadian*, Time-Life Books, New-York, 1971.

22. Flandrin Jean-Louis, *Chronique de Platine. Pour une gastronomie historique*, Paris, Odile Jacob, 1992.

23. Flandrin Jean-Louis, Lambert Carole et Pinard Yves, *Fêtes gourmandes*, Paris, Imprimerie Nationale, 1998.

24. Franklin Alfred, *La Vie privée d'autrefois*, Tome 6, Les Repas, Paris, Plon, 1889.

25. Gillier Joseph, *Le Cannameliste français*, Nancy, 1751.

26. Gottschalk Alfred, *Histoire de l'alimentation et de la gastronomie*, Paris, éditions Hippocrate, 1948.

27. Gouffé Jules, *Livre de cuisine*, Paris, Hachette, 1867.Plusieurs éditions.

28. Hahn Emily, *La Cuisine chinoise*, Paris, Time-Life, 1973.

29. Kimball Marie, *Thomas Jefferson's Cook Book*, University Press of Virginia, Charlottesville, 1979.

30. Juillet Claude, *Classic pâtisserie*, Oxford, Butteworth Heinemann, 1998.

31. La Bilble, traduite et commentée par André Chouraqui, Paris, 1992.

32. Lacam Pierre, *Mémoriel historique et géographique de la pâtisserie*, Paris, 1888.

33. La Varenne (François Pierre dit), *Le Pâtisser françois*, Troyes en Champagne, 1653.

34. La Varenne(François Pierre dit), *Le Cuisinier françois*, rééd. Paris, Montabla, 1983.

35. Laurioux Bruno, *Manger au Moyen Âge*, Paris, Hachette, 2002.

36. « Banquets, entremets et cuisine à la cour de Bourgogne», dans *Splendeurs de la cour de Bourgogne.Récits et chroniques*, dir. Danielle Régnier-Bohler, Paris, Robert Laffont, 1995.

37. *Le Ménagier de Paris. Traité de morale et d'économie domestique composé vers 1393 par un bourgeois parisien*, edition présentée par le Baron Jérôme Pichon, Paris, 1846-1847, fac-similé, Lille, Régis Lehoucq, 1992.

38. *Manger et boire au Moyen Âge*, actes du colloque de Nice, 15-17 octobre 1982, Paris, Belles Lettres, 1984.

39. *Livres en bouche, cinq siècles d'art culinaire français*, catalogue de l'exposition de la Bibliatheque de l'Arsenal, Paris.BNF/Hermann, 2001-2002.

40. Lancelot de Casteau, *Ouverture de cuisine*, Liège, 1604.

41. Menon, *La Science du maitre d'hôtel confiseur*, 1750, rééd.Paris, Hachette Livre BNF, 2012.

42. *La Cuisinière bourgeoise*, Bruxelles, 1774, *fac-similé* Messidor/Temps Actuels, 1981.

43. Mitchell Patricia B. (traduction Black Mary Lee), *La Cuisine française des premières années de l'Amérique du Nord*, Chatham (Virginia), Patricia B.Mitchell, 1992.

44. Montanari Massimo, *La Faim et l'Abondance.Histoire de l'Alimentation en Europe*, Paris, Le Seuil, 1995.

45. Mormon Seminary, *Mormon Cookin'*, Grantsville(Utah)1976.

46. Perrier-Robert Annie, *Dictionnaire de la gourmandises*, «Bouquins», Robert Laffont, 2012.

47. Nostradamus (Michel de Nostre-Dame dit), *Traité des fardements et des confitures*, Lyon, Michel Chomarat, 2008.

48. Del Paso Fernando et Socorro, *Douceur et passion de la cuisine mexicaine*, Marseille, éditions de l'Aube, 1991.

49. De Syke Yvonne, *Fêtes et croyances populaires en Europe*, Paris, Bordas, 1994.

50. *The Amish Homestead Cookbook*, Lancaster (Pennsylvanie), The Amish Homestead ed., 1980.

51. The Salisbury Ladies Aid, *The Village Apple Book*, Salibury,

Congregational Community ed., 1971.

52. Toussaint-Samat Maguelonne, *Histoire naturelle et morale de la nourriture*, Toulouse, Le Pérégrinateur Éditeur, 2013.

53. Toussaint-Samat Maguelonne, *Histoire de la cuisine bourgeoise du Moyen Âge à nos jours*, Paris, Albin Michel, 2001.

54. Toussaint-Samat Maguelonne, *Grande et petite histoire des cuisiniers*, Paris, Robert Laffont, 1989.

55. Wheaton Barbara Ketcham, *L'Office et la Bouche. Histoire des mœurs de la table en France 1300-1789*, Paris, Calmann-Lévy, 1984.

网站

//www.meilleursouvriersdefrance.info/

//www.cmpatisserie.com/le-comite-d-organisation

//www.mof69.fr/historique-des-meilleurs-ouvriers-de-france

//www.chococlic.com/Titre-du-Meilleur-Ouvrier-de-France-Patissier

译名对照表

（按拼音顺序排列）

《15 世纪 60 年代的黎亨施塔尔编年史》 *Chroniques de Richenstalh des années 1460*
《19 世纪末的餐桌生活》 *La Vie à table à la fin du XIXe siècle*
8 字形饼干　bretzel

A

阿比修斯　Apicius
阿波罗　Apollon
阿布基尔街　rue d'Aboukir
阿布兰特什　Abrantès
阿布鲁佐地区　Abruzzes
阿登　Ardenne
阿尔班 · 米歇尔出版社　Albin Michel
阿尔贝 · 多扎　Albert Dauzat
阿尔代什　Ardèche
阿尔弗雷德 · 伯德　Alfred Bird
阿尔戈斯　Argos
阿尔衮琴人　Algonkin
阿尔芒 · 法利埃　Armand Fallières
阿尔诺夫　Arnolphe
阿尔让河畔莱萨尔克　Arc-sur-Argens
阿尔萨斯　Alsace
阿尔萨斯的苹果塔　tarte à l'alsacienne
阿尔萨斯粉　poudre alsacienne
阿尔忒弥斯　Artémis
阿方斯 · 德黎塞留　Alphonse de Richelieu
阿佛洛狄忒　Aphrodite
阿戈讷　Argonne
阿黑涅　Araignée
阿卡迪亚人　Acadien
阿科莱　Arcole
阿拉比亚　Arabie
“阿拉斯的让”　Jean d'Arras
阿兰 · 雷　Alain Ray
阿勒比　Albi
阿连特茹　Alentejo
阿梅迪奥六世　Amédée Ⅵ
阿米什人　Amish

奥恩河 l'Orne
奥尔良 Orléans
奥尔滕索·兰迪 Ortenso Landi
奥弗涅 Auvergne
奥古斯特·埃斯科菲耶 Auguste Escoffier
奥古斯特·朱利安 Auguste Jullien
奥克语 langue d'oc
奥利维耶·德·拉马尔什 Olivier de La Marche
奥利维耶·德塞尔 Olivier de Serres
奥隆伯爵 comte d'Olonne
奥萝尔·桑 Aurore Sand
奥斯汀·丘奇 Austin Church
奥依语 langue d'oïl

B

《巴黎的家长》 *Le Ménagier à Paris*
《巴黎的叫卖声》 *Cris de Paris*
《巴黎的烹饪者或 19 世纪的法国烹饪术》 *Le Cuisinier parisien ou l'art culinaire français au XIXe siècle*
《巴黎街道的小故事》 *Dit des rues de Paris*
《巴黎王室糕点师》 *Pâtissier royal parisien*
《百科全书》 *Encyclopédie*
《包法利夫人》 *Madame Bovary*
《保罗和维尔吉妮》 *Paul et Virginie*
《编年史》 *Chronique*
《勃艮第宫廷之辉煌》 *Splendeurs de la cour de Bourgogne, Récit et chroniques*
《布尔乔亚女厨师》 *La Cuisinière bourgeoise*

巴巴／朗姆酒水果蛋糕 baba
巴尔公国 duché de Bar
巴尔扎克 Balzac
巴伐露 bavaroise
巴嘉代勒橘园温室 Orangerie de Bagatelle
巴居玛 bazyma
巴克拉瓦 baklawa
巴库斯酱汁 crème bachique
巴拉顿湖 lac Balaton
巴勒斯坦 Palestine
巴黎—布雷斯特 Paris-Brest
巴黎裁判所附属监狱 Conciergerie
巴黎咖啡厅 Café de Paris
巴黎市艺术评议会 Délégation artistique de la Ville de Paris
巴利阿里群岛 Baléares

冰酪 fromage glacé
冰糖细条酥 allumettes
饼干 cookies
波城 Po
波德莱尔 Charles Baudelaire
波尔多 Bordeaux
波尔多的可露丽 cannelé bordelais
波古斯 Bocuse
波吕克斯 Pollux
波拿巴—博阿尔内 Bonaparte-Beauharnais
波旁塔 tarte bourbonnaise
波旁香草 vanille Bourbon
波托拉 Potola
玻璃厂街 Rue de la Verrerie
伯里克利 Périclès
伯诺 Benaud
勃艮第 Bourgogne
博杜安 Baudouin
博凯尔 Beaucaire
博马舍大道 boulevard Beaumarchais
博纳旺图 · 贝勒汉 Bonnaventure Pellerin
博维利耶 Beauvilliers
博维利耶的松脆甜点 croquembouche de Beauvilliers
布丁 pudding
布丁塔 tarte au flan
布尔达卢 bourdaloue
布尔德洛 bourdelot
布尔多 bourdots
布尔贡人 Burgonde
布尔乔亚风冰酪 fromage à al glace à la bourgeoise
布尔日 Bourges
布尔歇湖 lac de Bourget
布加 Boujat
布景式 peintreries
布克特 boukète
布拉瓦海岸 Costa Brava
布赖地区 Pays de Bray
布朗 - 塞加尔 Brown-Séquard
布朗托姆 Brantôme
布雷克 beurek
布雷斯 Bresse
布里克 brik
布里奶酪 Brie
布里尼 blini
布里欧 brioche
布里欧（发酵面团） brioche（pâte levée）
布里斯男爵 baron Brisse
布里瓦 briouat
布列多 bredele

布列塔尼　Bretagne
布隆梅特　Hendrick Bloemaert
布洛涅森林　bois de Boulogne
布吕诺·洛修　Bruno Laurioux
布尼厄　Bounieu
布瓦洛　Boileau
布西街　rue de Buci
布伊赛　Firmin Bouisset

C

《城市及乡村女性烹饪者》　*La Cuisinière de la ville et de la campagne*
《持家宝典》　*Book of Household Management*
《厨艺入门》　*L'Ouverture de cuisine*
《厨艺新论》　*Nouveau traité*
《厨艺之书》　*Art culinaire*
《厨艺字典》　*Dictionnaire de cuisine*
《词源字典》　*Dictionnaire d'étymologie*

彩色石印画片　chromo / images d'épinal
菜蓟炸糕　beignet（d'artichaux）
餐后酒　digestif
蚕豆　fève
草莓鲜奶油蛋糕　fraisier
茶会　thé
查理曼　Charlemagne
查理四世　Charles Ⅳ de Luxembourg
查理六世　Charles Ⅵ
查特里安　Chatrian
产区　cru
菖蒲　doux roseau
长梗黑樱桃　guigne noire
城堡剧院　Burgtheater
城堡门　barrière du Trône
城中高塔　torre
橙皮果酱　marmelade
橙香酒　curaçao
吃塔者　Magneñ d'Doràye
吃香肠者　Magneñ d'Tripes
持续加热至细丝状　cuit au filet
厨房　cuisine
窗子　fenêtre
粗红糖　cassonade / sucre roux
醋栗冻　gelée de groseilles

D

《大鼻子情圣》　*Cyrano de Bergerac*
《大遗言集》　*Grand Testament*
《迪朗大厨》　*Le Cuisinier Durand*

《顶好食谱》 *Livre fort excellent de cuisine*

达克瓦兹 dacquoise
达里欧 darioles
达卢瓦约 Dalloyau
达尼埃尔·彼得 Daniel Peter
“大胆夏尔” Charles le Téméraire
大杜西 Le Grand d'Aussy
大黄派 rhubarb pie
大黄塔 rhubarber torte
大君王 Grand Monarque
大流士 Darius
大软帽 gros bonnet
大仲马 Alexandre Dumas
戴格拉 dégla
丹多伊 Maison Dandoy
单粒小麦 engrain
旦尼尔 denier
但泽烈酒 eau de vie de Dantzig
蛋白霜 meringue
蛋糕 gâteau
蛋黄球 yemas
蛋卷（平的松饼） oublie
蛋卷师傅 obloyer / oublieur / oublier
得墨忒耳 Déméter
德本 deben
德波特 Desportes
德国制饼中央职业学校 ZDS
德拉·皮尼亚 Della Pigna
德拉克洛瓦 Delacroix
德拉克马 drachme
德累斯顿 Dresden
德龙 Drôme
德梅尔 Demel
邓迪（苏格兰） Dundee
邓迪蛋糕 Dundee cake
狄德罗 Diderot
狄俄尼索斯 Dionysos
迪巴克 Duparc
迪布瓦 Dubois
迪盖 Dugay
迪加 Dugast
迪朗 Durand
迪南 Dinan
迪皮洛斯 dypiros
迪亚寇浓 diakonon
底比斯 Thèbes
第戎 Dijon
第五日 quintidi
第一馅饼师 premier tourtier
蒂埃里·莱斯坎 Thierry Lescanne
点心 dessert

凡尔登 Verdun
凡森大道 cour de Vincennes
樊尚·拉沙佩勒 Vincent la Chapelle
方糖 tablette
房间蜜饯 épices de chambre
飞猫兄弟会 Confrérie du chat volant
菲莱亚斯·吉尔贝 Philéas Gilbert
菲利克斯·波坦 Félix Potin
菲利克斯五世 Félix V
菲利浦 Philippe le Bon
腓特烈五世 Frederic V
斐扬派修女 Feuillantine
斐扬千层酥 feuillantine
废糖蜜 mélasse
费迪南·卡雷 Ferdinant Carré
费尔南·莫利尼耶 Fernand Molinier
费尔南多·德尔帕索 Fernando del Paso
费里耶尔 Ferrière
费列罗 Ferrero
费洛 filo
费内特拉杏桃塔 fenetra
费塔奶酪 feta
费赞 Fezzan
枫糖浆糖果 tire
枫糖奶油 beurre d'érable
封斋前的星期二 mardi gras / Shrove Tuesday
蜂蜜小米粥 gaude
佛兰德斯的玛格丽特 Marguerite de Flandre
弗凯亚人 Phocéen
弗拉斯卡提 Frascati
弗朗茨·约瑟夫 Franz Josef I
弗朗茨·萨赫 Franz Sacher
弗朗-诺安 Franc-Nohain
弗朗什-孔泰 Franche-Comté
弗朗索瓦·拉伯雷 François Rabelais
弗朗索瓦·达图瓦 François Dartois
弗朗索瓦·皮埃尔 François Pierre
弗朗索瓦·萨利尼亚克·德·莫特-费奈隆 François Salignac de Mothe-Fénelon
弗朗索瓦·维庸 François Villon
弗朗索瓦-埃米勒·阿沙尔 François-émile Achard
弗朗索瓦一世 François I / François au Grand Nez
弗朗西斯·勒马克 Francis Lemarque
弗朗西斯·米奥 Francis Miot
弗雷德贡德 Frédégonde
弗里昂德 friande
弗洛雷 Floret
弗耶 Feuillet

伏尔泰　Voltaire

芙劳　flao

孚日广场　Place des Vosges

孚日山区　Vosges

福韦尔　Fauvel

福煦　Foch

复活节　fête de Pâques

富蒂埃　Fourtière

覆有蛋白霜的牛奶鸡蛋烘饼　flan meringue

G

《糕点备忘录》　*Mémorial historique et géographique de la pâtisserie*

《糕点师及甜点师大全》　*Le Grand livre des pâtissiers et confiseurs*

《糕点之书》　*Le livre de pâtisserie*

《糕点制作备忘录》　*Mémorial de la pâtisserie*

《工业的奇迹：制糖工业》　*Les Merveilles de l'industrie: L'Industrie du sucre*

《关于烹饪》　*Du fait de cuysine*

《国王的厨师》　*Cuisinier royal*

《果酱、利口酒及水果之新知》　*Nouvelles instructions pour la confiture, les liqueurs et les fruits*

嘎里玛　Gallimard

戛纳　Cannes

盖尔语　gaélique

盖伊师傅　Maître Gay

甘纳许　ganache

甘松香　nard

柑橘果酱　marmelade

柑香酒　curaçao

干式花式小点心　petit-four sec

干邑白兰地　cognac

港口边的圣尼古拉　Saint-Nicolas-de-Port

高级定制服饰　haute couture

糕点博物馆　musée des Gâteaux

糕点奶油馅　crème pâticière

糕点师—蛋卷师傅—从业者同业公会　corporation des patissiers-oublieurs-faiseurs

糕点师傅　pâtissier

戈德弗鲁瓦　Godefroy

戈特沙尔克　Gottschalk

哥尔多尼　Goldoni

鸽舍蛋糕　colombier

歌德利蛋糕　pain de gaulderye

歌剧院　opéra

歌之饼　pain à chanter

格拉蒙伯爵　comte de Grammont

格兰饭店 Grand-Hôtel
格朗台 Grandet
格勒诺伯 Grenoble
格雷戈里 Grégoire de Tours
格里莫·德拉雷尼尔 Grimod de La Reynière
格鲁图吉博物馆 musée Gruuthuge
格伦弗洛特 gorenflot
格吕桑 Gruissan
格瓦斯·马卡姆 Gervase Markham
葛耶 goyère / gohière
工匠 ouvrier
公爵夫人 duchesse
公爵夫人布丁 pudding duchess
枸骨冬青叶 houx
枸橼 cédra
古埃宏 gouéron
古格 couque
古斯塔夫·福楼拜 Gustave Flaubert
古斯塔夫·加兰 Gustave Garlin
古斯塔夫·库尔贝 Gustave Courbet
古斯塔夫·温特劳布 Gustave Weintraub
瓜达拉哈拉 Guadalajara
管事会 les jurés
掼奶油 crème fouettée
国家档案局 Archives nationales
国家广场 place de la Nation
国民公会 Convention
国王布里欧 brioche des rois
国王蛋糕 gâteau des Rois
国王烘饼 galette des Rois
果仁饼 torrone
裹上蛋汁的伦巴底风炸面包片 lesches lombardes
裹糖衣 enrobage

H

《汉赛尔和格莱特》 *Hänsel et Gretel*
《豪华时祷书》 *Très riches heures*
《欢宴的智者》 *Deipnosophistae*
《皇帝的厨师》 *Cuisinier impérial*
《回忆录》 *Mémoires*

哈格 Hagger
海绵蛋糕 sponge cake
海鲜配欧芹柠檬杏仁酱 poulettes de mer
汉娜·格拉斯 Hannah Glasse
汉斯 Hans
汉斯·斯克拉赫 Hans Skrach
行会管事会 Jurande
好时光协会 Ordre du bon temps

和平街　rue de la Paix
荷芭泰　Rebattet
荷兰国立博物馆　Rijksmuseum
荷兰人　Pennsylvania Dutch
核桃　Juglans regia L.
核桃木　Carya olivaeformis
赫库兰尼姆　Herculanum
赫罗纳　Girona
黑酱　mole negro
黑克里斯　réclisse
黑麦　blé noir
黑森林蛋糕　forêt-noire
黑泰什　rétès
亨利二世　Henri Ⅱ
烘焙糕点用粉　poudre à pâte
烘饼　galette
红酒海绵蛋糕　éponge au vin
红葡萄酒　claret
红棕色冢雉　mégapode
洪佩迈尔　Rumpelmayer
胡安·德维埃拉　Jaun de Viera
胡夫　Khéops
胡格诺派　huguenot
胡杰　Rouget
花边可丽饼　crêpe dentelle
花式小点心　petit-four
怀俄明州　Wyoming
环形小饼干　gimblettes
荒芜河畔　rivière Desert
皇帝小面包　Kaisersemmel
皇后炖米　riz à l'impératrice
黄金糖浆　golden syrup
烩兔肉　Fricassée de Lapin
霍尔巴赫　Holbach
霍皮　Hopi

J

《基尔凯女巫的宫殿》　*Palais de Circé*
《技术及职业之书》　*Le Livre des arts et métiers*
《健康宝典或人之生命的管理》　*Le Trésor de Santé ou mesnage de la vie humaine*
《健康术》　*Exercitationes Hygiasticae*
《搅水女人》　*La Rabouilleuse*
《今日的糕点制作》　*La Pâtisserie d'aujourd'hui*
《经典印第安食谱》　*Recettes typique des Indiens*
《酒店》　*L'Assommoir*
《巨人传》第二部（卡冈都亚）　*Gargantua*

《巨人传》第三部 *Le tiers livre (des faicts et dicts héroïques du bon Pantagruel)*
《巨人传》第四部 *Le quart livre (des faicts et dicts héroïques du bon Pantagruel)*

鸡蛋面糊炸糕 daulphins de cresme
鸡蛋牛奶烘饼 / 布丁 flan
鸡蛋浓糊 puls
鸡蛋甜点蛋丝 fios de ovo / ovos réais
鸡肉一口酥 bouchée à la reine
基涅亚 Guignard
基耶老爹 père Quillet
基耶式酱汁 crème à Quillet
吉安杜佳 gianduja
吉百利 Cadbury
吉拉尔 J. Guiral
吉莱 Gillet
吉勒·梅纳热 Gilles Ménage
吉利丁 gelatine
吉罗 P. Guiraud
吉萨 Gizeh
纪尧姆·达莱格尔 Guillaume d'Allègre
纪尧姆·蒂雷尔 Guillaume Tirel
"妓女的屁" pets-de-putain
祭品 oblations
加布里埃尔 Gabriel
加富尔 Cavour
加来海峡 Pas-de-Calais
加利富蒂 galifouty
加利西亚 Galice
加尼奥 Gagneux
加赛斯·德拉布涅 Gacès de la Bugne
加斯东·雷诺特 Gaston Lenôtre
加斯东·马斯佩罗 Gaston Maspero
加斯科涅 Gascogne
佳戴 gâtais
嘉布遣大道 Boulevard des Capucines
夹心巧克力酥球 profiterole
贾斯帕利尼 Gasparini
煎蛋卷 omelette
煎面包 pain perdu
简·奥斯汀 Jane Austen
简易薄饼 matzot
健康巧克力开心果 pistache au chocolat santé
郊区鱼贩街 faubourg Poissonière
焦糖 caramel
焦糖布丁 crème brûlée / cremada
角豆树果实 caroube

搅拌器　fouet 或 batteur
教士　calotin
教条完整主义　intégrisme
教育暨学徒中心　CFA, centre de formation et d'apprentissage
教宗利奥四世　Léon Ⅳ
酵母　levures
洁安·帕特诺德（伯努瓦）　Jehane Patenaude(Benoît)
结合糖　zucche maritate / sucre marié
结婚蛋糕　gâteaux de mariage
捷波德　Gerbeaud
金合欢　acacia
金融家蛋糕　financiers
金字塔　pyramide
静物　nature morte
韭葱　poireau
酒石酸　tartre
旧世界　Vieux Monde
菊苣茶　tisane de chicorée

K

《科特葛拉夫字典》　*Dictionnaire de Cotgrave*
《可笑的饮食》　*Repas ridicule*
《魁北克森林中的茶叶及面包》　*Thé et pain dans la forêt québéquoise*

咖啡厅　Caffehaus
卡毕胡斯　Cabirous
卡尔·冯·林德　Carl von Linde
卡尔·冯·林奈　Carl von Linné
卡尔登　Carlton
卡尔瓦多斯省　Calvados
卡佛　Caveau
卡夫食品　Kraft Food
卡黑塔　cajeta
卡拉·穆斯塔法　Kara Mustafa
卡拉布里亚　Calabrie
卡雷阿加庄园　hacienda de Carréaga
卡雷姆的巴伐露奶油冻甜点　bavaroise de Carême
卡雷姆的冰慕斯　mousse glacée de Carême
卡雷姆的花式小点心　petits-fours de Carême
卡雷姆的舒芙蕾　soufflé de Carême
卡雷姆的松脆甜点　croquembouche de Carême
卡洛利·昆德　Kàroly Gundel
卡洛斯·索拉　Carlos Zolla
卡马格　Camargue
卡尼韦　Canivet

卡庞特拉 Carpentras
卡皮耶洛 Leonetto Cappiello
卡斯蒂利亚 Castilla
卡斯珀鲁斯·范豪顿 Casparus Van Houten
卡塔尔菲 kadaïfi
卡塔真（葡萄酒） carthagène
卡修佩 cassiopée
卡兹诺伏 Cazeneuve
凯尔西—佩里戈尔地区 Quercy-Périgord
凯普莱特 Capulet
凯瑟琳·德·美第奇 Catherine de Médicis
恺撒大帝 Gaius Julius Caesar
坎佩尔 Quimper
康巴塞雷斯 Cambacérès
康斯坦茨 Constance
考克斯种 Cox's
烤饼 fouace
柯比耶 Corbière
科尔贝 Colbert
科尔马 Colmar
科尔默里 Cormery
科卡涅之地 pays de Cogagne
科梅尔西 Commercy
科泰斯 Cortés
科特赖克 Courtrai
科文特花园 Covent Garden
科西嘉 Corse
科英布拉 Coimbra
可可豆 fève de cacao
可丽饼 crêpe
可颂 croissant
克查尔科亚特尔 Quetzalcóatl
克拉夫特 Krafft
克拉芙蒂 clafoutis
克莱夫 Clive
克莱芒·福吉耶 Clément Faugier
克莱芒六世 Clément Ⅵ
克莱芒·马罗 Clémont Marot
克莱蒙费朗 Clermont-Ferrand
克劳德·洛兰 Claude Lorrain / Le Lorrain
克劳德·热莱 Claude Gelée
克勒兹 Creuse
克雷蒂安·德特鲁瓦 Chrétien de Troyes
克雷莫纳 Cremona
克里米亚 Crimée
克里斯蒂安·桑德 Christiane Sand
克里斯托弗·哥伦布 Christophe Colombe
克里西普 Chrysippe de Thyane

克丽巴内斯　kiribanès
克伦威尔　Oliver Cromwell
克努姆霍特普　Knoumhotpou
啃亡者之头　croquer la tête du mort
孔代炖米　riz Condé 或 riz à la Condé
孔代家族　les Condé
孔代亲王　prince de Condé
枯树街　rue de l'Arbre-Sec
苦味杏仁饼　amaretti
苦杏酒　amaretto
库克洛夫　kouglof
库迈　Cuma
库农斯基　Curnonsky
狂欢节　carnaval
狂欢节炸糕　Faschingskrapfen

L

《拉鲁斯大字典》　*Grand Dictionnaire universel Larousse*
《拉鲁斯美食字典》　*Larousse gastronomique*
《利特雷》　*Littré*
《令人尊敬的皮埃蒙特人，亚历克西老爷的秘密》　*Les Secrets du révérend seigneur Alexis, Piémontois*
《论果酱和化妆品》　*Traité de Confitures et des Fardements*
《论殉道者的荣光》　*De la gloire des martyrs*
《论意大利最值得注意且奇异的事物》　*Commentario delle più notabili e mostruose cose d'Italia*
《论正当之欢娱》　*De Honesta Voluptate*
《罗贝尔惯用语辞典》　*Dictionnaire Robert des expressions*
《罗恩格林》　*Lohengrin*
《驴皮公主》　*Peau d'âne*

拉·马齐耶　La Mazille
拉巴　Labat
拉丁区　Quartier Latin
拉菲特街　rue Laffitte
拉格诺　Ragueneau
拉坎　Lacam
拉科斯特　Lacoste
拉莫特 - 伯夫龙　Lamotte-Beuvron
拉纳　Jean Lannes
拉诺迪耶　Lanaudière
拉瓦雷纳　La Varenne
拉瓦西耶　Ravoisier
拉维纪草　livèche
兰斯　Reims
朗德　Landes

朗福德 Rumford
朗格多克 Languedoc
朗姆酒 rhum
朗瑟洛 · 德卡斯多 Lancelot de Casteau
老大 Aîné
老加图 Marcus Porcius Cato（Caton l'Ancien）
老科克兰 Coquelin Aîné
老实人 braves gens
乐蓬马歇百货公司 Le Bon Marché
勒阿弗尔 Le Havre
勒博（糕点长） Lebeau
勒费弗尔 Lefèvre
勒鲁热 Lerouge
勒米尔蒙 Remiremont
勒穆安 Lemoine
勒妮 · 佩拉吉 Renée Pélage
雷茨 Retz
雷尔内 Lerné
雷诺特 Lenôtre
黎塞留 Richelieu
黎斯列夫 Risleff
礼萨 · 巴列维 Shah de l'Iran
李子塔 tarte à l'pronée
里昂 Lyon
里耳 Lille
里戈 · 扬奇 Rigó Jancsi
里果东 rigodon
里卡多 · 拉里维 Ricardo Larrivée
里梭勒 rissolle / roysolle
理查德 · 比齐耶 Richard Bizier
丽兹 Ritz
利埃万 Liévin
利伯略 Liberio
利口酒 liqueur
利穆赞 Limousin
利皮扎 Lipizzan
利雪 Lisieux
栗子可丽饼 crêpe de châtaignes
联合商店 Magasins réunis
列日 Liège
林茨 Linz
林茨蛋糕 linzertorte
留尼汪岛 île de la Réunion
硫酸纸 papier sulfurisé
龙舌兰酒 metzcal
卢杰里 Ruggieri
卢库路斯 Lucullus
卢瓦尔河 Loire
鲁埃格 Rouergue
鲁凯罗尔 Roucayrol
路易 · 奥多 Louis Eustache Audot
路易 · 比洛多 M. Louis Bilodeau

M

马丁·乔奈　Martine Chaunay
马芬蛋糕　muffins
马格里布　Maghreb
马贡迪　Magondy
马可·波罗　Marco Polo
马克·布洛赫　Marc Bloch
马孔　Mâcon
马库斯·加维乌斯·阿比修斯　Marcus Gavius Apicius
马拉加麝香葡萄酒　malaga
马拉科夫　Malakoff
马拉斯加酸樱桃酒　maraschino
马里-安托南·卡雷姆　Marie-Antoine Carême
马里尼昂　marignan
马里尼亚诺　Marignano / Melegnanom
马罗瓦勒奶酪　maroilles
马纳拉　manala
马尼沃基　Maniwaki
马萨林　Mazarin
马塞尔·布加　Marcel Buga
马塞尔·普鲁斯特　Marcel Proust
马赛　Marseille
马斯卡彭奶酪　mascarpone
马斯塔巴　mastaba
马提诺　Martino
马提亚尔　Martial
马夏洛　Massialot
马扎尔人　Magyar
玛德琳·波米耶　Madeleine Paumier
玛德琳·西莫南　Madeleine Simonin
玛德琳贝壳状蛋糕　Madelaine
玛格丽特·布尔朱瓦　Marguerite Bourgeoys
玛丽·海曼　Mary Hyman
玛丽·斯图尔特　Marie Stuart
玛丽-安托瓦内特　Marie-Antoinette
玛丽城广场　Place Ville-Marie
玛丽亚·特蕾莎　María Teresa
玛侬　Manon
玛萨拉酒　marsala
玛兹　maze
麦克马洪　Mac-Mahon
曼恩河　Le Maine
幔利　Mamré
芒通　Menton
猫舌饼　langue de chat
玫瑰园博物馆　Musée de la Roseraie
梅尔巴蜜桃　pêche Melba
梅杰-穆列斯　Mégé-Mouriès
梅丽贝阿　Melibea
梅宁根　Menningen
梅农　Menon

梅斯　Metz
梅特涅　Metternich
梅西斯博格　Messisbogo
每食富　Master Food
美好年代　Belle époque
美丽之省　Belle Province
美林根　Mehringhen
美女夫人　Dame de Beauté
美女海伦煮梨　poire belle Hélène
美食家　Homme de bouche
美心餐厅　Maxim's
美洲薄壳核桃　noix de pecan
蒙巴纳斯　Montparnasse
蒙彼利埃　Montpellier
蒙凯／“失败之作”　manqué
蒙马特水沟街　rue des Fossés-de-Montmartre
蒙太古　Montagu
蒙特卡洛　Monte-Carlo
蒙特勒伊　Montreuil
蒙特利尔　Montreal
蒙特祖玛　Moctezuma
孟加拉国　Bengale
米达斯　Midas
米迦勒　Michel
米凯·魏斯　Michaël Wyss
米拉　Myre
米拉苏　millassou
米兰油酥饼　milanais
米尼亚尔　Mignard
米却肯　Michoacán
米斯特拉尔　Mistral
米塔　tarte au riz
米肖　Michaux
米歇尔　Michel
米歇尔·德·蒙田　Michel de Montaigne
米歇尔·德·诺斯特-达姆　Michel de Nostre-Dame
米亚　millat
米亚荷　millard
密特拉　Mithra
蜜饼　panis mellitus
面包师　boulanger
面饼　échaudé
面肥　levain
面棍（手干）　broys / brie
“名人”科舒瓦　l'illustre Cauchois
摩根女士　Lady Morgan
摩卡　mocka / moka
摩卡咖啡　caffé Mocka
摩泽尔　Moselle
莫泊桑　Guy de Maupassant
莫霍克族　Mohawk

莫里哀 Molière
莫里斯·萨扬 Maurice Saillant
莫妮克·谢弗里耶 Monique Chevrier
莫尼耶 Monier
默尔特 Meurthe
姆吉扎 mghirzat
拇指仙童 Petit Poucet
慕洛伊 mulloî
慕斯林布里欧 brioche mousseline
穆夏 Mucha
穆肖 Mouchons

N

《南特敕令》 *Édit de Nantes*
《农业志》 *De agricultura*
《女囚》 *La Prisonnière*

那慕尔 Namur
纳博讷 Narbonne
纳雷斯基 naleski
纳瓦拉 Navarre
奶酪蛋糕 cheese cake
奶皮 fleurette
奶酥派 crumbles
奶油（黄油） beurre
奶油布列多 butterbredele
奶油夹心蛋糕 nougatine
奶油酱汁 crème au beurre
奶汁烘蛋 amès
南法的小杏仁酥 calisson
南瓜派 pumpkin cake
南瓜塔 tarte à la courge
南瓜馅李子塔 tarte aux prunes sur citrouille
南特 Nantes
南希·约翰逊 Nancy Johnson
南锡 Nancy
楠泰尔 Nanterre
瑙克拉提斯 Naucratis
内阁布丁 cabinet pudding
内莉·梅尔巴 Nellie Melba
尼古拉·德博内丰 Nicolas de Bonnefons
尼古拉·吕布兰 Nicolas Leblanc
尼古拉·普桑 Nicolas Poussin
尼古拉·尚蓬 Nicola Champon
尼禄 Néron
尼姆 Nîmes
尼斯 Nice
尼斯的甜菜圆馅饼 tourte aux blettes nissarde
尼韦勒 Nivelles
尼维内 Nivernais
尼约勒 nieulle / nieule / niole

年轮蛋糕 Baumkuchen
宁芙烘饼 galette des nymphes
凝乳状 caillebottes
牛奶蛋糊 crème renversée
牛奶炖米 riz au lait
牛奶酱 mato de monja
牛轧糖 touron
纽伦堡 Nuremberg
努比亚 Nubie
挪威蛋卷 omelette norvégienne
诺昂 Nohant
诺查丹玛斯 Nostradamus
诺斯特里 Neustrie

O

《欧洲节庆及民间信仰：随着季节之更迭》 *Fêtes et croyances populaires en Europe : au fil des saison*

欧卡 Oka
欧坦 Autun
欧特克 Oetker

P

《烹饪大字典》 *Dictionnaire universel de cuisine*
《烹饪的艺术》 *L'Art de bien traiter*
《烹饪者的技术》 *L'Art du cuisinier*
《烹饪之书》 *Livres de cuisine*
《烹饪之艺》 *Art culinaire*
《品格论》 *Les Caractères*
《普罗旺斯的民族菜肴》 *Ethnocuisine de Provence*
《普罗旺斯的乡村菜》 *La Cuisine rustique de Provence*

帕茨夸罗族 Pàztcuaro
帕拉第奥 Andrea Palladio
帕斯哈 paskha
帕斯提斯 pastis
帕斯提松 pastissoun
帕斯提亚 pastilla
帕提那 patina
帕西 Passy
帕夏马迪 Pachamadi
潘 Pan
泡打粉 baking powder
泡碱 natron
佩里格 Périgueux
佩里耶 - 罗贝尔 A. Perrier-Robert
佩罗坦 · 德巴尔蒙 Perrotin de Barmond
佩皮尼昂 Perpignan

佩特罗尼乌斯 Petronius

佩兹纳斯 Pézenas

配膳室的桌巾 linge d'office

皮埃尔·艾尔梅 Pierre Hermé

皮埃尔·贝隆 Pierre Belon

皮埃尔·格里森 Pierre Grison

皮埃尔·拉卡姆 Pierre Lakam

皮埃尔·夏佩尔 Pierre Chapelle

皮埃尔-路易·古费 Pierre-Louis Gouffé

皮埃蒙特 Piémont

皮蒂维耶 Pithiviers

皮卡第 Picardie

皮亚琴察 Piacenza / Plaisance

皮耶特罗·德米特里奥·加泽利 Pietro Demetrio Gazzelli

啤酒酵母 spuma concreta

漂浮之岛蛋白球 île flottante

平等烘饼 galette de l'égalité

平底篮 banaste

苹果鸡蛋圆馅饼 tourte d'œuf aux pommes

苹果酒 cidre

苹果卷 Apfelstrudel

苹果烈酒 calvados

苹果塔 Apfelkuchen

苹果修颂 "chosson" aux pommes

珀耳塞福涅 Perséphone

葡萄干蛋糕 cramique / koukeboteram

葡萄酒渣 marc

葡萄糖 glucose

普波兰（泡芙面团） poupelin (pâte à choux)

普珥节 Pourîm

普拉孔 plakon

普拉谦塔 placenta

普拉提那 Platina

普莱季 plaisir

普里瓦 Privas

普林尼 Pline

普隆比耶 plombière

普隆比耶尔莱班 Plombière-les-bain

普鲁塔克 Plutarque

普罗科佩 Procope

普罗科皮欧·戴伊·科尔泰利 Procopio dei Coltelli

普罗旺斯 Provence

普吕姆黑 Plumerey

普瓦黑—布兰诗 Poiré-Blanche

普瓦捷 Poitiers

普瓦图 Poitou

让·卡西安 Jean Cassien

让·饶勒斯 Jean Jaurès

让德龙 Gendron

让-弗朗索瓦·保罗·德贡迪 Jean-François Paul de Gondi

让-弗朗索瓦·雷韦尔 Jean-François Revel

让-路易·弗朗德兰 Jean-Louis Flandrin

让-吕克·佩提特诺 Jean-Luc Petitrenaud

让-马克·夏特兰 Jean-Marc Châtelain

让-尼古拉-路易·迪朗 Jean Nicolas Louis Durand

热尔曼·舍韦 Germain Chevet

热尔韦·迪比斯 Gervais du Bus

热罗姆·皮雄 Jérôme Pichon

热那亚 Gênes

热那亚海绵蛋糕 génoise

人造奶油（麦淇淋） margarine

蝾螈炉 salamandre

肉桂滋补酒 hypocras

肉类圆馅饼或鱼肉圆馅饼 tourtel / tourte

肉末千层酥 petits pâtés friands

肉馅卷 cannelloni

乳清奶酪 ricotta

乳脂松糕 trifle

软干酪 jonchées

瑞士莲 Lindt

若古 Jaucourt

若利耶特 Joliette

S

《萨蒂利孔》 *Satiricon*

《傻瓜叶戈夫》 *Le Fou Yégof*

《膳食总管》 *Le Maître d'hôtel*

《奢华之书》 *Le Livre somptueux*

《圣救主之书》 *Livre de Sant Sovi*

《食品报》 *Gazetin du comestible*

《食物供应者》 *Le Viandier*

《食物暨美食史》 *Histoire de l'alimentation et de la gastronomie*

《世界的起源》 *L'Origine du monde*

《食物的历史》 *Histoire naturelle et morale de la nourriture*

《松饼时光》 *Au temps des gaufres*

撒尿小童 Manneken Pis

萨巴女王 reine de Saba

萨波特克人 Zapotèques

萨布勒 Les Sables
萨布雷 Sablé
萨德侯爵 marquis de Sade
萨尔茨堡 Salzbourg
萨尔泰纳 Sartène
萨尔特 Sarthe
萨赫蛋糕 Sachertorte
萨侯雷阿 Saroléa
萨克森-科堡 Saxe-Cobourg
萨朗波 Salammbô
萨林贝内 Salimbene
萨莫拉 Zamora
萨莫瓦 samovar
萨帕塔 Zapata
萨瓦大饭店 Hôtel de Savoie
萨瓦蛋糕 biscuit de Savoie / gâteau de Savoie
萨瓦的安东 Antoine de Savoie
萨瓦兰蛋糕 savarin
塞巴斯蒂安·德阿帕里西奥 Sebastian de Aparicio
塞尔让 Sergent
塞克提乌斯·帕图尔修斯·菲利克斯 Sextius Patulcius Felix
塞涅卡 Sénèque / Lucius Annaeus Seneca
塞瓦斯托波尔 Sébastopol
塞维涅侯爵夫人 marquise de Sévigné
塞西尔·格龙丹-加马什 Cécile Grondin-Gamache
桑德 S.G.Sender
桑克-马斯 Cinq-Mars （Henri Coiffier de Ruzé）
桑斯 Sens
桑松 Sanson
桑特 Saintes
沙蒂永-普莱西 Châtillon-Plessis
沙皇亚历山大一世 tsar Alexandre Ier
沙里泰 Charité-sur-Loire
砂 sable
砂糖欺眼画 trompe-l’oeil
莎草纸 Papyrus
筛子 tamis
闪电泡芙 éclair
“善人” 约翰 Jean le Bon
扇贝 coquille Saint-Jacques
扇子饼 évantail
上布列塔尼 Haute-Bretagne
上诺曼底 Haute-Normandie
尚贝里 Chambéry
烧烤 rôtir

绍塞 - 昂坦　Chaussée d’Antin

舍夫里欧　Chevriot

什锦牛奶蛋糕／帕提那　far / patina versatile

省份　département

圣埃弗蒙　Saint-Évremont

圣埃米利永　Saint-Émilion

圣艾蒂安　Saint-Étienne

圣安东　Saint-Antoine-des-Champs

圣彼得堡建筑计划书　Projets d’architecture pour Saint-Pétersbourg

圣伯夫　Sainte-Beuve

圣餐面饼　oblée

圣代　Sundae

圣但尼　Saint-Denis

圣诞节布丁　Chrismas pudding

圣诞节柴薪蛋糕　bûche de Noël

圣诞节大餐　gros souper

圣诞节蛋糕　Christmas cake

圣诞老人　père Noël

圣地亚哥 - 德孔波斯特拉　Santiago de Compostela

圣多诺黑　Saint-Honoré

圣多诺黑郊区路　rue Faubourg-Saint-Honoré

圣弗洛朗坦奶酪　saint-florentin

圣灰星期三　mercredi des Cendres

圣加仑　Saint-Gallen

圣勒南　Saint-Renan

圣礼拜堂　Sainte-Chapelle

圣路易　Saint-Louis

圣玛格丽特街　rue Sainte-Marguerite

圣玛丽　Sainte-Marie

圣梅里路　rue Saint-Merri

圣母护佑养老中心　Centre d’accueil Notre-Dame-de-la-Protection Inc.

圣尼古拉　Saint-Nicolas

圣热尼　Saint-Genis

圣热尼杏仁巧克力布里欧　brioche de Saint-Genis aux pralines

圣人街　rue Sainte

圣日耳曼德佩　Saint-Germain-des-Prés

圣塔菲的尼古劳　Nicolau de Santa Fe

圣特蕾莎　Sainte Thérèse d’ Ávila

圣体饼　hostie

圣维克多　Saint Victor

圣维克多船形糕　navette de Saint-Victor / naveto de Sant Vitou

圣希多尼乌斯·阿波黎纳里斯　Saint Sidoine Apollinaire
圣叙尔比斯　Saint-Sulpice
圣伊莱尔山街　rue du Mont-Saint-Hilaire
圣枝主日　dimanche des Rameaux
圣烛节　Chandeleur
胜利纪念碑　trophée
施泰尔马克　Steiermark / Styrie
十三道甜点　Treize Desserts
食品贮藏柜　garde-manger
食肉日　les jours gras
史多伦　Stollen
史托何　Stohrer
市集松饼　gaufres de foire
收藏家　favophile
手提火炉　clibanus
舒尔吉　Shoulghi
赎罪松饼　gaufre à pardon
水堡街　rue Château-d'Eau
水果糖浆　defrutum
水果甜酒　ratafia
司康　scone
斯贝库罗　spéculoos
斯蒂芬妮　Stéphanie
斯芬吉　sfenj
斯弗尔扎　Sforza
斯克里布大道　boulevard Scribe
斯克里布酒店　hotêl Scribe
斯佩尔特小麦　épeautre
斯塔夫男爵夫人　Baronne Staffe
斯坦尼斯瓦夫·莱什琴斯基　Stanislas Leszczynski
斯特拉斯堡　Strasbourg
斯托斯科普夫　Stoskopff
四旬斋第三个星期的星期四　mi-carême
四种混合香料　quatre épices
松饼　gaufres
松露　"trufles" à la serviette
菘蓝　pastel
苏格兰油酥饼　shortbread
苏里南　Surinam
酥面团　pâte brisée
速成蛋糕　tôt-fait
梭纽　Seugnot
索克萝　Socorro
索林根　Solingen

T

《塔恩省特产美食的历史研究》 *Recherches historiques sur les spécialités gourmandes du Tarn*

《太太学堂》 *L'école des femmes*
《糖之大全》 *Le Grand Livre du sucre*
《甜点全才》 *The Compleat Confectioner*
《甜食手册》 *Manuel de la friandise*
《甜之赞歌》 *éloge du sucré*
《突尼斯菜》 *La Cuisine tunisienne*

塔 tarte
塔娣内 Tartine
塔恩省 Tarn
塔佛 Tavot
塔吉锅 tajine
塔克文 Tarquin
塔利亚门托 Tagliamento
塔慕兹 talmouse
塔内西 ténésie
塔坦 Tatin
塔坦苹果塔 tarte tatin
塔图庸 tartouillon
塔耶旺苹果塔 tarte aux pommes de Taillevent
塔伊斯 taillis
太阳复活 sol invictus
泰阿里翁 Cappadocien Théarion
泰奥多尔·博特雷尔 Théodore Botrel
泰宏 Terront
泰克雷普 tékélep
贪爱甜食的嘴 bec sucré
贪食的嘴 gueule
唐·安东尼奥·贝阿提斯 don Antonio Béatis
糖锭 pastillge
糖骨 ossis de zuchero
糖浆 dêbar
糖栗子 marron glacé
糖塔 la tarte de sucre
糖屋 cabane à sucre
糖杏仁 pralin
糖衣水果 fruit déguisé
糖衣杏仁 dragée
糖渍水果面包布丁 diplomate
陶鲁斯 - 扎格罗斯 Taurus-Zagros
特古勒炖米 teurgoule
特雷武 Trévoux
特里马奇翁 Trimalcion
特鲁维尔 Trouville
特罗捷 Trottier
特吕翁 thryon
特浓鲜奶油 crème double
特提 Teti
特瓦坎河谷 Tehuacán

提比略皇帝 Tibère

提拉米苏 tiramisù

甜菠菜塔 tarte sucrée aux épinards

甜菜塔 tarte aux blettes

甜点 dulcia

甜点高塔 pièces montées

甜点工厂 laboratoires

甜点羚羊角 corne de gazelle / kaâb ghzaã

甜鳗鱼糕 pastis dolá de peix

甜帕斯提松 sucré languedocien

甜食 dolci

甜甜圈 dough nut

甜味布里克 brik b'es sekker

桶槽街 rue du Bac

投石党人 Frondeur

图尔 Tours

图尔奈 Tournai

图卢兹 Toulouse

图坦卡门 Toutankhamon

托尔托尼 Tortoni

托伦 Torun

托洛老爹 père Tholo

W

《完美的果酱制作者》 *Le Parfaict Confiturier*

《王室的果酱制作者》 *Confiturier royal*

《王室与布尔乔亚的厨师》 *Cuisinier Royal et Bourgeois*

《王室制糖者或糖果制造术》 *Confiseur royal ou art du confiseur*

《维也纳糕点店》 *Die Wiener Konditorei*

《味觉生理学》 *Physiologie du goût*

《我的回忆》 *Mes mémoires*

《我的家庭菜肴》 *Ma Cuisine maison*

瓦尔省 Var

瓦哈卡 Oaxaca

瓦卡 ouarqa

瓦隆语 wallon

瓦卢瓦 Valois

瓦伦西亚 Valence

瓦泰尔 Vatel

瓦特里盖·德库万 Watriquet de Couvin

瓦图西卡 vatrouchka

瓦许汉 vacherin

亡者面包 pan de muertos

王室宫殿 Palais-Royal

旺代 Vendée

旺沃　Vanves
威廉明娜　Wilhelmine
威尼斯的麝香葡萄酒　muscat des Beaumes de Venise
薇薇安街　rue Vivienne
韦尔维耶　Verviers
韦拉克鲁斯　Veracruz
韦南斯·福蒂纳　Venance Fortunat
韦松拉罗迈讷　Vaison-la-Romaine
维奥蒂亚地区　Béotie
维京人　Viking
维罗纳　Verona
维涅尔·德马维尔　Vigneul de Marville
维斯康蒂·斯弗尔扎　Visconti Sforza
维斯普雷姆　Veszprém
维斯瓦河　Vistule
维瓦莱　Vivarais
维希　Vichy
维亚　Viard
维耶莫　Vuillemot
维也纳风格的糕点　viennoiserie
伟大的孔代　Le Grand Condé
伟大世纪　Grand Siècle
蔚蓝海岸　Côte d'Azur
沃克吕兹　Vaucluse
沃奈桑伯爵领地　Comtat Venaissin
沃韦　Vevey
乌尔加特　Houlgate
乌尔苏拉会　Ursuline
乌米·泰亚巴　Oummi Taïabat
乌纳斯　Ounas
无边圆帽　calotte
五花肉炖蚕豆　fèves au lard
五旬节　Pentecôte

X

《昔日的菜肴》　*Les Plats d'autrefois*
《昔日的私人生活》　*Vie privée d'autrefois*
《现代厨师》　*The Modern Cook / Le Cuisinier moderne*
《乡村及都市的女厨师》　*La Cuisinière de la campagne et de la ville*
《乡村之乐》　*Les Délices de la campagne*
《象征字典》　*Dictionnaire des symboles*
《小罗贝尔字典》　*Le Petit Robert*
《新拉鲁斯字典》　*Nouveau Larousse*
《匈牙利食谱》　*La Cuisine hongroise*

西班牙微风　Spanische Windtorte

西黄蓍胶 gomme adragante

西里西亚 Silésie

西奈半岛 Sinaï

西属圣多明各 Hispaniola-Saint Dominigue

西西里奶油巧克力冰糕 cassata siciliana

希伯仑 Hébron

希布斯特 Chiboust

希尔佩里克 Chilpéric

希卡大师 Maître Chiquart

希腊红花 carthame

希罗多德 Hérodote

希迈 Chimay

习艺手工业公会会员 Compagnons du devoir

下诺曼底 Basse-Normandie

下午茶 high tea

夏多布里昂 Chateaubriand

夏尔 · 布兰 Charles Brun

夏尔 · 迪朗 Charles Durand

夏尔 · 法瓦尔 Charles Favart

夏尔 · 蒙瑟莱 Charles Monselet

夏尔 · 莫里斯 · 德 · 塔列朗 - 佩里戈尔 Charles Maurice de Talleyrand-Périgord

夏尔 · 佩罗 Charles Perrault

夏尔丹 Chardin

夏尔九世 Charles Ⅸ

夏尔六世 Charles Ⅵ

夏尔七世 Charles Ⅶ

夏尔五世 Charles V

夏卡塔尔 charcada

夏洛来公爵 duc de Charolais

夏洛特 charlotte

夏洛特 · 科黛 Charlotte Corday

夏帕提斯 chapatis

鲜奶油草莓蛋糕 fraisier

咸糕点 pastry

苋蒿 carvi

现成食品 prêt-à-régaler

馅饼 pâté

香槟区 Champagne

香槟区的特洛瓦 Troyes en Champagne

香肠 boudin

香蕉船 Banana Split

香兰素 vanilline

香料蛋糕 pain d’épice

香料蛋糕工匠 Lebzelter

香料油酥饼 short breads aux épices

香皮尼 champigny

香缇 Chantilly

香缇风冰激凌 glace à la Chantilly

香缇奶油 crème Chantilly

香烟卷筒饼 cigarette
肖邦 Chopin
肖梅特 Chaumette
小布莱 Boulay fils
小场新街 rue Neuve-des-Petits-Champs
小干酪蛋糕模 ramequin
小茴香 cumin
小面包 petit pain
小牛之绳 brideaux à veaulx
小千层卷糕 sacristain
“小傻子” petit janot
小松饼 gaufrette
小特里亚农宫 Petit Trianon
“小王后” reinette
小杏仁饼 massepain
“小修女” nonette
小圆面包 buns
小舟状糕点 barquette
谢罗 Chéreau
新法兰西 Nouvelle France
新世界 Nouveau Monde
新鲜花式小点心 petit-four frais
新鲜乳酪 fromage frais
醒脑茶 early tea
杏仁蛋白饼 macarons
杏仁糕 marçapan / massepain
杏仁糊小香肠 boudin de pâte d’amande
杏仁奶油馅 crème frangipane
杏仁奶油馅圆馅饼 tourte de franchipane
杏仁牛奶冻 blanc-manger
杏仁千层糕 pithiviers
杏仁馅 crème d’amandes
杏仁小塔 tartelettes amandines
杏仁炖米 riz à l’ameloun / riz amandin
“修女的屁” pets de nonnain
修女泡芙 religieuse
修士大道 boulevard des Capucines
修颂 chausson
叙拉古 Syracuse
叙泽特 Suzette
雪花蛋 œuf à la neige
雪酪 sorbet
雪月 nivôse

Y

《艺术烹饪》 *La Cuisine artistique*
《英格兰的家庭主妇》 *The English Hus-wife*
《有条有理的家》 *La Maison réglée*
《寓言集》 *Fables*

《悦乐之书》　*Le Livre des déduits*
《韵文故事集》　*Contes en vers*

雅凯　Jacquet
雅克·卡蒂埃　Jacques Cartier
雅克·卢梭　Jacques Rousseau
雅克·塔蒂　Jacques Tati
亚琛　Aix-la-Chapelle
亚尔王国　royaume d'Arles
亚拉里克　Alaric
亚玛利　Yamari
亚眠　Amiens
腌酸菜　choucroute
燕麦饼干　oat cake
鸯输伐摩（光胄王）　Amshuverma
扬三世·索别斯基　Jan Ⅲ Sobieski
洋梨塔　croustade aux poire
耶汉　Jehan d'Arras
耶利哥　Jericho
耶讷　Yenne
耶稣会修士　jésuite
椰枣　datte
椰枣夹心小面包　fitire agwa
野蔷薇果实　églantier
伊波西者　Iposy
伊冯娜·德赛克　Yvonne de Sike
伊斯特万·瓦加　Istvàn Varga
伊苏丹蛋糕　gâteau d'Issoudun
伊苏丹小杏仁饼　massepain d'Issoudun
伊塔洛·马尔乔尼　Italo Marchioni
伊维萨　Ibiza
伊西斯—阿尔忒弥斯　Isis-Artémis
以拉他　Eilat
意大利蛋黄酱　zabaglione
意大利人大道　boulevard des Italiens
意式冰糕　semifreddo
意式冰激凌　gelato
印度缬草　valériane des Indes
英式酱汁　crème à l'anglaise
英式酱汁夹馅蛋糕　zuppa inglese
英式水果蛋糕　cake
樱桃酒　kirsch / marasquin
鹰嘴豆　pois chiches
优居洛乌斯　euchyloüs
尤夫卡　yufka
犹大　Judée
犹太区　ghetto
油帮浦　pompe à l'huile
油煎薄饼　pannequet
油酥饼　sablé
油酥烘饼　galette sablée
油酥面团　pâte sablée
油条　churros

于克塞勒侯爵 marquis d'Uxelles
于提勒 Utile
鱼肉香菇馅酥饼 vol-au-vent
雨果 Victor Hugo
玉米饼 tortilla
玉米粉 icitte
圆馅饼 tourte
圆形大面包 miche
圆形香料小面包 broinhas de Natal
约翰·德怀特 John Dwight
约翰·吉拉贝 Johan Gilabert
约翰牛 John Bull
约克夏布丁 Yorkshire pudding
约瑟芬 Joséphine
约瑟夫·法弗 Joseph Favre
约瑟夫·吉利耶 Joseph Gilliers
芸香 rue / assa foetida

Z

《在斯万家那边》 *Du côté de Swann*
《责任报》 *Le Devoir*
《制造各种果酱的方法》 *La Manière de faire toutes confitures*
《制作面包的艺术》 *L'Art de faire le pain*
《制作甜食的膳食总管》 *Maître d'hotêl confiseur*
《中国菜》 *La Cuisine chinoise*
《字典》 *Dictionnaire*
《做好冰激凌的艺术》 *Art de bien faire les glaces d'office*

杂货店 drugstore
在两道菜肴之间 entre les mets
葬礼派 funeral pie
枣泥馄饨 zao-ni-hun-tun
炸糕 beignet
炸柳橙 oranges frictes
炸牛奶 leche frita
炸丸子 croquette
詹姆斯·贝尔捷 James Berthier
詹姆斯·德·罗斯柴尔德 James de Rothschild
詹姆斯·麦奎尔 James McGuire
瞻礼节 kermesse / ducasse
战神节 fête des Matronalia
榛子葡萄干梨子布里欧 brioche aux noisettes, raisins secs et poires
职业团体 collège
指形饼干 biscuit à la cuillère
雉鸡宴 banquet du Faisan
中央高地 Massif Central
中央谷地 Central Valley

朱庇特神庙 Jupiter Capitolin

朱尔 · 古费 Jules Gouffé

朱尔斯 · 马斯涅 Jules Massenet

诸圣节 Toussaint

主显节 épiphanie / jour des Rois

祝圣之饼 pain bénit

专业技术合格证 CAP, certificat d’aptitude professionelle

紫葡萄酒 grenache

醉蛋糕 bizcocho borracho

左拉 Émile Zola